高职高专机电类专业"十三五"规划教材
校企合作共同开发教材

液压与气动系统装配与调试

主　编　韩慧仙
副主编　颜克伦　曹显利　刘　彤　牛晓莉
主　审　刘茂福

U0379990

西安电子科技大学出版社

内 容 简 介

　　本书为高职高专机电类专业"十三五"规划教材。本书主要内容包括液压千斤顶的使用，B6050 型牛头刨床液压系统的装配与调试，Q2-8 汽车起重机变幅液压系统的装配与调试，SY130 挖掘机动臂液压系统的装配与调试，TQ230 全液压推土机行走液压系统的装配与调试，YT4543 型动力滑台液压系统的装配与调试，典型液压系统分析与液压系统设计计算，BYVM650L 数控加工中心气动换刀系统装配与调试等 8 个部分。其主要特点是以典型液压与气动系统装配与调试工作任务为主线，以项目为载体对液压与气动技术的相关知识进行整合，把液压与气动技术的基本概念、元件的基本知识、回路的基本原理贯穿于不同的项目中，力求达到提高学生学习兴趣以及易学、易懂、易上手等目的。

　　本书可作为高等职业院校、高等专科学校和成人高等学校机电类、机械类专业教材，可作为中等职业学校机械类专业的教学用书，并可作为相关工程技术人员的参考书。

图书在版编目(CIP)数据

　　液压与气动系统装配与调试/韩慧仙主编. —西安：西安电子科技大学出版社，2018.8
（2019.6 重印）
　　ISBN 978-7-5606-5068-5

　　Ⅰ. ① 液⋯　Ⅱ. ① 韩⋯　Ⅲ. ① 液压系统—设备安装 ② 气动设备—设备安装
③ 液压系统—调试方法 ④ 气动设备—调试方法　Ⅳ. ① TH137 ② TH138

中国版本图书馆 CIP 数据核字(2018)第 199181 号

策划编辑　杨丕勇
责任编辑　王　斌　杨丕勇
出版发行　西安电子科技大学出版社(西安市太白南路 2 号)
电　　话　(029)88242885　88201467　　　邮　编　710071
网　　址　www. xduph. com　　　　　电子邮箱　xdupfxb001@163. com
经　　销　新华书店
印刷单位　咸阳华盛印务有限责任公司
版　　次　2018 年 9 月第 1 版　2019 年 6 月第 2 次印刷
开　　本　787 毫米×1092 毫米　1/16　印张　16
字　　数　500 千字
印　　数　501～2500 册
定　　价　35.00 元
ISBN 978-7-5606-5068-5 / TH
XDUP 5370001-2
＊＊＊如有印装问题可调换＊＊＊

前　言

本书在编写中吸收了国外先进的高等职业教育理念,结合我国的高等职业教育实际和企业的用人需求,采用理论实践一体化的理论和方法,以模拟实际工作任务的学习情境作为教学项目,按项目组织有关内容。本书适合作为高等职业技术学院机电类专业的教学用书,也可作为教师和企业生产技术人员的参考用书。

在本书的编写过程中,编者有意打破液压与气动技术传统的知识体系,以机电类相关岗位的工作技能为出发点,以典型液压与气动系统装配与调试工作任务为主线,力求理论联系实际,以项目为载体对液压与气动技术的相关知识进行整合,把液压与气动技术的基本概念、元件的基本知识、回路的基本原理贯穿于不同的项目中,力图通过实践讲授理论,通过实际操作体会理论知识,通过技能训练打造职业素养,实现理论实践一体化,对于高职专业课教学改革和学生培养有较大的实用价值。

本书致力于培养高素质技能型的液压与气动系统装配、调试与维修人员,使之既熟悉常用液压与气动元件的性能、特点、主要参数和液压符号,又熟悉常压回路的结构、特点、工作原理和工作过程,能对常见元件进行拆装和装配,并能对典型液压与气动回路和系统的原理图进行分析、装配和调试。

液压与气动系统装配与调试具有较强的操作性、实践性和技能性,在教学实践中,建议以学生为主体进行实际操作,通过实物体现知识点,通过实际操作训练技能,通过完成项目理解工作过程,通过过程检查和项目结果评比进行教学效果评估;以教师为主导掌控教学过程,指导学生获取资源的途径和方法,引导学生通过实际操作完成项目任务,讲解项目任务中的主要知识点和技能点,对学生的工作成果进行评比和评价,并给出进一步提高知识和技能的途径和方向。

本书共有 8 个项目:项目一为液压千斤顶的使用;项目二为 B6050 型牛头刨床液压系统的装配与调试;项目三为 Q2-8 汽车起重机变幅液压系统的装配与调试;项目四为 SY130 挖掘机动臂液压系统的装配与调试;项目五为 TQ230 全液压推土机行走液压系统的装配与调试;项目六为 YT4543 型动力滑台液压系统的装配与调试;项目七为典型液压系统分析与液压系统设计计算;项目八为 BY.VM650L 数控加工中心气动换刀系统装配与调试。

本书由湖南机电职业技术学院韩慧仙担任主编。参加编写的人员有湖南网大科技有限公司曹显利,湖南机电职业技术学院颜克伦、刘彤,湖南省工业技师学院牛晓莉。本书由韩慧仙统稿，由湖南机电职业技术学院刘茂福教授审稿。

本书的各章节都有思考题与练习题，便于教学与自学，同时有配套的电子教案、试题库等教学资料，详见超星泛雅课程网站 http://mooc1.chaoxing.com/course/ 81120875.html。

在本书的编写过程中，得到了湖南机电职业技术学院领导及编者家人的大力支持，在此表示感谢。

由于编者水平有限，书中难免存在不妥之处，恳请广大读者和专家给予批评指正。

编　者

2018 年 3 月

目　　录

1

项目一　液压千斤顶的使用

▲项目任务

1. 初步认识液压缸、液压油和液压千斤顶。
2. 理解液压流体力学的基础与基本定律：静力学方程与连续性方程。
3. 掌握液压缸的结构、作用、性能参数、图形符号等知识，了解液压缸的常见故障。
4. 通过液压千斤顶项目任务的学习，初步认识液压系统的工作原理与组成。
5. 培养学生查阅资料与自主学习的能力。
6. 理解本项目液压千斤顶的工作原理，其工作原理图如图 1-1 所示。

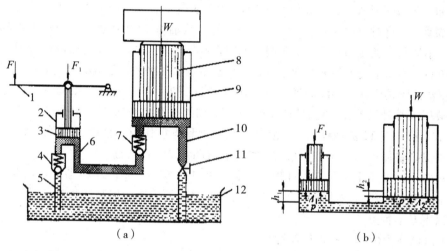

1—杠杆手柄；2—缸体；3—小活塞；4、7—单向阀；5、6、10—管道；8—大活塞；9—缸体；
11—截止阀；12—油箱

图 1-1　液压千斤顶的工作原理图

（a）工作原理简图；（b）压力传递简图

1.1　液压千斤顶的使用

▲教学安排

1. 参观液压装配与调试理实一体化教室，对液压元件、实验台、拆装台形成感性认识，认识液压缸、液压油和液压千斤顶。

2. 通过教师提供资料与学生自己查阅资料了解液压千斤顶的用途，通过学生操纵液压千斤顶，理解其工作原理。

3. 教师概括液压千斤顶的工作原理并讲解液压传动的工作原理。

4. 讲述液压技术的发展历史、现状和优缺点。

5. 讲解液压流体力学的基本知识。

▲ **知识支撑** ◆━━◆━━◆━━◆━━◆━━◆━━◆━━◆

1.1.1　液压传动的工作原理与组成

自 18 世纪末英国制成世界上第一台水压机算起，液压传动技术已有二三百年的历史。在第二次世界大战期间，由于战争需要，出现了由响应迅速、精度高的液压控制机构所装备的各种军事武器，战后液压传动技术迅速转向民用工业，成为机械设备中发展速度最快的技术之一，特别是近年来，随着机电一体化技术的发展，与微电子、计算机技术相结合，液压传动技术进入了一个新的发展阶段。

一、液压千斤顶的工作原理

在图 1-1 中，缸体 9 和大活塞 8 组成举升液压缸。杠杆手柄 1、缸体 2、小活塞 3、单向阀 4 和 7 组成手动液压泵。如提起手柄使小活塞向上移动，小活塞下端油腔容积增大，形成局部真空，这时单向阀 4 打开，通过吸油管 5 从油箱 12 中吸油；用力压下手柄，小活塞下移，小活塞下腔压力升高，单向阀 4 关闭，单向阀 7 打开，下腔的油液经管道 6 输入举升油缸 9 的下腔，迫使大活塞 8 向上移动，顶起重物。再次提起手柄吸油时，单向阀 7 自动关闭，使油液不能倒流，从而保证了重物不会自行下落。不断地往复扳动手柄，就能不断地把油液压入举升缸下腔，使重物逐渐地升起。如果打开截止阀 11，举升缸下腔的油液通过管道 10、截止阀 11 流回油箱，大活塞也在重物和自重作用下回落，回到起始位置。大、小缸体组成了最简单的液压传动系统，实现了运动和动力的传递。

通过对上面液压千斤顶工作过程的分析，可以初步了解到液压传动的基本工作原理。液压传动是利用有压力的油液作为工作介质来实现能量传递和控制的一种传动形式。液压传动有以下基本特点：

(1) 以液体为传动介质来传递运动和动力。

(2) 液压传动必须在密闭的容器内进行。

(3) 依靠密闭容器的容积变化传递运动。

(4) 依靠液压的静压力传递动力。

二、液压传动系统的组成

一个完整的、能够正常工作的液压系统，由以下五个主要部分组成：

(1) 动力元件：液压泵——供给液压系统压力油，把机械能转换成液压能的装置。

(2) 执行元件：把液压能转换成机械能的装置，液压缸、液压马达是最常见的执行元件。

(3) 控制元件：对系统中的压力、流量或流动方向进行控制或调节的元件。用来控制液压系统所需要的压力、流量、方向和工作性能，以保证执行元件实现各种不同的工作要求。

(4) 辅助元件：如油箱、滤油器、油管等，它们对保证系统正常工作具有非常重要的作用。

（5）工作介质：传递能量的流体，即液压油。

三、液压传动的特点与发展趋势

1. 液压传动的优点

（1）液压传动装置的重量轻、结构紧凑、惯性小。例如，相同功率液压马达的体积为电动机的 12%～13%。

（2）可在大范围内实现无级调速。调速范围比可达 1：2000，并可在液压传动装置运行的过程中进行调速。

（3）容易获得很大的力和转矩，可以使传动结构简单。

（4）传递运动均匀平稳，冲击小，能快速启动、制动和频繁换向。

（5）液压装置易于实现过载保护，安全性好。液压件能自行润滑，使用寿命长。

（6）液压传动易于实现自动化，当液压控制和电气控制配合使用时，易于实现复杂的自动工作循环和较远距离操控。

（7）液压元件已实现了标准化、系列化和通用化，便于设计、制造和推广使用。液压传动装置是用油管连接的，借助油管的连接可以方便、灵活地布置传动机构。

2. 液压传动的缺点

（1）液压系统中存在漏油等因素，会影响运动的平稳性和准确性，使得液压传动不能保证严格的传动比。

（2）液压传动对油温的变化比较敏感。当温度变化时，液体黏性变化，引起运动特性的变化，使得工作的稳定性受到影响，所以它不宜在温度变化很大的环境条件下工作。

（3）液压元件的配合件制造精度要求较高，加工工艺较复杂，制造成本较大。

（4）液压传动要求有单独的能源，不如电源那样使用方便。

（5）液压系统发生故障不易检查和排除。

3. 液压传动的发展趋势

（1）液压元件向结构小型化、轻量化、集成化、高精度化发展。

（2）液压系统向高压、大流量、电子控制方向发展。

（3）延长元件寿命、提高元件及系统可靠性。

（4）降低能耗、提高效率与实现节能。

（5）降低液压系统振动、噪声与污染。

1.1.2　液压流体力学基础

液压传动是以液体作为工作介质来进行能量传递的。因此了解液体的基本性质，掌握液体平衡和运动的主要力学规律，对于正确理解液压传动原理以及使用和合理设计液压系统都是非常必要的。

一、液压油

1. 密度

单位体积的质量称为液体的密度，通常用 ρ（单位为 kg/m³）表示

$$\rho = \frac{m}{V} \qquad (1-1)$$

液压油的密度随压力的增加而加大，随温度的升高而减小，一般情况下，由压力和温度引起的这种变化较小，可视为常数，一般液压油的密度为 900 kg/m^3。

2. 液体的可压缩性

液体受压力的作用而发生体积减小变化称为液体的可压缩性。一般认为油液是不可压缩的。若液压油中混入空气，其可压缩性将显著增加，并将严重影响液压系统的工作性能。因此在液压系统中尽量减少油液中混入的气体及其他挥发物质的含量。

3. 流体的黏性

液体在外力作用下流动时，由于液体分子间的内聚力而产生一种阻碍液体分子之间进行相对运动的内摩擦力，液体的这种产生内摩擦力的性质称为液体的黏性，其示意图如图 1-2 所示。黏性是液体重要的物理性质，也是选择液压油的主要依据。

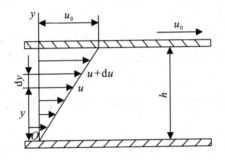

图 1-2　液体的黏性示意图

当液体流动时，由于液体与固体壁面的附着力及流体本身的黏性使流体内各处的速度大小不等。在图 1-2 中，两平行平板间充满液体，设上平板以速度 u_0 向右运动，下平板固定不动，紧贴于上平板上的流体黏附于上平板上，其速度与上平板相同，紧贴于下平板上的流体黏附于下平板，其速度为零，中间流体的速度按线性分布。因此，不同的速度流层相互制约而产生内摩擦力，该力对上层液体起阻滞作用，而对下层液压起拖曳作用。

实际测定结果表明，流体层间的内摩擦力 F 与流体层的接触面积 A 及流体层的相对流速 $\mathrm{d}u$ 成正比，而与此两流体层间的距离 $\mathrm{d}y$ 成反比，即

$$F = \mu A \frac{\mathrm{d}u}{\mathrm{d}y} \qquad (1-2)$$

式中：μ——衡量流体黏性的比例系数，称为绝对黏度或动力黏度；

$\mathrm{d}u/\mathrm{d}y$——表示流体层间速度差异的程度，称为速度梯度。

以 $\tau = F/A$ 表示液体内摩擦的切应力，则有

$$\tau = \mu \frac{\mathrm{d}u}{\mathrm{d}y} \qquad (1-3)$$

式(1-3)是液体内摩擦定律的数学表达式。在流体力学中，把绝对黏度 μ 不随速度变化而发生变化的液体称为牛顿液体；反之，称为非牛顿液体。除高黏性或含有大量特种添加剂的液体外，一般的液压油均可看成是牛顿液体。

液体黏性的大小用黏度来表示,常用的流体黏度表示方法有三种:绝对黏度、运动黏度和相对黏度。

1) 绝对黏度 μ

绝对黏度又称为动力黏度,它表示流体的黏性,即内摩擦力的大小,即

$$\mu = \tau \frac{\mathrm{d}y}{\mathrm{d}u} \tag{1-4}$$

动力黏度的物理意义是:液体在单位速度梯度下流动或有流动趋势时,相接触的液层间单位面积上产生的内摩擦力。动力黏度的国际计量单位为牛顿·秒/米², 符号为 N·s/m², 或为帕·秒,符号为 Pa·s。

2) 运动黏度 ν

绝对黏度 μ 与密度 ρ 的比值称为液体的运动黏度 ν, 即

$$\nu = \frac{\mu}{\rho} \tag{1-5}$$

运动黏度的国际单位为 m²/s, 还可用斯(St)和厘斯(cSt)表示,1 m²/s＝10^4 St＝10^6 cSt。

液体的运动黏度没有明确的物理意义,但工程中常用运动黏度作为液体黏度的标志,例如,国产液压油的牌号就是该种油在 40℃时的运动黏度平均值,如在通用机床液压油 L-HL-46 中,数字 46 表示该液压油在 40℃时的运动黏度为 46 cSt(平均值)。

3) 相对黏度 $°E_t$

绝对黏度和运动黏度都难以直接测量,因此在工程中常常使用相对黏度,它是采用特定的黏度计在规定的条件下测量出来的黏度。根据测量条件不同,各国采用的相对黏度单位也不同,有的用赛氏黏度,有的用雷氏黏度。我国采用恩氏黏度。

恩氏黏度采用恩氏黏度计测定。其方法是:将 200 mL 温度为 t 的被测液体装入黏度计的容器,经其底部直径 2.8 mm 的小孔流出,测其液体流尽所需时间 t_1, 再测出 200 mL 温度为 20℃的蒸馏水在同一黏度计中流尽所需时间 t_2; 这两个时间的比值即为被测液体在温度 t 下的恩氏黏度,即

$$°E_t = \frac{t_1}{t_2} \tag{1-6}$$

工业上一般以 20℃、50℃和 100℃作为测定恩氏黏度的标准温度,并相应地以符号 $°E_{20}$、$°E_{50}$、$°E_{100}$ 来表示。

工程中常采用先测出液体的相对黏度,再利用下列的经验公式,将恩氏黏度换算成运动黏度,有

$$\nu = \left(7.31°E_t - \frac{6.31}{°E_t} \right) \times 10^{-6} \quad (\mathrm{m^2/s}) \tag{1-7}$$

事实上,液体的黏度是随液体的压力和温度而变化的,对液压油来说,压力增大,黏度增大,但在一般的液压系统使用压力范围内,黏度增大的数值很小,可以忽略不计。液压油黏度对温度的变化是十分敏感的,当温度升高时,其分子之间的内聚力减小,黏度就随之降低。不同种类的液压油,它的黏度随温度变化的规律也不同。我国常用黏温特性图表示油液黏度随温度变化的关系,如图 1-3 所示。温度升高,黏度显著下降,这种变化将直接影响液压系统的性能,黏温特性好的液压油,黏度随温度的变化较小。

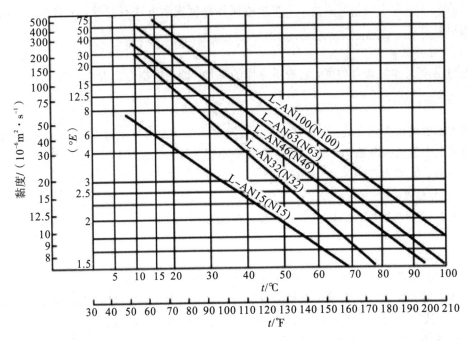

图 1-3 黏温特性图

4. 液压油的要求与选用

1）液压系统对液压油的要求

液压油是液压传动系统的重要组成部分，除了传递能量外，还具有润滑、冷却、防锈的功能，因此油液的性能会直接影响液压传动的性能，一般在选择油液时应满足下列几项要求：

（1）适宜的黏度和良好的黏温特性。

（2）具有良好的润滑性，即油液润滑时产生的油膜强度高，以免产生干摩擦。

（3）良好的化学稳定性即对热、氧化、水解、相容都具有良好的稳定性。

（4）抗泡沫性好，抗乳化性好，对金属表面有良好的相容性。

（5）具有良好的防腐性、抗磨性和防锈性。

（6）油液纯净，含杂质量少等。

2）液压油的选用

正确而合理地选用液压油，是保证液压设备高效率正常运转的前提。在选用液压油时，可根据液压元件生产厂样本和说明书所推荐的品种号数来选用液压油，或者根据液压系统的工作压力、工作温度、液压元件种类及经济性等因素全面考虑，一般是先确定适用的黏度范围，再选择合适的液压油品种。同时还要考虑液压系统工作条件的特殊要求，例如，在寒冷地区工作的系统要求油的黏度指数高、低温流动性好、凝固点低；伺服系统要求油质纯、压缩性小；高压系统要求油液抗磨性好。在选用液压油时，黏度是一个重要的参数。黏度的高低将影响运动部件的润滑、缝隙的泄漏以及流动时的压力损失、系统的发热温升等。所以，在环境温度较高，工作压力高或运动速度较低时，为减少泄漏，应选用黏度较高的液压油，否则相反。

5. 液压油的污染与防护

　　液压油是否清洁，不仅影响液压系统的工作性能和液压元件的使用寿命，而且直接关系到液压系统是否能正常工作。液压系统多数故障与液压油受到污染有关，造成这些危害的原因主要是污垢中的颗粒。对于液压元件来说，由于这些固体颗粒进入到元件里，会使元件的滑动部分磨损加剧，并可能堵塞液压元件里的节流孔、阻尼孔或使阀芯卡死，从而造成液压系统的故障。水分和空气的混入使液压油的润滑能力降低并使它加速氧化变质，产生气蚀，使液压元件加速腐蚀，使液压系统出现振动、爬行等。液压油的主要污染源及污染控制措施如表 1-1 所示。

表 1-1　污染源及污染控制措施

污　染　源		控　制　措　施
固有污染物	液压元件加工装配残留污染物	元件在装配前要进行彻底清洗，达到规定的清洁度
	管件油箱残留污染物及锈蚀物	系统组装前要对管件和油箱进行清洗(包括酸洗和表面处理)，使其达到规定的清洁度
	系统组装过程中残留污染物	液压系统在装配后、运转前应彻底进行清洗，最好用系统工作中使用的油液清洗，清洗时油箱除通气孔(加防尘罩)外必须全部密封，密封件不可有飞边、毛刺
外界侵入污染物	更换与补充液压油时侵入	定期更换液压油，更换新油前，油箱必须先清洗一次，系统较脏时，可用煤油清洗，排尽后注入新油，要对新油过滤净化处理
	经油箱呼吸孔侵入	采用密封式油箱(或带有饶性隔离器的油箱)，安装空气滤清器和干燥器
	经油箱活塞杆侵入	采用可靠的活塞杆防尘密封，加强对密封的维护
	水、空气侵入	对油液进行除水处理，防止油箱内油液中气泡吸入泵内，提高各元件结合处的密封性
	维护与检修时侵入	保持工作环境和工具的清洁；彻底清除与工作油液不相容的清洗液或脱脂剂；维修后循环过滤，清洗整个系统
内部生成污染物	元件磨损产物	要定期检查、清洗与更换滤油器，应根据设备的要求，采用合适的滤油器，在液压系统中选用不同的过滤方式，不同的精度和不同的结构的滤油器
	油液氧化产物	控制液压油温，抑制油液氧化，一般液压系统的工作温度最好控制在 65℃ 以下，机床液压系统则应控制在 55℃ 以下

6. 液压油变质的判断方法

液压油在使用的过程中，会产生异物混入，品质下降等现象，给液压系统的持续正常运转带来障碍，这种情况称为液压油变质。液压油是否变质，常采用现场判断法和实验室"性能分析法"进行判断。

在工程中，常用现场判断法，现场判断法是将从油箱内或管道系统中提取的液压油放入试管和烧杯，然后与放入同样容器内的新油相比较，比较一下它们的颜色、气味和异物渗入状况。

1）氧化变质的判断方法

（1）颜色由淡黄色变为黑褐色，透明度变差。

（2）散发出刺激性气味。

（3）把试样油滴在滤纸上，在室温下保持 2～3 个小时后，在中心部位会出现一个有明显轮廓的核心，该核心周围的颜色会从淡色变为深灰色（新油、未变质油比较均匀，感觉滑溜）。

2）水、空气渗入的判断方法

（1）水、空气渗入后，液压油颜色呈乳白色，透明度变差，渗入的水分、气泡越多，透明度越差。

（2）将试样油在常温下或稍许加热后放置 5～10 个小时，若是渗入气泡，则试样从底部变清；若是渗入水分，则试样从上部变清。

（3）将灼热的火钳伸进去或者把油滴在加热后的铁板上，若是渗入水分，则水分就会沸腾并发出"啪叽啪叽"的声音。

二、液体静力学

液体静力学研究液体处于相对平衡状态下的力学规律及其实际应用。相对平衡是指液体内部各质点间没有相对运动。

1. 液体静压力及其特性

静压力是指静止液体单位面积上所受的法向力，用 p 表示，即

$$p = \frac{F}{A} \qquad (1-8)$$

式中：A——液体有效作用面积；

F——液体有效作用面积 A 上所受的法向力。

压力单位为 Pa（帕，$1\ \text{Pa} = 1\ \text{N/m}^2$）或 MPa（兆帕，$1\ \text{MPa} = 10^6\ \text{Pa}$）。在工程中，还有一些计量单位在使用，如工程大气压 at 等。

$$1\ \text{at} \doteq 1\ \text{kg/cm}^2 \doteq 9.8 \times 10^4\ \text{N/m}^2 \doteq 10^5\ \text{Pa} \doteq 0.1\ \text{MPa} = 1\ \text{bar}$$

静压力具有下述两个重要特征：

（1）液体静压力垂直于作用面，其方向与该面的内法线方向一致。

（2）在静止液体中，任何一点所受到的各方向的静压力都相等。

2. 液体静力学方程

在重力作用下，密度为 ρ 的液体在容器内处于静止状态，其外加压力为 p_0，内部受力情况可用图 1-4(a)表示。设容器中装满液体，在任意一点 A 处取一微小面积 dA，该点距液面深度为 h，为了求得任意一点 A 的压力，可取 $dA \cdot h$ 这个液柱为分离体，见图1-4(b)。

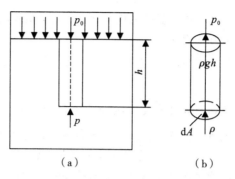

图 1-4 静压力的分布规律

（a）液体内部受力图；（b）液柱受力图

根据静压力的特性，作用于这个液柱上的力在各方向都呈平衡，在垂直方向上列出它的静力学平衡方程为

$$p\,\mathrm{d}A = p_0\,\mathrm{d}A + \rho g h\,\mathrm{d}A$$

$$p = p_0 + \rho g h \tag{1-9}$$

式中，p_0 为作用在液面上的压力。

由静力学平衡方程（1-9）可知：

（1）静止液体中任一点的压力均由两部分组成，即液面上的表面压力 p_0 和液体自重而引起的对该点的压力 $\rho g h$。

（2）静止液体内的压力随液体距液面的深度变化呈线性规律分布，并且在同一深度上各点的压力相等。压力相等的所有点组成的面为等压面，很显然，在重力作用下静止液体的等压面为一个平面。

液体在受外界压力作用的情况下，由液体自重所形成的那部分压力 $\rho g h$ 相对较小，在液压系统中常可忽略不计，因而可近似认为整个液体内部的压力是相等的。

3. 压力的表示方法及单位

液体压力的表示方法通常有绝对压力和相对压力（表压力）。绝对压力以绝对真空为基准零值时所测得的压力，相对压力是相对于大气压（即以大气压为基准零值时）所测量到的一种压力。当绝对压力低于大气压时，就会产生真空，并将绝对压力小于大气压力的数值称为该点的真空度。绝对压力、相对压力（表压力）和真空度的关系如图 1-5 所示。

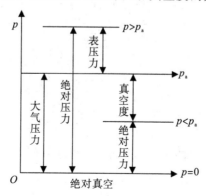

图 1-5 绝对压力、相对压力与真空度的相对关系

由图可知，绝对压力总是正值，表压力则可正、可负，负的表压力就是真空度，即：

(1) 绝对压力＝大气压力＋表压力。

(2) 真空度＝大气压力－绝对压力。

4. 帕斯卡原理

密封容器内的静止液体，当外力变化引起外加压力 p_0 发生变化时，例如，增加 Δp，则容器内任意一点的压力将增加同一数值 Δp，也就是说，在密封容器内施加于静止液体任一点的压力将等值传递到液体各点。这就是帕斯卡原理或静压传递原理。

根据帕斯卡原理和静压力的特性，液压传动不仅可以进行力的传递，而且还能将力放大和改变力的方向，如图 1-6 所示。图中，大液压缸活塞截面积为 A_1，小液压缸截面积为 A_2，两个活塞上的外作用力分别为 F_1、F_2，则缸内压力分别为 $p_1 = F_1/A_1$，$p_2 = F_2/A_2$。由于两缸充满液体且互相连接，根据帕斯卡原理有 $p_1 = p_2$。因此有

$$F_1 = F_2 \frac{A_1}{A_2} \qquad (1-10)$$

上式表明，只要 A_1/A_2 足够大，用很小的力 F_2 就可产生很大的力 F_1。液压千斤顶和水压机就是按此原理制成的。

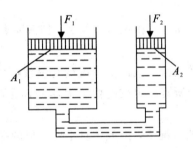

图 1-6 静压传递原理应用实例

例 1-1 容器内盛油液，如图 1-7 所示。已知油的密度 $\rho = 900 \ \text{kg/m}^3$，活塞上的作用力 $F = 1000 \ \text{N}$，活塞的面积 $A = 1 \times 10^{-3} \ \text{m}^2$，假设活塞的重量忽略不计。问活塞下方深度为 $h = 0.5 \ \text{m}$ 处的压力等于多少？

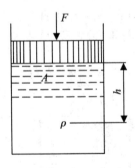

图 1-7 例 1-1 图

解 活塞与液体接触面上的压力均匀分布，根据静压力的基本方程式(1-9)，深度为 h 处的液体压力为

$$p_0 = \frac{F}{A} = \frac{1000}{1 \times 10^{-3}} = 10^6 \ \text{N/m}^2$$

$$p = p_0 + \rho gh$$
$$= 10^6 + 900 \times 9.8 \times 0.5 = 1.0044 \times 10^6 (\text{N/m}^2) \approx 10^6 (\text{Pa})$$

从本例可以看出,液体在受外界压力作用的情况下,液体自重所形成的那部分压力 ρgh 相对甚小,在液压系统中常可忽略不计,因而可近似认为整个液体内部的压力是相等的。

5. 液压静压力对固体壁面的作用力

在液压传动中,略去液体自重产生的压力,液体中各点的静压力是均匀分布的,且垂直作用于受压表面。因此,当承受压力的表面为平面时,液体对该平面的总作用力 F 为液体的压力 p 与受压面积 A 的乘积,其方向与该平面相垂直。

当承受压力的表面为曲面时,由于压力总是垂直于承受压力的表面,所以作用在曲面上各点的力不平行但相等。要计算曲面上的总作用力,必须明确要计算哪个方向上的力。

图 1-8 为液压缸筒受力分析图。设缸筒半径为 r,长度为 l,求液压力作用在右半壁 x 方向的力 F_x。在缸筒上取一微小窄条,其面积为 $\mathrm{d}A = l\mathrm{d}s = lr\mathrm{d}\theta$,压力油作用在这微小面积上的力 $\mathrm{d}F$ 在 x 方向的投影为

$$\mathrm{d}F_x = \mathrm{d}F\cos\theta = p\mathrm{d}A\cos\theta = plr\cos\theta\mathrm{d}\theta$$

在液压缸筒右半壁上 x 方向的总作用力为

$$F_x = \int_{-\frac{\pi}{2}}^{\frac{\pi}{2}} \mathrm{d}F_x = \int_{-\frac{\pi}{2}}^{\frac{\pi}{2}} plr\cos\theta\mathrm{d}\theta = 2plr \qquad (1-11)$$

式中,$2lr$ 为曲面在 x 方向的投影面积。由此可得出:作用在曲面上的液压力在某一方向上的分力等于静压力与曲面在该方向投影面积的乘积。这一结论对任意曲面都适用。

图 1-9 为球面和锥面所受液压力分析图。要计算出球面和锥面在垂直方向受力 F,只要先计算出曲面在垂直方向的投影面积 A,然后再与压力 p 相乘,即

$$F = pA = \frac{\pi d^2}{4}p \qquad (1-12)$$

式中,d 为承压部分曲面投影圆的直径。

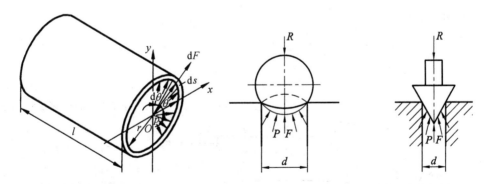

图 1-8 液压缸筒受力分析图　　　　图 1-9 球面和锥面所受液压力分析图

三、流体动力学

流体动力学的主要内容是研究液体流动时流速和压力的变化规律。流动液体的连续性方程、柏努利方程和动量方程是描述流动液体力学规律的三个基本方程。前两个方程描述

了压力、流速与流量之间的关系以及液体能量相互间的变换关系，后者描述了流动液体与固体壁面之间作用的情况。下面简单介绍前两个方程。

1. 基本概念

1）理想液体

理想液体是指没有黏性、不可压缩的液体；把既具有黏性又可压缩的液体称为实际液体。

2）恒定流动

恒定流动是指液体流动时，液体中任意点处的压力、流速和密度都不随时间而变化；反之，称为非恒定流动。

在液体流动的参数中，只要有一个参数随时间而变化，液体的流动就是非恒定流动。

3）通流截面

当液体在管道中流动时，其垂直于流动方向的截面称为通流截面。

4）流量和平均流速

流量和平均流速的含义如图 1-10 所示。其分述如下：

（1）流量。单位时间内通过通流截面的液体的体积称为流量，用 q 表示，流量的常用单位为 m^3/s 或 L/min。

对微小流束，通过 dA 上的流量为 dq，其表达式为

$$dq = u dA$$

通过整个通流截面的流量为

$$q = \int_A u \, dA \tag{1-13}$$

（2）平均流速。在实际液体流动中，由于黏性摩擦力的作用，通流截面上流速 u 的分布规律很复杂，因此引入平均流速的概念。即认为通流截面上各点的流速均为平均流速，用 v 来表示，则通过通流截面的流量就等于平均流速乘以通流截面积，即

$$q = \int_A u \, dA = vA$$

平均流速为

$$v = \frac{q}{A} \tag{1-14}$$

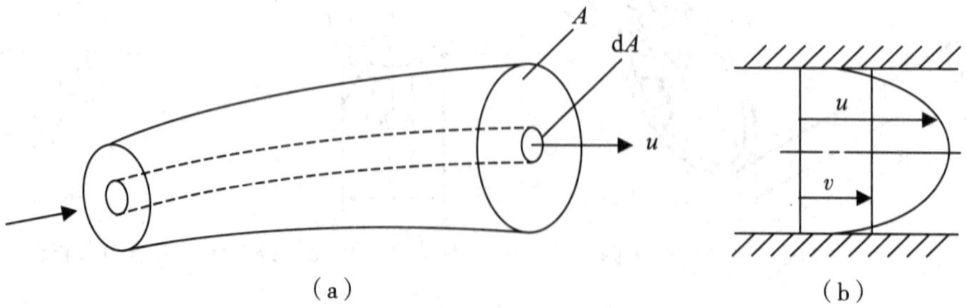

（a）　　　　　　　　　　　（b）

图 1-10　流量和平均流速的含义

（a）通过微元流管的流量；（b）断面平均流速

5）流动状态、雷诺数

（1）层流和紊流。实际液体具有黏性，是产生流动阻力的根本原因。然而流动状态不同，则阻力大小也是不同的。液体有两种流动状态——层流和紊流。

在液体运动时，如果质点没有横向脉动，不引起液体质点混杂，而是层次分明，能够维持安定的流束状态，这种流动称为层流。

在液体流动时，如果质点具有脉动速度，引起流层间质点相互错杂交换，这种流动称为紊流或湍流。

（2）雷诺数。液体流动时究竟是层流还是紊流，需用雷诺数来判别。实验证明，液体在圆管中的流动状态不仅与管内的平均流速 v 有关，还和管径 d、液体的运动黏度 ν 有关。但是，真正决定液流状态的，却是这三个参数所组成的一个称为雷诺数 Re 的无量纲数，即

$$Re = \frac{vd}{\nu} \qquad\qquad (1-15)$$

雷诺数的物理意义是液体流动时的惯性力和黏性力之比。液流的雷诺数如果相同，则它的流动状态也相同。

液流由层流变成紊流的雷诺数和由紊流变为层流时的雷诺数是不相同的，后者数值小，所以一般把后者作为判断液流状态的依据，称为临界雷诺数 Re_c。当 $Re < Re_c$ 时，液流为层流；反之，液流为紊流。常见的液流管道的临界雷诺数 Re_c 由实验求得，如表 1-2 所示。

表 1-2　常见的液流管道的临界雷诺数 Re_c

管道的材料与形状	Re_c	管道的材料与形状	Re_c
光滑的金属圆管	2000～2320	带槽装的同心环状缝隙	700
橡胶软管	1600～2000	带槽装的偏心环状缝隙	400
光滑的同心环状缝隙	1100	圆柱形滑阀阀口	260
光滑的偏心环状缝隙	1000	锥状阀口	20～100

2. 连续性方程

流动液体的连续性方程是质量守恒定律在流体力学中的应用。即理想液体在密封管道内做恒定流动时，单位时间内流过任意截面的质量相等。

连续性流动示意图如图 1-11 所示。液体在管路中恒定流动时，任取两个截面，设其面积为 A_1 和 A_2，两个截面中液体的平均流速和密度分别为 v_1、ρ_1 和 v_2、ρ_2。根据质量守恒定律，在单位时间内流过两个截面的液体质量相等，即

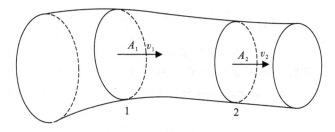

1—任意截面 1；2—任意截面 2

图 1-11　连续性流动示意图

$$\rho_1 A_1 v_1 = \rho_2 A_2 v_2$$

不考虑液体的压缩性，有

$$A_1 v_1 = A_2 v_2 \qquad (1-16)$$

由于通流截面是任意选取的，则有

$$q_1 = q_2 \quad 或 \quad q = Av = c \quad （c 为常数） \qquad (1-17)$$

式(1-17)是液体流动的连续性方程。它说明液体在流管中做恒定流动时，对不可压缩液体，流过流管不同截面的流量是不变的。当流量一定时，任一通流截面上的通流面积与平均流速成反比。

例 1-2 图 1-12 所示为相互连通的两个液压缸。已知大缸内径 $D=100$ mm，小缸内径 $d=20$ mm，大活塞上放上质量为 5000 kg 的物体。若小活塞下压速度为 0.2 m/s，试求大活塞上升速度？

解 由连续性方程 $q = Av =$ 常数，得出

$$\frac{\pi d^2}{4} v_{小} = \frac{\pi D}{4} v_{大}$$

故大活塞上升速度为

$$v_{大} = \frac{d^2}{D^2} v_{小} = \frac{20^2}{100^2} \times 0.2 = 0.008 \ (\text{m/s})$$

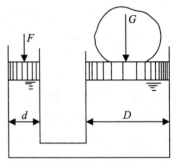

图 1-12 例 1-2 图

3. 伯努利方程

伯努利方程是能量守恒定律在流体力学中的一种表达形式。

1）理想液体的伯努利方程

理想液体因无黏性，又不可压缩，因此在管内做稳定流动时没有能量损失，根据能量守恒定律，同一管道内每一截面的总能量是守恒的。伯努利方程示意图如图 1-13 所示。

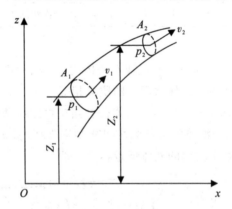

图 1-13 伯努利方程示意图

在图 1-13 中，任取两个截面 A_1 和 A_2，两个截面中液体的平均流速分别为 v_1 和 v_2，压力分别为 p_1 和 p_2，距离基准面的距离为 Z_1 和 Z_2，根据能量守恒定律有

$$\frac{p_1}{g\rho} + z_1 + \frac{v_1^2}{2g} = \frac{p_2}{g\rho} + z_2 + \frac{v_2^2}{2g}$$

即

$$\frac{p}{g\rho} + z + \frac{v^2}{2g} = 常量 \qquad (1-18)$$

式中：$p/g\rho$——单位重量液体所具有的压力能，称为比压能；

　　　z——单位重量液体所具有的势能，称为比位能；

　　　$v^2/2g$——单位重量液体所具有的动能，称为比动能，它们的量纲都为长度。

伯努利方程的物理意义为：在密封管道内做定常流动的理想液体在任意一个通流断面上具有三种形成的能量，即压力能、势能和动能，三种能量的总和是一个恒定的常量，并且三种能量之间可以相互转换。

2）实际液体的伯努利方程

实际液体是有黏性的，流动时产生的内摩擦力而消耗部分能量；同时，管道局部形状和尺寸的骤然变化使液体产生扰动，也消耗能量。因此，实际液体在流动时，液流的总能量或总比能在不断地减少。设单位质量液体在两截面之间流动的能量损失为 h_w，实际液体的伯努力方程为

$$\frac{p_1}{\gamma} + z_1 + \frac{\alpha_1 v_1^2}{2g} = \frac{p_2}{\gamma} + z_2 + \frac{\alpha_2 v_2^2}{2g} + h_w \qquad (1-19)$$

式中，α 为动能修正系数，在紊流时取 1.1，在层流时取 2，利用伯努利方程进行计算时应注意：截面 1、2 应顺流向选取，并选在流动平稳的通流截面上；z 和 p 两个参数一般定在通流截面的轴心处。

在液压传动系统中，管路中的压力常为十几个大气压到几百个大气压，而大多数情况下管路中的油液流速不超过 6 m/s，管路安装高度不超过 5 m。因此，系统中油液流速引起的动能变化和高度引起的位能变化相对压力能来说可忽略不计，即在液压传动系统中，能量损失主要为压力损失。这也表明液压传动是利用液体的压力能来工作的，故又称为静压传动。

例 1-3　液压泵装置如图 1-14 所示。其油箱和大气相通，试分析吸油高图度 H 对泵工作性能影响。

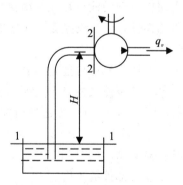

1—油箱液面截面；2—泵进口处管道截面

图 1-14　例 1-3 图

解　对油箱液面截面 1—1 和泵进口处管道截面 2—2 之间列伯努利方程，有

$$p_1 + \rho g h_1 + \frac{1}{2}\rho \alpha_1 v_1^2 = p_2 + \rho g h_2 + \frac{1}{2}\rho g \alpha_2 v_2^2 + \Delta p_w$$

式中，$p_1 = 0$，$h_1 = 0$，$v_1 \approx 0$，$h_2 = H$，代入得

$$p_2 = -\left[\rho h H + \frac{1}{2}\rho\alpha_2 v_2^2 + \Delta p_w\right]$$

由上式可知，当泵安装于液面之上时，$H>0$，则有$p_2<0$，此时泵进口处的绝对压力小于大气压力，形成真空，油靠大气压力被压入泵内。

当泵安装于液面之下，$H<0$时，则有$p_2>0$，此时泵进口处不形成真空，油自行灌入泵内。

四、压力损失

液压系统中的压力损失分为两类：一类是沿程压力损失；另一类是局部压力损失。在液压传动系统中，绝大多数压力损失转变为热能，造成系统温度增高，泄漏增大，影响系统的工作性能。

1. 沿程压力损失

液体在直管中流动时的压力损失是由液体流动时的摩擦引起的，称之为沿程压力损失。它主要取决于管路的长度、内径、液体的流速和黏度等，液体的流态不同，沿程压力损失也不同。在液压传动中，液体在圆管中层流流动最为常见，因此，在设计液压系统时，常常希望管道中的液流保持层流流动的状态。

2. 局部压力损失

局部压力损失是指油液流经局部障碍（如弯头、接头、管道截面突然扩大或收缩）时，由于液流的方向和速度的突然变化，在局部形成旋涡引起油液质点间以及质点与固体壁面间相互碰撞和剧烈摩擦而产生的压力损失。

管路系统的总压力损失等于所有沿程压力损失和所有局部压力损失之和。

五、液压冲击及空穴现象

1. 液压冲击

在液压系统工作过程中，管路中流动的液体往往会因执行部件换向或阀门关闭而突然停止运动。由于液流和运动部件的惯性，在系统内会产生很大的瞬时压力峰值，这种现象被称为液压冲击。

液压冲击会产生振动和噪声。其压力峰值可超过工作压力的几倍；有时使某些液压元件产生误动作而影响系统正常工作，甚至使某些液压元件、密封装置和管路损坏。因此在液压系统设计和使用时要考虑这些因素，应当采用适当措施防止或减少液压冲击的影响，通常有以下几种方法：

（1）延长阀门关闭和运动部件换向制动的时间。

（2）限制管道内液体的流速及运动部件的速度。

（3）适当增大管径或采用橡胶软管，尽量缩短管道长度。

（4）在系统中设置安全阀和蓄能器，在液压元件中设置缓冲装置。

2. 空穴现象

一般液体中溶解有空气，对于矿物型液压油，常温时一个大气压下溶解有$6\%\sim12\%$体积的空气。如果某一处的压力低于空气分离压，溶解于油中的空气就会从油中分离出来形成气泡，当压力降至油液的饱和蒸汽压力以下时，油液就会沸腾而产生大量气泡。这些气泡混杂在油液中，使得原来充满导管和元件中的油液成为不连续状态，这种现象被称为空穴现象。

当管道中发生空穴现象时，气泡随着液流进入高压区，体积急剧缩小，气泡又凝结成液体，形成局部真空，周围液体质点以极大速度来填补这一空间，使气泡凝结处的瞬间局部压力可高达数十兆帕，温度可达近千摄氏度。在气泡凝结处，因附近壁面反复受到液压冲击与高温作用以及油液中逸出气体的较强的酸化作用，使金属表面产生腐蚀。因空穴产生的腐蚀，一般称为气蚀。若泵吸入管路连接、密封不严，则空气将进入管道，回油管高出油面使空气冲入油中而被泵吸油管吸入油路，造成泵吸油管道阻力过大，流速过高均是造成空穴的原因。

空穴现象引起系统的振动，产生冲击、噪音、气蚀，使工作状态恶化。为了防止产生空穴现象，一般可以采取下列措施：

（1）限制液压泵吸油口离油面高度，确定液压泵吸油口的管径，尽量减小吸油管路中的压力损失，高压泵可用辅助泵供油。

（2）整个系统管路应尽可能直，管路密封要好等。

（3）减小流经小孔和间隙处的压力降。

（4）提高元件的抗气蚀能力。

1.2 液压缸的拆装

▲ 教学安排

1. 通过教师提供资料与学生自己查阅资料，让学生了解液压缸的用途。
2. 教师告知学生液压缸的拆装要求与拆装要点，学生通过拆装液压缸理解其结构与原理。
3. 教师讲解液压缸的作用、工作原理、结构、性能参数、图形符号等知识。
4. 对照实物与图片，教师与学生分析液压缸的常见故障。

▲ 知识支撑 ◆-◆-◆-◆-◆-◆-◆-◆-◆-◆-◆

1.2.1 液压缸的类型和特点

液压缸又称为油缸，是液压系统中的执行元件。它把液体的压力能转变成机械能，用于驱动工作装置做直线往复运动或摆动。

一、液压缸的类型和特点

液压缸按其结构形式可分为活塞缸、柱塞缸和摆动缸三类；按作用方式可分为单作用式和双作用式两种。单作用式液压缸利用液压力实现单方向运动，反向运动则依靠外力来实现。双作用式液压缸利用液压力实现正、反两个方向的往复运动。液压缸的种类很多，其详细分类及特点如表1-3所示。

表 1 - 3　常见液压缸的种类及特点

分类	名　称	符　号	说　　明
单作用液压缸	柱塞式液压缸	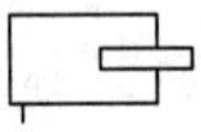	柱塞仅单向运动，返回行程是利用自重或负荷将柱塞推回
	单活塞杆液压缸	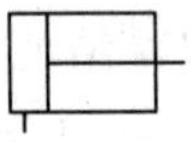	活塞仅单向运动，返回行程是利用自重或负荷将活塞推回
	双活塞杆液压缸	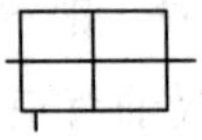	活塞的两侧都装有活塞杆，只能向活塞一侧供给压力油，返回行程通常利用弹簧力、重力或外力
	伸缩液压缸	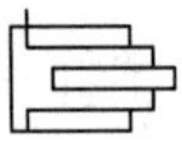	它以短缸获得长行程。用液压油由大到小逐节推出，靠外力由小到大逐节缩回
双作用液压缸	单活塞杆液压缸	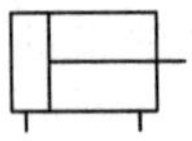	单边有杆，两向液压驱动，两向推力和速度不等
	双活塞杆液压缸	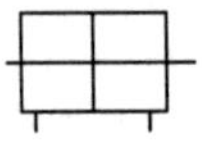	双向有杆，双向液压驱动，可实现等速往复运动
	伸缩液压缸	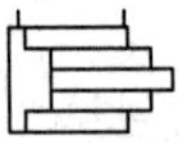	双向液压驱动，伸出由大到小逐步推出，由小到大逐节缩回
组合液压缸	弹簧复位液压缸	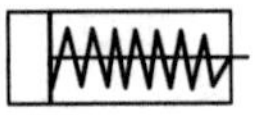	单向液压驱动，由弹簧力复位
	串联液压缸	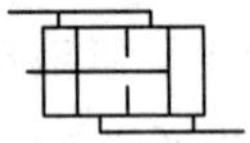	用于缸的直径受限制，而长度不受限制处，获得大的推力
	增压缸(增压器)	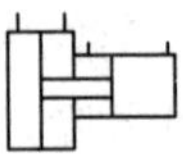	由低压力室 A 缸驱动，使 B 室获得高压油源
	齿条传动准压缸	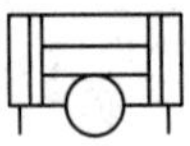	活塞往复运动经装在一起的齿条驱动齿轮获得往复回转运动
摆动液压缸		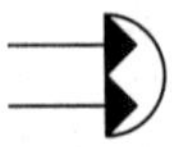	输出轴直接输出扭矩，其往复回转的角度小于 360°，也称为舞动马达

二、活塞式液压缸

活塞式液压缸可分为双杆式(简称双杆)和单杆式(简称单杆)两种结构，其固定方式有缸体固定和活塞杆固定两种。

1. 双杆式活塞缸

活塞两端都有一根活塞杆伸出的液压缸称为双杆式活塞缸。图 1 - 15 所示为一空心双杆式液压缸的典型结构。活塞杆固定在床身上，缸体 10 固定在工作台上，液压缸的左右两腔是通过油口 b 和 d 经活塞杆 1 和 15 的中心孔与左右径向孔 a 和 c 相通的，工作台在径向孔 c 接通压力油，径向孔 a 接通回油时向右移动；反之，则向左移动。

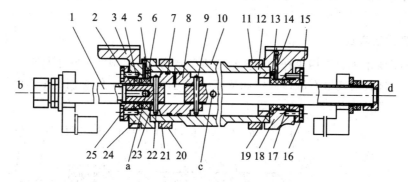

活塞杆；2—堵头；3—托架；4、17—V 型密封圈；5、14—排气孔；6、19—导向套；7—O 型密封圈；8—活塞；—锥销；10—缸体；11、20—压板；12、21—钢丝环；13、23—纸垫；15—活塞杆；16、25—压盖；18、24—缸盖

图 1-15 空心双杆式液压缸的典型结构

图 1-16 所示为双杆式活塞缸的工作原理图。图 1-16(a) 所示为缸体固定的方式。当活塞的有效行程为 l 时，整个工作台的运动范围为 $3l$，这种工作台占地面积大，一般用于中、小型设备。图 1-16(b) 所示为活塞杆固定的方式。当活塞的有效行程为 l 时，整个工作台的运动范围为 $2l$，这种工作台常用于大型设备。

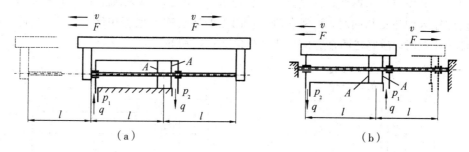

图 1-16 双杆式活塞缸的工作原理图

(a) 缸体固定的方式；(b) 活塞杆固定的方式

在图 1-16 中，当两个活塞杆直径相同，供油压力和流量不变时，活塞（或缸体）在两个方向的运动速度和推力都相等，即

$$v = \frac{q}{A} = \frac{4q}{\pi(D^2 - d^2)} \tag{1-20}$$

$$F = (p_1 - p_2)A = \frac{\pi}{4}(p_1 - p_2)(D^2 - d^2) \tag{1-21}$$

式中：v ——活塞或缸体的运动速度；

q ——输入液压缸的流量；

A ——活塞的有效工作面积；

D ——活塞直径；

d ——活塞杆直径；

F ——活塞（或缸体）上的液压推力；

p_1——液压缸的进油压力；

p_2——液压缸的回油压力。

这种两个方向等速、等力的特性使双杆式活塞缸特别适用于双向负载基本相等而又要求往复运动速度相同的场合。

2. 单杆式活塞缸

图 1-17 所示为双作用单杆式活塞缸的典型结构。其典型特征在于只在活塞的一侧装有活塞杆。单杆式活塞缸有缸体固定和活塞杆固定两种形式，但它们的工作台移动范围都是活塞有效行程的两倍。

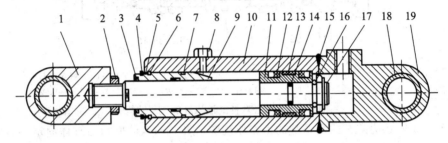

1—耳环；2—螺母；3—防尘圈；4、17—弹簧挡圈；5—套；6、15—卡键；7、14—O 型密封圈；8、12—Y 型密封圈；

9—缸盖兼导向套；10—缸筒；11—活塞；13—耐磨环；16—卡键帽；18—活塞杆；19—衬套；20—缸底

图 1-17　双作用单杆式活塞缸的典型结构

图 1-18 为双作用单杆式活塞缸的工作原理图。由于活塞两端的有效面积不等，因此当向两腔输入的流量相同时，活塞在两个方向上的运动速度也不相等；同样，当向两腔输入的油压相同时，活塞在两个方向上所产生的力也不相等。

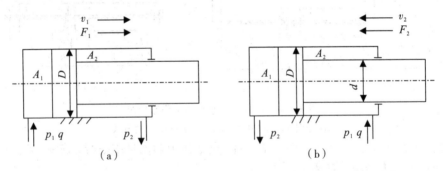

图 1-18　双作用单杆式活塞缸的工作原理图

(a) 无杆腔进油；(b) 有杆腔进油

（1）当无杆腔进油时（如图 1-18(a) 所示），有杆腔回油。设活塞的运动速度为 v_1，推力为 F_1，则有

$$v_1 = \frac{q}{A_1} = \frac{4q}{\pi D^2} \tag{1-22}$$

$$F_1 = p_1 A_1 - p_2 A_2 = \frac{\pi}{4} D^2 p_1 - \frac{\pi}{4} (D^2 - d^2) p_2$$

$$\tag{1-23}$$

$$= \frac{\pi}{4} D^2 (p_1 - p_2) + \frac{\pi}{4} d^2 p_2$$

（2）当有杆腔进油时（如图 1-18(b) 所示），无杆腔回油。设活塞的运动速度为 v_2，推

力为 F_2，则有

$$v_2 = \frac{q}{A_2} = \frac{4q}{\pi(D^2 - d^2)} \tag{1-24}$$

$$F_2 = p_1 A_2 - p_2 A_1 = \frac{\pi}{4}(D^2 - d^2)p_1 - \frac{\pi}{4}D^2 p_2 = \frac{\pi}{4}D^2(p_1 - p_2) - \frac{\pi}{4}d^2 p_1 \tag{1-25}$$

式中：q——输入液压缸的流量；

　　　A_1、A_2——液压缸无肝腔和有杆腔活塞的有效工作面积；

　　　D——活塞直径；

　　　d——活塞杆直径；

　　　p_1——液压缸的进油压力；

　　　p_2——液压缸的回油压力。

由上面各式可知，$F_1 > F_2$，$v_1 < v_2$。即活塞杆伸出时，推力较大，速度较小；活塞杆缩回时，推力较小，速度较大。因而它适用于一个方向有较大负载但运行速度较低，另一方向为空载快速退回的场合。

液压缸做往复运动的速度比为

$$\lambda_v = \frac{v_2}{v_1} = \frac{D^2}{D^2 - d^2} \tag{1-26}$$

上式表明，可以通过改变活塞与活塞杆的直径比值来满足两个方向的不同速度要求。

（3）差动连接。单杆式活塞缸在其左右两腔都接通高压油时称为"差动连接"，如图 1-19 所示。差动连接缸左右两腔的油液压力相同，但是由于无杆腔的有效面积大于有杆腔的有效面积，故活塞向右运动，并将有杆腔中排出的油液也进入无杆腔，加大了流入无杆腔的流量，从而也加快了活塞杆的伸出速度。

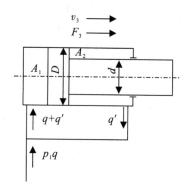

图 1-19　缸的差动连接

在进行差动连接时，有杆腔排出的流量 $q' = v_3 A_2$，进入无杆腔后，无杆腔流量为

$$q + q' = q + v_3 A_2 = v_3 A_1$$

则差动连接时运动速度 v_3 和活塞推力 F_3 为

$$v_3 = \frac{q}{A_1 - A_2} = \frac{4q}{\pi d^2} \tag{1-27}$$

$$F_3 = p_1(A_1 - A_2) = \frac{\pi}{4}d^2 p_1 \tag{1-28}$$

由式(1-27)、式(1-28)可知，差动连接时实际起作用的有效面积是活塞杆的横截面积。与非差动连接无杆腔进油工况相比，在输入油液压力和流量相同的条件下，活塞杆伸出速度较大而推力较小，利用差动连接，可在不加大油源流量的情况下得到较快的运动速度。这种连接方式被广泛应用于组合机床的液压动力系统和其他机械设备的快速运动中。如果要求机床往返快速相等，即 $v_2 = v_3$，则 $D = \sqrt{2}\,d$。

例 1-4 如图 1-20 所示，两个结构相同相互串联的液压缸，无杆腔的面积 $A_1 = 100 \times 10^{-4} \ \text{m}^2$，有杆腔的面积 $A_2 = 80 \times 10^{-4} \ \text{m}^2$，液压缸 1 的输入压力 $p_1 = 1 \ \text{MPa}$，输入流量 $q_{v_1} = 12 \ \text{L/min}$，不计损失和泄漏，试求：

(1) 当两缸承受相同负载时，该负载及两缸的运动速度为多少？

(2) 当液压缸 1 不承受负载时，液压缸 2 能承受多少负载？

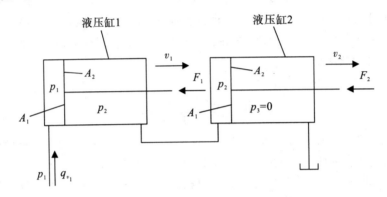

图 1-20 例 1-4 图

解 (1) 当 $F_1 = F_2$ 时，有

$$F_1 = F_2 = \frac{p_1 A_1^2}{A_1 + A_2} = \frac{1 \times 10^6 \times (100 \times 10^{-4})^2}{(100 + 80) \times 10^{-4}} = 5555.6 \ \text{N}$$

$$v_1 = \frac{q_1}{A_1} = \frac{12 \times 10^{-3}}{100 \times 10^{-4}} = 1.2 \ (\text{m/min})$$

$$v_2 = \frac{q_2}{A_2} = \frac{v_1 A_2}{A_1} = 1.2 \times \frac{80}{100} = 0.96 \ (\text{m/min})$$

(2) 当 $F_1 = 0$ 时，有

$$F_2 = \frac{p_1 A_1^2}{A_2} = \frac{1 \times 10^6 \times (100 \times 10^{-4})^2}{80 \times 10^{-4}} = 12\ 500 \ \text{N}$$

三、柱塞缸

图 1-21(a)所示为柱塞缸。它只能实现一个方向的液压传动，反向运动要靠外力。若需要实现双向运动，则必须成对使用。在如图 1-21(b)所示的液压缸中，柱塞和缸筒不接触，运动时由缸盖上的导向套来导向，因此缸筒的内壁不需精加工。它特别适用于行程较长的场合。

柱塞缸输出的推力和速度各为

$$F = pA = \frac{\pi}{4} p d^2 \tag{1-29}$$

$$v = \frac{q}{A} = \frac{4q}{\pi d^2} \qquad (1-30)$$

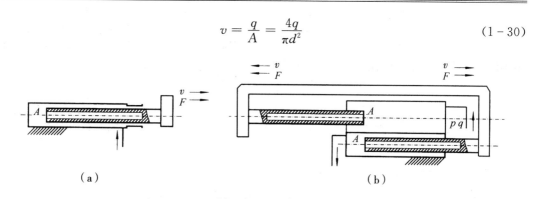

图 1-21　柱塞缸

（a）柱塞缸的结构；（b）柱塞缸成对使用实例

四、其他液压缸

1. 增压液压缸

增压液压缸又称为增压器，它利用活塞和柱塞有效面积的不同使液压系统中的局部区域获得高压。它有单作用和双作用两种形式。单作用增压缸的工作原理如图 1-22(a) 所示。当输入活塞缸的液体压力为 p_1，活塞直径为 D，柱塞直径为 d 时，柱塞缸中输出的液体压力为高压，其值为

$$p_2 = p_1 \left(\frac{D}{d}\right)^2 = K p_1 \qquad (1-31)$$

式中，$K = D^2 / d^2$，称为增压比，它代表其增压程度。

显然增压能力是在降低有效能量的基础上得到的，也就是说，增压缸仅仅是增大输出的压力，并不能增大输出的能量。

单作用增压缸在柱塞运动到终点时，不能再输出高压液体，需要将活塞退回到左端位置，再向右行时才又输出高压液体，为了克服这一缺点，可采用双作用增压缸，如图 1-22(b) 所示，由两个高压端连续向系统供油。

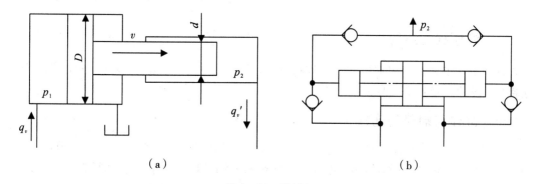

图 1-22　增压缸

（a）单作用增压缸；（b）双作用增压缸

2. 伸缩缸

伸缩缸由两个或多个活塞缸套装而成，前一级活塞缸的活塞杆内孔是后一级活塞缸的缸筒，伸出时可获得很长的工作行程，缩回时可保持很小的结构尺寸。伸缩缸被广泛用于

起重运输车辆上。

伸缩缸可以是如图1-23(a)所示的单作用伸缩缸，也可以是如图1-23(b)所示的双作用伸缩缸，前者靠外力回程，后者靠液压回程。

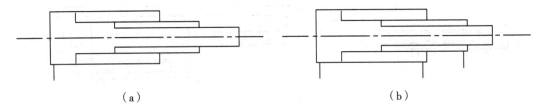

（a）　　　　　　　　　　　　　　　　　（b）

图1-23　伸缩缸

(a) 单作用伸缩缸；(b) 双作用伸缩缸

伸缩缸的外伸动作是逐级进行的。首先是最大直径的缸筒以最低的油液压力开始外伸，当到达行程终点后，稍小直径的缸筒开始外伸，直径最小的末级最后伸出。随着工作级数变大，外伸缸筒直径越来越小，工作油液压力随之升高，工作速度变快。

3. 齿轮缸

齿轮缸由带有齿条杆的双活塞缸和齿轮组成，如图1-24所示。活塞的往复移动经齿轮齿条机构转换成齿轮轴的周期性往复转动。它多用于自动生产线、组合机床等的转位或分度机构中。

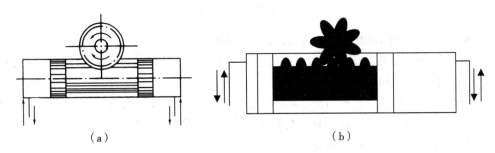

（a）　　　　　　　　　　　　　　　（b）

图1-24　齿轮缸

1.2.2　液压缸的结构

液压缸主要由缸体组件(如缸体、端盖等)、活塞组件(如活塞、活塞杆等)、密封件和连接件、缓冲装置和排气装置五个部分。

一、缸体与端盖的连接

一般来说，缸筒和缸盖的结构形式和其使用的材料有关。当工作压力 $p<10$ MPa 时，使用铸铁；当 $p<20$ MPa 时，使用无缝钢管；当 $p>20$ MPa 时，使用铸钢或锻钢。图1-25所示为缸筒和缸盖的常见结构形式。

图1-25 (a)所示为法兰连接式。其结构简单，容易加工，也容易装拆，但外形尺寸和重量都较大，常用于铸铁制的缸筒上。

图1-25 (b)所示为半环连接式。它的缸筒壁部因开了环形槽而削弱了强度，为此有时要加厚缸壁。它容易加工和装拆，重量较轻，常用于无缝钢管或锻钢制的缸筒上。

图 1－25（c）所示为螺纹连接式。它的缸筒端部结构复杂，外径加工时要求保证内外径同心，装拆要使用专用工具。它的外形尺寸和重量都较小，常用于无缝钢管或铸钢制的缸筒上。

图 1－25（d）所示为拉杆连接式。其结构的通用性大，容易加工和装拆，但外形尺寸较大，且较重。

图 1－25（e）所示为焊接连接式。其结构简单，尺寸小，但缸底处内径不易加工，并且可能引起形变。

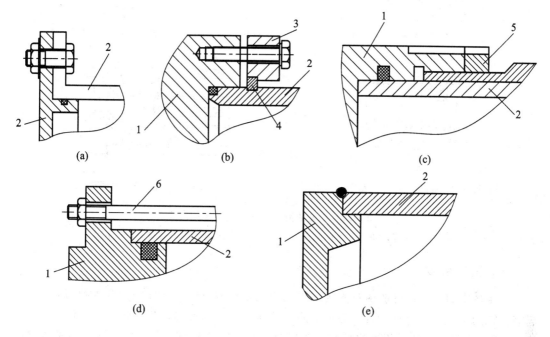

1—缸盖；2—缸筒；3—压板；4—半环；5—防松螺帽；6—拉杆

图 1－25   缸筒和缸盖的常见结构形式

（a）法兰连接式；（b）半环连接式；（c）螺纹连接式；（d）拉杆连接式；（e）焊接连接式

二、活塞与活塞杆的连接

短行程液压缸的活塞杆与活塞常做成一体，但当行程较长时，常把活塞与活塞杆分开制造，然后再连接成一体。图 1－26 所示为几种常见的活塞与活塞杆的连接形式。

图 1－26（a）所示为活塞与活塞杆之间采用螺母连接形式。它适用负载较小，受力无冲击的液压缸中。螺纹连接虽然结构简单，安装方便可靠，但在活塞杆上车螺纹将削弱其强度。

图 1－26（b）和（c）所示为卡环式连接形式。图 1－26（b）中活塞杆 5 上开有一个环形槽，槽内装有两个半圆环 3 以夹紧活塞 4，半环 3 由轴套 2 套住，而轴套 2 的轴向位置用弹簧卡圈 1 来固定。

图 1－26（c）中的活塞杆。其使用了两个半圆环 4，它们分别由两个密封圈座 2 套住，半圆形的活塞 3 安放在密封圈座的中间。

图 1－26（d）所示为一种径向销式连接形式，用锥销 1 把活塞 2 固连在活塞杆 3 上。这

种连接方式特别适用于双出杆式活塞。

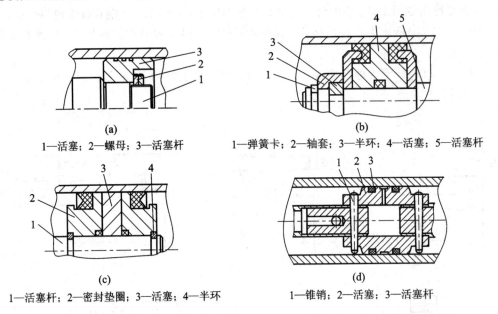

(a)
1—活塞；2—螺母；3—活塞杆

(b)
1—弹簧卡；2—轴套；3—半环；4—活塞；5—活塞杆

(c)
1—活塞杆；2—密封垫圈；3—活塞；4—半环

(d)
1—锥销；2—活塞；3—活塞杆

图 1-26　常见的活塞与活塞杆的连接形式

(a) 螺母连接；(b) 卡环式连接 1；(c) 卡环式连接 2；(d) 径向销式连接

三、密封装置

液压缸中的压力油可能通过固定部件的连接处和相对运动部件的配合处泄漏，这将引起液压缸的容积效率降低和油液发热，降低液压缸的工作性能，并且泄漏还会污染工作环境。因此，液压缸需要采用适当的密封装置来防止和减少泄漏。液压缸中常见的密封装置如图 1-27 所示。

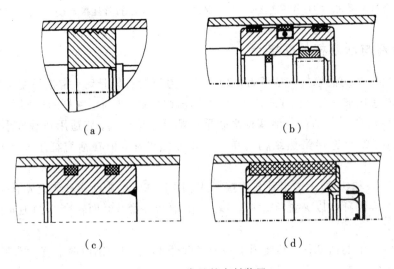

（a）

（b）

（c）

（d）

图 1-27　常见的密封装置

(a) 间隙密封；(b) 摩擦环密封；(c) O 型圈密封；(d) V 型圈密封

图 1-27(a)所示为间隙密封。它依靠运动间的微小间隙来防止泄漏。为了提高这种装置的密封能力，常在活塞的表面上制出几条细小的环形槽，以增大油液通过间隙时的阻力。它的结构简单，摩擦阻力小，可耐高温，但泄漏大，加工要求高，磨损后无法恢复原有能力，只有在尺寸较小、压力较低、相对运动速度较高的缸筒和活塞间使用。

图 1-27(b)所示为摩擦环密封。它依靠套在活塞上的摩擦环(尼龙或其他高分子材料制成)在 O 型密封圈弹力作用下贴紧缸壁而防止泄漏。这种材料效果较好，摩擦阻力较小且稳定，可耐高温，磨损后有自动补偿能力，但加工要求高，装拆较不方便，适用于缸筒和活塞之间的密封。

图 1-27(c)、图 1-27(d)分别为密封圈(O 型圈、V 型圈等)密封，它利用橡胶或塑料的弹性使各种截面的环形圈贴紧在静、动配合面之间来防止泄漏。它结构简单，制造方便，磨损后有自动补偿能力，性能可靠，在缸筒和活塞之间、缸盖和活塞杆之间、活塞和活塞杆之间、缸筒和缸盖之间都能使用。

四、缓冲装置

液压缸一般都设置缓冲装置，如果 1-28 所示。特别是对于大型、高速或要求高的液压缸，为了防止活塞在行程终端时和缸盖相互撞击，引起噪声、冲击，则必须设置缓冲装置。

缓冲装置的工作原理是利用活塞或缸筒在其走向行程终端时封住活塞和缸盖之间的部分油液，强迫它从小孔或细缝中挤出，以产生很大的阻力，使工作部件受到制动，逐渐减慢运动速度，达到避免活塞和缸盖相互撞击的目的。

如图 1-28(a)所示，当缓冲柱塞进入与其相配的缸盖上的内孔时，孔中的液压油只能通过间隙 δ 排出，使活塞速度降低。由于配合间隙不变，故行程最后缓冲阶段的缓冲效果较弱。

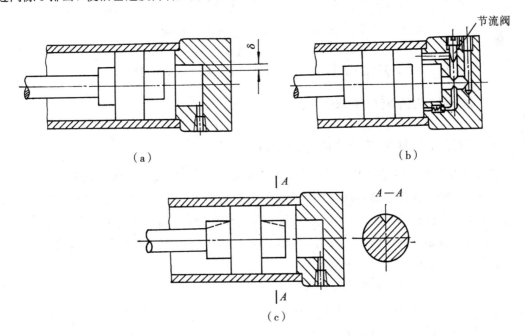

图 1-28 液压缸的缓冲装置
(a)圆柱型缓冲；(b)外带节流阀型缓冲；(c)渐变型缓冲

　　如图 1-28(b)所示，由于节流阀是可调的，因此缓冲作用也是可调节的，但仍不能解决速度减低后缓冲作用减弱的缺点。

　　如图 1-28(c)所示，在缓冲柱塞上开有三角槽，随着柱塞逐渐进入配合孔中，其节流面积越来越小，解决了在行程最后阶段缓冲作用过弱的问题。

五、排气装置

　　液压缸在安装过程中或长时间停放重新工作时，液压缸和管道系统中会渗入空气，为了防止执行元件出现爬行、噪声和发热等不正常现象，需要把液压缸和管道系统中的空气排出。排气装置如图 1-29 所示。图 1-29(a)为圆柱型缓冲。一般可在液压缸的最高处设置进出油口把气带走，也可在最高处设置如图 1-29(a)所示的排气孔或专门的排气阀。外带节流阀型缓冲和渐变型缓冲分别如图 1-29(b)、(c)所示。

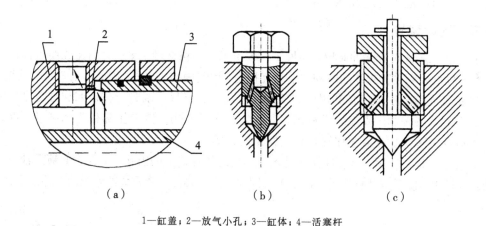

（a）　　　　　　　　　　（b）　　　　　　　　　　（c）

1—缸盖；2—放气小孔；3—缸体；4—活塞杆

图 1-29　排气装置

（a）圆柱型缓冲；（b）外带节流阀型缓冲；（c）渐变型缓冲

1.2.3　液压缸的拆装与维修

一、液压元件拆装与维修的一般步骤

　　在拆装液压元件的过程中，要注意遵守安全操作规程，一般按照以下步骤进行拆装：

　　(1)拆卸液压元件之前必须分析液压元件的产品铭牌，了解所选取的液压元件的型号和基本参数，查阅产品目录等资料，分析该元件的结构特点，制定出拆卸工艺过程。

　　(2)按照所制定的维修工艺过程，将液压元件解体、分析故障原因。解体过程中应特别注意关键零件的位置关系，记录拆卸顺序。

　　(3)拆卸下来的全部零件必须用煤油或柴油清洗，干燥后用不起毛的布擦拭干净，检查各个零件，进行必要的修复，更换已损坏的零件。

　　(4)按照与拆卸相反的顺序重新组装液压元件。

　　(5)液压系统在实际应用中，由于液压元件都是密封的，因此发生故障时不易查找原因。能否迅速地找出故障源，一方面决定于对系统和元件结构、原理的理解；另一方面还有赖于实践经验的积累。

二、液压缸拆装与维修的注意事项

（1）拆卸过程中注意观察导向套、活塞、缸体的相互连接关系，卡键的位置及与周围零件的装配关系，油缸的密封部位、密封原理以及液压缸的缓冲结构的结构形式和工作原理。

（2）拆卸下来的全部零件同样必须用煤油或柴油清洗。注意检查密封元件、弹簧卡圈等易损件是否损坏，必要时应予以更换。

（3）装配时要注意调整密封圈的压紧装置，使之松紧合适，保证活塞杆能用手来回拉动，而且在使用时不能有过多泄漏（允许有微量的泄漏）。

（4）在拆装液压缸时应注意密封圈有无过度磨损、老化而失去弹性，唇边有无损伤；检查缸筒、活塞杆、导向套等零件表面有无纵向拉痕或单边过大磨损并予修整。

三、液压缸的常见故障及排除方法

液压缸常见故障有不动作，速度达不到规定要求，爬行、运动过程中发生不正常声响，缓冲效果不好和泄漏等。液压缸的常见故障及排除方法如表 1-4 所示。

表 1-4　液压缸的常见故障及排除方法

故障现象		原　因	排　除　方　法
活塞杆不能动作	压力不足	① 油液未进入液压缸 a. 换向阀未换向 b. 系统未供油	 检查换向阀 检查液压泵和主要液压阀
		② 有油，但没有压力 a. 系统有故障，主要是液压泵或溢流阀 b. 内部泄漏，活塞与活塞杆松动，密封件损坏	 检查、调整或更换 将活塞与活塞杆固牢，更换密封件
		③ 压力达不到规定值 a. 密封件老化、失效，唇口装反或有破损 b. 系统调定压力过低或压力调节阀有故障	 检查，更换，正确安装 调整压力或排除压力阀故障
	压力已到达要求，但仍不动作	① 液压缸结构件变形损坏，导致阻力过大	检修、更换结构件
		② 液压回路回油不畅，主要是液压缸背压腔油液未与油箱相通。回油路上的调速节流口调节过小或换向阀未动作	检查液压缸背压腔与油箱连接情况，检查调速阀或换向阀并排除
速度达不到规定	内泄漏严重	① 密封件破损	更换密封件
		② 液压油变质	更换适宜液压油

续表一

故障现象		原　　因	排　除　方　法
液压缸爬行	缸内进入空气	① 新液压缸、修理后的液压缸或设备停止时间过长的缸，缸内有气或液压缸内管道排气不净	空载大行程往复运动，直接把空气排完
		② 缸内部形成负压，从外部吸入空气	先用油脂封住结合面和接头处，若吸入情况有好转，则将螺钉及接头紧固
		③ 从液压缸到换向阀之间的管道容积比液压缸内容积大得多，液压工作时，这段管道上油液未排完，所以空气也很难排完	在靠近液压缸管道的最高处加排气阀，活塞在全行程情况下运动多次，把气排完后，再把排气阀关闭
		④ 泵吸入空气	拧紧泵的吸油管接头
		⑤ 油液中混入空气	液压缸排气阀排气或换油
外泄漏	装配不良	① 液压缸装配时端盖装偏，活塞杆与缸筒定心不良，使活塞杆伸出困难，加速密封件磨损	拆开检查，重新装配，并更换密封件
		② 密封件安装出错，如密封件划伤、切断、密封唇装反，唇口破损或轴倒角尺寸不对，装错或漏装	重装或更换
		③ 密封件压盖未装好	
		a. 压盖安装有偏差	重新安装
		b. 紧固螺钉受力不均	拧紧螺钉使之受力均匀
		c. 紧固螺钉过长，使压盖不能压紧	按螺钉孔深度选配螺钉长度
	密封件质量不佳	① 保管不良，变质或损坏	更换密封件
		② 胶料性能差，不耐油或胶料与油液相容性差	
	油的黏度过低	① 用错了油品	更换油液
		② 油液中掺有乳化液	
	油温过高	① 液压缸进油口阻力太大	检查进油口是否畅通
		② 周围环境温度太高	采用隔热措施
		③ 泵或冷却器有故障	检查，排除

续表二

故障现象		原　因	排　除　方　法
外泄漏	活塞杆拉伤	① 防尘圈老化、失效	更换防尘圈
		② 防尘圈内侵入砂粒、切屑等污物	清洗、更换防层圈，修复活塞杆表面拉伤处
		③ 夹布胶木导向套与活塞杆之间配合太紧，是活动层表面产生过热，造成活塞杆表面层脱落而拉伤	检查清洗，用刮刀刮导向套内径

项目小结

（1）通过液压千斤顶的使用理解液压传动的工作原理及组成。一个完整的液压系统包括动力元件、执行元件、控制元件、辅助元件及工作介质。液压传动的工作介质是液压油，液压油流动时呈现黏性，黏性的大小用黏度表示。常用的黏度表示方法有动力黏度、运动黏度和相对黏度。我国采用的相对黏度单位是恩氏黏度。

（2）理解液体静力学方程与动力学方程在液压传动中的应用。压力和流量是液压传动中的两个重要参数，液压系统中的压力由负载决定，液体流动速度由管路中的流量决定。连续性方程、伯努利方程分别是质量守恒定律、能量守恒定律在流体力学中的具体表现形式。连续性方程分析了在同一管道内不同截面流体的流速与面积间的变化关系；伯努利方程式主要解决流体内压力、速度与位置有关量的变化问题。

（3）液体的流态分为层流与湍流两种状态。当流体在管道中流动时，存在沿程压力损失和局部压力损失。在液压系统工作过程中会产生液压冲击及空穴现象。

（4）液压缸是液压系统的执行元件，它将油液的压力能转变为机械能，输出推力和运动速度。通过液压缸的拆装，理解液压缸的结构、工作原理及应用，差动液压缸是单杆式活塞缸的一个典型应用，用于需要获得"快进—工进—快退"工作循环的组合机床和各类专用机床的液压系统中。

（5）液压缸主要由缸体组件（如缸体、端盖等）、活塞组件（如活塞、活塞杆等）、密封装置、缓冲装置、排气装置组成。

思考题与练习题

1-1　当选择液压油的牌号时，应该考虑温度对油液的影响。因为当温度升高时，油液的黏度会（　　）。

　　A. 增加　　　　　　　　　　　B. 没有变化

　　C. 下降　　　　　　　　　　　D. 不确定

1-2 46#液压油,当温度为40℃时,其运动黏度约为(　　)厘斯(cSt)。

A. 36   B. 46

C. 50   D. 40

1-3 现有某一液压系统的压力大于大气压力,则其绝对压力为(　　)。

A. 大气压力加相对压力   B. 大气压力加真空度

C. 大气压力减真空度   D. 大气压力

1-4 现有某一液压系统的表压力读数为1 MPa,则下面表述中正确的是(　　)。

A. 绝对压力为1 MPa   B. 相对压力为1 MPa

C. 大气压为1 MPa   D. 真空度为1 MPa

1-5 现有一液压系统存在液压冲击现象。在下列表述中,哪种方法不能防止、减少液压冲击。(　　)

A. 延长阀门关闭时间   B. 增大管道内液体流速

C. 增大管径   D. 设置缓冲装置

1-6 假设你是一名液压装调工,要求选择能形成差动连接的液压缸,你会选择(　　)。

A. 单杆液压缸   B. 双杆液压缸

C. 柱塞缸   D. 活塞缸

1-7 假设你是一名液压装调工,在某一液压设备中需要一个完成很长工作行程的液压缸,你会采用(　　)液压缸。

A. 单杆活塞式   B. 双活塞杆式

C. 柱塞式   D. 伸缩式

1-8 双杆式液压缸,采用缸筒固定安置,工作台的移动范围为活塞有效行程的(　　)。

A. 1倍   B. 2倍

C. 3倍   D. 4倍

1-9 差动液压缸,若使其往返速度相等,则活塞直径应为活塞杆直径的(　　)。

A. 1倍   B. 2倍

C. $\sqrt{2}$倍   D. 3倍

1-10 向一差动连接液压缸供油,液压油的流量为Q,压力为p。当活塞杆直径变小时,其作用力F及活塞运动速度v的变化是(　　)。

A. 作用力增大,速度提高   B. 作用力减小,速度降低

C. 作用力增大,速度降低   D. 作用力减小,速度提高

1-11 液压传动是通过流动液体的动量能来传递动力的。(　　)

1-12 液压系统的执行元件,把机械能转换成液压能输出。(　　)

1-13 液压传动适宜于在传动比要求严格的场合采用。(　　)

1-14 液压油的密度随压力的增加而加大,随温度的升高而减小。(　　)

1-15 负的表压力就是真空度。(　　)

1-16 当液体流动时,其流量连续性方程是能量守恒定律在流体力学中的一种表达形式。( )

1-17 根据液体的连续性方程,液体流经同一管内的不同截面时,流经较大截面时流速较快。( )

1-18 当液体流经某一段管道时,若管道的直径越大,长度越长,则该段管道的沿程压力损失就会越大。( )

1-19 作用于活塞上的推力越大,活塞运动速度越快。( )

1-20 液压缸差动连接时,能比其他连接方式产生更大的推力。( )

1-21 图1-30所示为液压千斤顶的工作示意图。试说明其工作原理及各部分的作用。

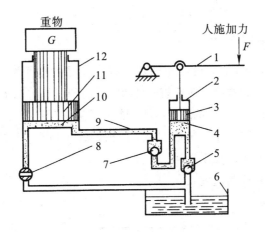

1—杠杆;2—泵体;3、11—活塞;4、10—油腔;5、7—单向阀;6—油箱;8—放油阀;9—油管;12—缸体

图1-30 题1-21图

1-22 液压传动与机械传动、电气传动比较,有哪些优点?

1-23 液体黏度表示方法有哪三种?液压油的标号(N15、N32)表示什么意义?

1-24 选择液压油时有哪些要求?如何选用液压油?

1-25 液压油的污染控制措施有哪些?

1-26 什么是流动液体的连续性方程?

1-27 简述液压缸的分类。

1-28 试述柱塞式液压缸的特点。

1-29 液压缸由哪几部分组成?

1-30 液压缸为什么要设置缓冲装置?应如何设置?

1-31 在如图1-31所示的液压缸中,其往返运动的速度相等(返回油路在图中未示出)。已知活塞直径 $D=0.2$ m,供给油缸的流量 $Q=6\times10^{-4}$ m³/s(36 L/min)。试求:

(1) 运动件的速度 v,并用箭头标出其运动方向。

(2) 有杆腔的排油量 $Q_{回}$。

1-32 在如图1-32所示的差动连接中,若液压缸左腔有效作用面积 $A_1=4\times10^{-3}$ m²,右腔有效作用面积 $A_2=2\times10^{-3}$ m²,输入压力油的流量 $q_v=4.16\times10^{-4}$ m³/s,压力 $p=$

1×10^6 Pa。试求：

(1) 活塞向右运动的速度；

(2) 活塞可克服的阻力。

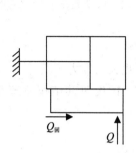

图 1-31　题 1-31 图

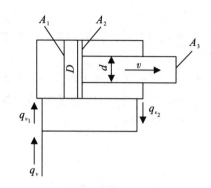

图 1-32　题 1-32 题

1-33　对于单杆式液压缸，设液压油进入有杆腔时的速度为 v_2，差动连接时的速度为 v_3，现要求 $v_3/v_2 = 2$。试推导：活塞直径 D 和活塞杆直径 d 之间应满足什么关系？

1-34　图 1-33 所示为一简单液压系统。液压泵在额定流量为 4.17×10^{-4} m³/s、额定压力为 2.5×10^6 Pa 的情况下工作，液压缸活塞面积为 0.005 m²，活塞杆面积为 0.001 m²，当换向阀阀芯分别处在左、中、右位置时。试求：

(1) 活塞运动方向和运动速度；

(2) 能克服的负载。

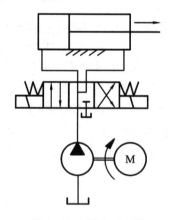

图 1-33　题 1-34 图

项目二　B6050 型牛头刨床液压系统的装配与调试

▲ 项目任务

1. 理解并掌握液压泵的主要性能参数：压力、流量、功率、效率等知识点。

2. 掌握齿轮泵的结构、原理、图形符号等知识，了解齿轮泵的常见故障与连接方式。

3. 掌握换向阀的结构、原理、作用、图形符号等知识，了解换向阀的常见故障及排除方法。

4. 理解并掌握换向回路的工作原理、应用及常见故障与排除方法。

5. 能够初步理解 B6050 型牛头刨床液压系统的原理图。

6. 通过本项目任务的学习，对液压回路的安装、液压系统的装配形成初步认识。

7. 培养学生收集信息、评价信息的能力与团队合作能力。

8. 能够规范组建本项目 B6050 型牛头刨床液压系统，其液压系统图如图 2-1 所示。

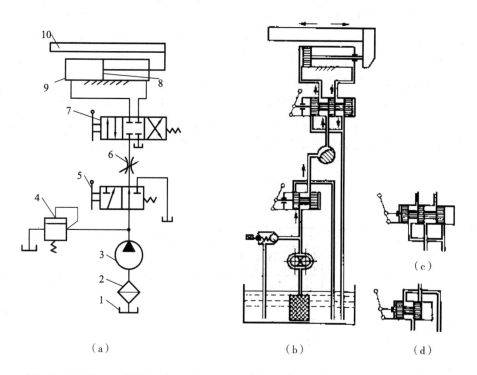

（a）　　　　　　　　　（b）　　　　　（c）（d）

1—油箱；2—过滤器；3—齿轮泵；4—溢流阀；5、7—换向阀；6—节流阀；8、9—液压缸；10—工作台

图 2-1　B6050 型牛头刨床液压系统图

（a）液压系统原理图；（b）液压系统结构图；（c）三位四通手动换向阀结构图；（d）二位三通手动换向阀结构图

2.1　液压泵的性能参数分析

▲**教学安排**

1. 通过教师提供资料与学生自己查阅资料，让学生了解牛头刨床的工作原理与用途，明确本项目的主要任务，制订计划并按步骤实施。

2. 教师讲解液压泵的工作原理与特点。

3. 教师讲解液压泵的主要性能参数：压力、流量、功率、效率等。

▲**知识支撑** ◆·◆·◆·◆·◆·◆·◆·◆·◆·◆·◆·◆·◆·◆·◆·◆

液压泵作为液压系统的动力元件，起着向系统提供动力源的作用，是系统不可缺少的核心元件。液压泵将原动机（电动机或内燃机）输入的机械能转化为工作液体的压力能输出，为系统提供压力油，是一种能量转换装置。

2.1.1　液压泵的工作原理及特点

一、液压泵的工作原理

液压泵都是依靠密封容积变化的原理来进行工作的，故一般称为容积式液压泵。图2-2是单柱塞液压泵的工作原理图。图中，柱塞2装在缸体3中形成一个密封容积，即a腔，柱塞在弹簧4的作用下始终压紧在偏心轮1上。当原动机带动偏心轮1旋转时，柱塞2做往复运动，使a腔的大小发生周期性的变化。当柱塞向右运动时，a腔由小变大形成局部真空，油箱中油液在大气压作用下，经吸油管顶开单向阀6，进入密封腔而实现吸油；反之，当柱塞向左运动时，a腔由大变小，形成局部高压，由于单向阀6封住了吸油口，a腔的油液将顶开单向阀5流入系统而实现压油。这样液压泵就将原动机输入的机械能转换成液体的压力能，原动机驱动偏心轮不断旋转，液压泵就不断地吸油和压油。

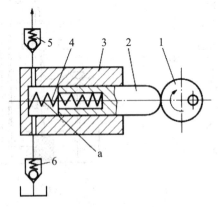

1—偏心凸轮；2—柱塞；3—柱塞套筒；4—弹簧；5、6—单向阀

图2-2　单柱塞液压泵的工作原理图

二、液压泵的特点

从单柱塞液压泵的工作原理可知，容积式液压泵的基本特点如下：

（1）具有若干个可以周期性变化的密封容积。当容积由小变大时吸油；当容积由大变小时压油，这是容积式液压泵的一个重要特性。

（2）为保证液压泵正常吸油，油箱必须与大气相通，或采用密闭的充压油箱。

（3）具有相应的配流机构，将吸油腔和压油腔隔开，保证液压泵有规律地、连续地吸、排液体。液压泵的结构原理不同，其配流机构也不相同。例如，图 2-2 中的单向阀 5、6 就是配流机构。

液压泵按其在单位时间内所能输出的油液的体积是否可调节而分为定量泵和变量泵两类；按结构形式可分为齿轮泵、叶片泵和柱塞泵等。

三、液压泵的图形符号

液压泵的图形符号如图 2-3 所示。

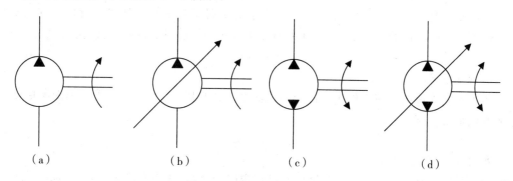

（a）　　　　　　　（b）　　　　　　　（c）　　　　　　　（d）

图 2-3　液压泵的图形符号

（a）单向定量泵；（b）单向变量泵；（c）双向定量泵；（d）双向变量泵

2.1.2　液压泵的主要性能参数

一、液压泵的压力

1. 工作压力 p

工作压力是指液压泵实际工作时的输出压力。它的大小取决于外负载的大小，而与液压泵的流量无关。当负载增加时工作压力升高，当负载减小时，工作压力减小，但工作压力不能随外负载无限制的增加而升高，工作压力要小于等于额定压力。

2. 额定压力

额定压力是指液压泵在正常工作条件下，按试验标准规定连续运转的最高压力。超过该压力即为过载，其值反映了液压泵的工作能力，额定压力高，工作能力大。

3. 最高允许压力

在超过额定压力的条件下，根据试验标准规定，允许液压泵短暂运行的最高压力值，称为液压泵的最高允许压力。

由于液压传动的用途不同，系统所需的压力也不相同，为了便于液压元件的设计、生产和使用，将压力等级分为五类，如表 2-1 所示。

表 2-1　压 力 等 级

压力等级	低压	中压	中高压	高压	超高压
压力/MPa	$\leqslant 2.5$	2.5～8	8～16	16～32	$\geqslant 32$

二、液压泵的排量和流量

1. 排量 V

液压泵的排量是指在不考虑泄漏的情况下，泵轴每转一周所排出油液的体积。其大小取决于液压泵的密封容积几何尺寸变化量的大小。其单位为 m^3/r 或 L/r。排量可调节的液压泵称为变量泵；排量为常数的液压泵则称为定量泵。

2. 流量 q

1）理论流量 q_t

理论流量是指在不考虑液压泵的泄漏流量的情况下，在单位时间内所排出油液的体积。显然，如果液压泵的排量为 V，其主轴转速为 n，则该液压泵的理论流量 q_t 为

$$q_t = Vn \tag{2-1}$$

2）实际流量 q

实际流量为液压泵在工作中实际排出的流量，由于泄漏，实际流量等于理论流量 q_t 减去泄漏流量 Δq，即

$$q = q_t - \Delta q \tag{2-2}$$

3）额定流量 q_n

液压泵在正常工作条件下，按试验标准规定（如在额定压力和额定转速下）必须保证的流量。流量单位为 m^3/s 或 L/min。

三、液压泵的功率和效率

1. 液压泵的功率

1）输入功率 P_i

液压泵的输入功率是指作用在液压泵主轴上的机械功率，如图 2-4 所示。其值为

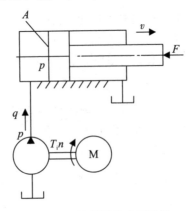

图 2-4　液压泵的功率计算

$$P_i = 2\pi T_i n \qquad (2-3)$$

式中：T_i ——液压泵的输入转矩（N·m）；

　n ——泵轴转速（r/s）；

　P_i ——液压泵输入功率（W）。

2）输出功率 P_o。

输出功率是指液压泵在工作过程中的实际吸、压油口之间的压差 Δp 和输出流量 q 的乘积，其值为

$$P_o = \Delta p q \qquad (2-4)$$

式中：Δp ——液压泵吸、压油口之间的压力差（Pa）；

　q ——液压泵的实际输出流量（m³/s）；

　P_o ——液压泵的输出功率（W）。

在实际的计算中，若油箱通大气，液压泵吸、压油的压力差用液压泵出口压力 p 代替。

2. 液压泵的效率

由于泄漏与摩擦的存在，液压泵的功率损失有容积损失与机械损失两部分，分别用容积效率 η_v 与机械效率 η_m 表示。

1）容积效率 η_v

容积效率是指液压泵的实际输出流量 q 与其理论流量 q_t 的比值，即

$$\eta_v = \frac{q}{q_t} = 1 - \frac{\Delta q}{q_t} \qquad (2-5)$$

液压泵的实际输出流量 q 为

$$q = q_t \eta_v = V n \eta_v \qquad (2-6)$$

式中：V ——液压泵的排量（m³/r）；

　n ——液压泵的转速（r/s）。

2）机械效率 η_m

机械效率是指驱动液压泵所需的理论转矩 T_t 与实际输入转矩 T_i 的比值，即

$$\eta_m = \frac{T_t}{T_i} \qquad (2-7)$$

3）液压泵的总效率 η

液压泵的总效率是指液压泵的实际输出功率与其输入功率的比值，即

$$\eta = \frac{P_o}{P_i} = \eta_v \eta_m \qquad (2-8)$$

例 2-1　某液压泵的输出油压 $p = 10$ MPa，转速 $n = 1450$ r/min，排量 $V = 100$ mL/r，容积效率 $\eta_v = 0.95$，总效率 $\eta = 0.9$，求泵的输出功率和电动机的驱动功率。

解　（1）泵的输出功率为

$$P_0 = pq = pVn\eta_v = \frac{10 \times 10^6 \times 100 \times 10^{-6} \times 1450 \times 0.95}{60} = 23 \text{（kW）}$$

（2）电动机的驱动功率为

$$P_i = \frac{P_o}{\eta} = \frac{23}{0.9} = 25.6 \text{（kW）}$$

2.2 齿轮泵的拆装

▲**教学安排**

    1. 通过教师提供资料与学生自己查阅资料，让学生了解齿轮泵的用途。

    2. 教师告知学生齿轮泵的拆装要求与拆装要点，学生通过拆装齿轮泵理解其结构与原理。

    3. 教师讲解齿轮泵的作用、工作原理、结构特点等知识。

    4. 对照实物与图片，教师与学生分析齿轮泵的常见故障。

▲**知识支撑** ◆·◆·◆·◆·◆·◆·◆·◆·◆·◆·◆

    齿轮泵是液压系统中常用的液压泵。它的主要优点是结构简单、紧凑，体积小，重量轻，转速高，自吸性能好，对油液污染不敏感，工作可靠，寿命长，便于维修等；它的缺点是流量和压力脉动较大，噪声较大。

    齿轮泵一般做成定量泵。按结构不同，齿轮泵分为外啮合齿轮泵和内啮合齿轮泵，而以外啮合齿轮泵应用最广。

2.2.1 外啮合齿轮泵的工作原理和结构

一、齿轮泵的工作原理

    外啮合齿轮泵的工作原理如图 2-5 所示。当齿轮泵按图示箭头方向旋转时，齿轮泵左侧（吸油腔）齿轮脱开啮合，齿轮的轮齿退出齿间，使密封容积增大，形成局部真空，油箱中的油液在外界大气压的作用下，经吸油管路、吸油腔进入齿间。随着齿轮的旋转，吸入齿间的油液被带到另一侧，进入压油腔。这时轮齿进入啮合，使密封容积逐渐减小，齿轮间部分的油液被挤出，形成了齿轮泵的压油过程。当齿轮泵的主轴不断旋转时，轮齿退出啮合的一侧，由于密封容积变大则不断从油箱中吸油，轮齿进入啮合的一侧，由于密封容

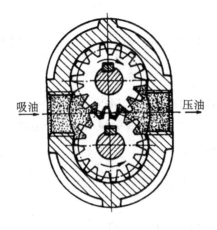

吸油   压油

图 2-5 外啮合齿轮泵的工作原理

积减小则不断地压油，这就是齿轮泵的工作原理。

在齿轮的连续转动中，只要泵的转动方向不变，齿轮啮合时齿向接触线把吸油腔和压油腔分开，起配流作用，因此，齿轮泵中没有专门的配流装置。

二、齿轮泵的结构

图 2-6 所示为 CB—B 齿轮泵的典型结构。它是分离三片式结构，三片是指后泵盖 4、前泵盖 8 和泵体 7，泵体 7 内装有一对齿数相同、宽度和泵体接近而又互相啮合的齿轮 6，这对齿轮与两端盖和泵体形成一密封腔，并由齿轮的齿顶和啮合线把密封腔划分为两部分，即吸油腔和压油腔。两齿轮分别用键固定在由滚针轴承支承的主动轴 12 和从动轴 15 上，主动轴由电动机带动旋转。

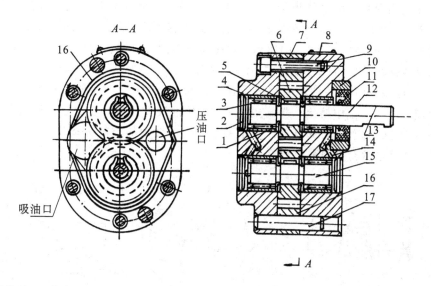

1—轴承外环；2—堵头；3—滚子；4—后泵盖；5—键；6—齿轮；7—泵体；8—前泵盖；9—螺钉；10—压环；
11—密封环；12—主动轴；13—键；14—泄油孔；15—从动轴；16—泄油槽；17—定位销

图 2-6　CB—B 齿轮泵的结构

三、齿轮泵的流量计算

齿轮泵的排量 V 可近似看成是两个啮合齿轮的有效齿槽容积之和。假设齿槽有效容积等于轮齿体积，则齿轮泵的排量就等于一个齿轮的有效齿槽容积和轮齿体积的总和。当齿轮的齿数为 z、模数为 m、有效齿高为 $h=2m$、齿轮宽为 B，齿轮每转一转排出的液体体积近似等于以有效齿高和齿宽构成的平面所扫过的环形体积，即

$$V = \pi DhB = 2\pi zm^2 B \tag{2-9}$$

实际上齿槽的有效容积要比轮齿的体积稍大，故上式中的 π 常以 3.33 代替，则式(2-9)可写成

$$V = 6.66zm^2 B \tag{2-10}$$

齿轮泵的实际流量 q（单位为 m^3/s）为

$$q = 6.66zm^2 Bn\eta_v \tag{2-11}$$

式中，η_v 为齿轮泵的容积效率。

实际上齿轮泵的输油量是有脉动的,脉动大小与齿轮的齿数有关,在泵的体积一定时,齿数少,模数就大,故输油量增加,流量脉动大;当齿数增加时,模数就小,输油量减少,流量脉动也小。流量脉动会直接影响系统工作的平稳性,引起压力脉动,使管路系统产生振动和噪声。式(2-11)所表示的是齿轮平均输出流量。

2.2.2 齿轮泵的结构特点

一、齿轮泵的困油问题

齿轮泵要能连续地供油,就要求齿轮啮合的重叠系数 ε 必须大于1,也就是当一对齿轮尚未脱开啮合时,另一对齿轮已进入啮合,这样,就出现同时有两对齿轮啮合的瞬间,在两对齿轮的齿向啮合线之间形成了一个封闭容积,一部分油液就被困在这一封闭容积中,如图2-7(a)所示,齿轮连续旋转时,这一封闭容积便逐渐减小,到两啮合点处于节点两侧的对称位置时,如图2-7(b)所示,封闭容积为最小,齿轮再继续转动时,封闭容积又逐渐增大,直到图2-7(c)所示位置时,容积变为最大。当封闭容积减小时,被困油液受到挤压,压力急剧上升,使轴承上突然受到很大的冲击载荷,使泵剧烈振动,这时高压油从一切可能泄漏的缝隙中挤出,造成功率损失,使油液发热等。当封闭容积增大时,由于没有油液补充,因此形成局部真空,使原来溶解于油液中的空气分离出来,形成了气泡,产生气穴,这就是齿轮泵的困油现象。

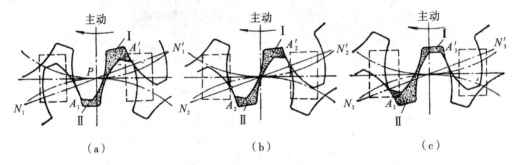

图2-7 齿轮泵的困油现象
(a)过程一;(b)过程二;(c)过程三

困油现象使齿轮泵产生强烈的噪声,并引起振动和气蚀,同时降低泵的容积效率,影响工作的平稳性和使用寿命。消除困油现象的方法是在端盖上开卸荷槽,其几何关系如图2-8所示。卸荷槽的位置应该使困油腔(也称为封闭腔)由大变小时,能通过卸荷槽与压油腔相通,而当困油腔由小变大时,能通过另一卸荷槽与吸油腔相通。两卸荷槽之间的距离为 a,必须保证在任何时候都不能使压油腔和吸油腔互通。

这对称开的卸荷槽,当困油腔由大变至最小时(如图2-8所示),由于油液不易从即将关闭的缝隙中挤出,故封闭油压仍将高于压油腔压力;齿轮继续转动,当封闭腔和吸油腔相通的瞬间,高压油又突然和吸油腔的低压油相接触,会引起冲击和噪声。于是CB—B型齿轮泵将卸荷槽的位置整体向吸油腔侧平移了一个距离。这时封闭腔只有在由小变至最大时才和压油腔断开,油压没有突变,封闭腔和吸油腔接通时,封闭腔不会出现真空也没有压力冲击,这样改进后,使齿轮泵的振动和噪声得到了进一步改善。

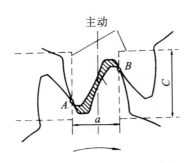

图 2-8　齿轮泵的困油卸荷槽

二、齿轮泵的径向不平衡力

齿轮泵在工作时，其在齿轮和轴承上承受径向液压力的作用，如图 2-9 所示。在图 2-9 中，泵的左侧为吸油腔，右侧为压油腔。在压油腔内有液压力作用于齿轮上，沿着齿顶的泄漏油，具有大小不等的压力，就是齿轮和轴承受到的径向不平衡力。液压力越高，这个不平衡力就越大，其结果不仅加速了轴承的磨损，降低了轴承的寿命，甚至使轴变形，造成齿顶和泵体内壁的摩擦等。

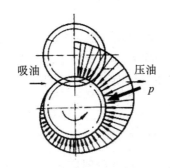

图 2-9　齿轮泵的径向不平衡力

解决径向不平衡问题的简单办法是缩小压油口，使压油腔的压力油仅作用在一个齿到两个齿的范围内，也可以采用开压力平衡槽的办法来消除径向不平衡力。

三、齿轮泵的泄漏及端面间隙的自动补偿

在液压泵中，运动件之间的密封是靠微小间隙密封的，这些微小间隙从运动学上形成摩擦副，同时高压腔的油液通过间隙向低压腔的泄露是不可避免的；齿轮泵压油腔的压力油可通过三条途径泄漏到吸油腔去：一是通过齿轮啮合线处的间隙（齿侧间隙）；二是通过泵体定子环内孔和齿顶间的径向间隙（齿顶间隙）；三是通过齿轮两端面和侧板间的间隙（端面间隙）。其中，端面间隙的泄漏量最大，约占总泄漏量的 70%～80%，压力越大，泄漏量越大。因此，为了提高齿轮泵的压力和容积效率，需要从结构上采取措施，对端面间隙进行自动补偿。

1）浮动轴套式

图 2-10(a)是浮动轴套式端面间隙补偿装置。它将泵的出口压力油引到齿轮轴上的浮动轴套 1 的外侧 A 腔，在液体压力作用下，使轴套紧贴齿轮 2 的侧面，因而可以消除间隙并可补偿齿轮侧面和轴套间的磨损量。在泵启动时，靠弹簧 3 来产生预紧力，保证了轴向

间隙的密封。

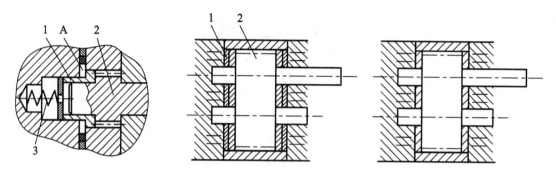

图 2 - 10　端面间隙补偿装置示意图

（a）浮动轴套式；（b）浮动侧板式；（c）挠性侧板式

2）浮动侧板式

浮动侧板式端面间隙补偿装置的工作原理与浮动轴套式基本相似。它将泵的出口压力油引到浮动侧板 1 的背面，如图 2 - 10（b）所示，使之紧贴于齿轮 2 的端面来补偿间隙。在泵启动时，浮动侧板靠密封圈来产生预紧力。

3）挠性侧板式

图 2 - 10（c）是挠性侧板式端面间隙补偿装置。它将泵的出口压力油引到侧板的背面后，靠侧板自身的变形来补偿端面间隙。侧板的厚度较薄，内侧面要耐磨（如烧结有 0.5～0.7 mm 的磷青铜）。这种结构在采取一定措施后，易使侧板外侧面的压力分布大体上和齿轮侧面的压力分布相适应。

2.2.3　内啮合齿轮泵的工作原理

内啮合齿轮泵的工作原理是利用齿间密封容积的变化来实现吸油压油的。图 2 - 11 所示为内啮合齿轮泵的工作原理图。目前常应用的内啮合齿轮泵，其齿形曲线有渐开线齿轮

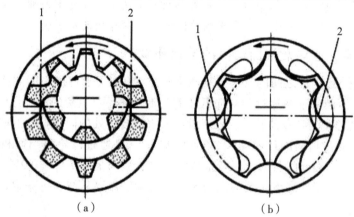

1—吸油腔；2—压油腔

图 2 - 11　内啮合齿轮泵的工作原理图

（a）渐开线齿轮泵；（b）摆线齿轮泵

泵和摆线齿轮泵两种，小齿轮为主动齿轮，按图示方向旋转时，轮齿退出啮合容积增大而吸油，进入啮合容积减少而压油。在渐开线齿形内啮合齿轮泵腔中，小齿轮与内齿轮之间要装一块月牙形隔板，以便把吸油腔和压油腔隔开，如图 2 - 11(a)所示。摆线齿形内啮合泵的小齿轮与内齿轮相差一齿，而不需要隔板，如图 2 - 11(b)所示。

2.2.4　齿轮泵的拆装与维修

一、齿轮泵的装配与维修注意事项

（1）拆装操作中要注意观察齿轮泵泵体中铸造的油道、骨架油封密封唇口的方向、主被动齿轮的啮合、各零部件间的装配关系、安装方向等，随时做好记录，以便保证下一步进行安装。

（2）装配时要特别注意骨架油封的装配。骨架油封的外侧油封应使其密封唇口向外，内侧油封唇口向内。而且装配主动轴时应防止其擦伤骨架油封唇口。

（3）装配后向油泵的进出油口注入机油，用手转动应均匀无过紧感觉。

二、齿轮泵的常见故障与排除方法

齿轮泵常见的故障有容积效率低、压力提不高、噪声大、堵头或密封圈被冲出等。产生这些故障的原因及排除方法如表 2 - 2 所示。

表 2 - 2　齿轮泵的常见故障及排除方法

故障现象	原　因	排　除　方　法
噪声大	① 吸油管接头、泵体与盖板结合面、堵头和密封圈等处密封不良，有空气被吸进	更换密封圈；用环氧树脂粘接剂涂敷堵头配合面再压进；用密封胶涂敷管接头并拧紧；修磨泵体与盖板结合面保证平面度不超过 0.005 mm
	② 端面间隙过小	配磨齿轮、泵体和盖板端面，保证端面间隙
	③ 齿轮内孔与端面不垂直、盖板上两孔轴线不平行、泵体两端面不平行等	拆检、修磨或更换有关零件
	④ 两盖板端面修磨后，两困油卸荷槽距离增大，产生困油现象	修整困油卸荷槽，保证两槽距离
	⑤ 装配不良，如主动轴转一周有时轻时重的现象	拆检，装配调整
	⑥ 滚针轴承等零件损坏	拆检，更换损坏件
	⑦ 泵轴与电动机轴不同轴	调整联轴器，使同轴度误差小于 $\phi 0.1$ mm
	⑧ 出现空穴现象	检查吸油管、油箱、过滤器、油位及油液黏度等，排除空穴现象

续表

故障现象	原　因	排　除　方　法
容积效率低、压力提不高	① 端面间隙和径向间隙过大	配磨齿轮、泵体和盖板端面，保证端面间隙；将泵体相对于两盖板向压油腔适当平移，保证吸油腔处径向间隙，再紧固螺钉，试验后，重新配钻、铰销孔，用圆锥销定位
	② 各连接处泄漏	紧固各连接处
	③ 油液黏度太大或太小	测定油液黏度，按说明书要求选用油液
	④ 溢流阀失灵	拆检、修理或更换溢流阀
	⑤ 电动机转速过低	检查转速，排除故障根源
	⑥ 出现空穴现象	检查吸油管、油箱、过滤器、油位等，排除空穴现象
堵头或密封圈被冲掉	① 堵头将泄漏通道堵塞	将堵头取出涂敷上环氧树脂粘接剂后，重新压进
	② 密封圈与盖板孔配合过松	检查，更换密封圈
	③ 泵体装反	纠正装配方向
	④ 泄漏通道被堵塞	清洗泄漏通道

三、液压泵的常见故障

液压泵在使用中应经常检查油平面高度和液压油质量；注意油温变化，采取有力措施使最高油温不超过机械说明书所规定的温度值；保持液压油清洁，及时更换液压油，清洗滤油器。液压泵的常见故障有泵不排油、流量不足、噪声过大、油温过高等。

（1）对于正在使用中的机械，出现液压泵不排油现象，多数是由于机械传动部分的问题，如键被切断或挤坏或传动系统的其他零件损坏等。对于拆装后尚未工作过的机械，液压泵不排油可能是：油泵转向不对；进、排油口装反；装配不正确或漏装了零件；油箱油面过低等。

（2）液压泵流量不足或压力升不到要求值可能是：泵磨损严重或密封损坏，造成内泄漏明显增加；吸油管太细太长、液压油黏度过高、滤油器堵塞造成进油阻力过高；油箱油面过低或进油管密封不严等。

（3）液压泵噪声过大可能是：吸油不足、吸油管路进气；泵的固定连接部分松动、传动轴同轴度差、传动部分配合表面磨损严重产生机械冲击等。

（4）油温过高，除环境温度高及系统压力损失大外，对泵而言，主要是因为泄漏量太大造成的。此外，液压油黏度过高或过低以及液压泵装配过紧也会出现过热现象。

2.3　换向阀的拆装

▲ **教学安排**

1. 通过教师提供资料与学生自己查阅资料，让学生了解液压阀的种类与换向阀的用途。

2. 教师告知学生滑阀式换向阀的拆装要求与拆装要点，学生通过拆装换向阀理解其结构与原理。

3. 教师讲解换向阀的作用、工作原理、结构特点等知识。

4. 对照实物与图片，教师与学生分析常用换向阀的常见故障。

▲ **知识支撑** ◆·◆·◆·◆·◆·◆·◆·◆·◆·◆·◆·◆·

2.3.1　液压控制阀的概述

一、液压控制阀的分类

液压控制阀种类很多，可按不同的特征进行分类，其分类方法如表2-3所示。

表 2-3　液压控制阀的分类

分类方法	类　别	类 别 内 容
按功能分	压力控制阀	溢流阀、减压阀、顺序阀、压力继电器等
	方向控制阀	单向阀、液控单向阀、换向阀、截止阀、梭阀
	流量控制阀	节流阀、单向节流阀、调速阀、比例流量控制阀
按结构分类	滑阀	圆柱滑阀、转阀、平板滑阀
	座阀	锥阀、球阀、喷嘴挡板阀
	射流管阀	射流阀
按操纵方式分类	手动阀	手柄及手轮、踏板、杠杆
	电动阀	电磁铁、电液动阀、伺服控制
	机动阀	挡块及碰块、弹簧
	液动阀	液动阀
按连接方式分类	管式连接	法兰板式连接、螺纹式连接
	板式或叠加式连接	单双连接板式、叠加式
	插装式连接	螺纹式插装、法兰式插装

二、液压控制阀的共性

尽管液压控制阀的类型及控制功能各有不同，但都具有基本的共性：

（1）从结构上看，所有液压控制阀都由阀芯、阀体及驱动阀芯相对阀体做运动的元器件组成。

（2）从原理上看，所有液压控制阀都是利用阀芯在阀体内的相对运动来控制阀口的通断及开度大小，限制或改变油液的流动和停止的。

（3）只要有油液流过阀孔，都要产生压力降和温度升高等现象。

（4）从功能上看，液压控制阀不能对外做功，只是用来满足执行元件的压力、速度和换向等要求。

三、对液压控制阀的基本要求

液压控制阀质量的优劣，直接影响液压系统的工作性能，因此对液压控制阀的基本要求如下：

（1）动作灵敏，使用可靠，工作时冲击和振动小，噪声小，使用寿命长。

（2）当阀口全开时，液体流过液压阀的压力损失小；当阀口关闭时，密封性能好，内泄漏小，无外泄漏。

（3）所控制的参量（压力或流量）稳定，在受到外部干扰时变化量小。

（4）结构紧凑，安装、调整、使用、维护方便，通用性好。

2.3.2 换向阀的原理与结构

换向阀利用阀芯对阀体的相对运动，使油路接通、断开，或变换油流的方向，从而使液压执行元件启动、停止或变换运动方向。对换向阀的主要要求为：油液流经换向阀时的压力损失要小；互不相通的油口间的泄漏要小；换向要平稳、迅速且可靠。

一、换向阀的工作原理

图 2-12 所示为换向阀的工作原理图。在图示状态下液压缸两腔都不通压力油，活塞处于停止状态。若使换向阀的阀芯左移，则阀体上的油口 P 与 A 相通，B 与 O 相通，压力油进入液压缸左腔，液压缸右腔油液经 B 口回油箱。若阀芯右移，则阀体上的油口 P 与 B 相通，A 与 O 相通，压力油进入液压缸右腔，液压缸左腔油液经 A 口回油箱。

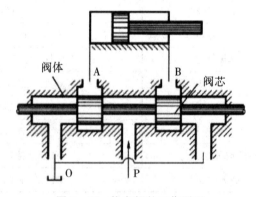

图 2-12 换向阀的工作原理

二、换向阀的分类

根据阀芯的运动形式、结构特点和控制方式不同，换向阀可分成不同的类型，如表 2-4 所示。

表 2-4　换向阀的分类

分 类 方 法	形 式
按阀芯运动方式	滑阀、转阀
按阀的工作位置数和通路数	二位三通、二位四通、三位四通
按阀的操纵方式	手动、机动、电动、液动、电液动
按阀的安装方式	管式、板式、法兰式

三、滑阀式换向阀的主体结构

1. 滑阀式换向阀的结构形式

表 2-5 所示为滑阀式换向阀最常见的结构形式。由表可见，阀体上开有多个通口，阀芯移动后可以停留在不同的工作位置上。

表 2-5　滑阀式换向阀最常见的结构形式

名称	结构原理图	职能符号	使用场合	
二位二通阀	A P	A P	控制油器的接通与切断（相当于一个开关）	
二位三通阀	A P B	A B P	控制液流方向（从一个方向变换成另一个方向）	
二位四通阀	A P B T	A B P T	不能使执行元件在任一位置上停止运动	执行元件正反向运动时回油方式相同
三位四通阀	A P B T	A B P T	能使执行元件在任一位置上停止运动	
二位五通阀	T₁ A P B T₂	A B T₁ P T₂	不能使执行元件在任一位置上停止运动	执行元件正反向运动时可以得到不同的回油方式
三位五通阀	T₁ A P B T₂	A B T₂ P T₁	能使执行元件在任一位置上停止运动	

（说明：表中第四列中间跨行文字为"控制执行元件换向"）

2. 滑阀的操纵方式

常见的滑阀的操纵方式如图 2-13 所示。

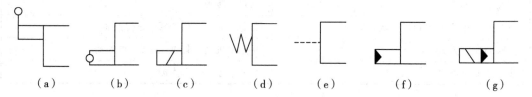

图 2-13　滑阀的操纵方式
(a) 手动式；(b) 机动式；(c) 电磁式；(d) 弹簧控制式；(e) 液动式；
(f) 液压先导控制；(g) 电液控制式

3. 换向阀的"位"和"通"

"位"和"通"是换向阀的重要概念。不同的"位"和"通"构成了不同类型的换向阀。"二位阀"、"三位阀"是指换向阀的阀芯有两个或三个不同的工作位置。"两通阀"、"三通阀"、"四通阀"是指换向阀的阀体上有两个、三个、四个各不相通且可与系统中不同油口相连通的油路接口。

4. 换向阀的职能符号

换向阀的职能符号用方框表示阀的工作位置，有几个方框就表示有几"位"。取阀中任一个方框，在方框的上边和下边与外部连接的油口数是几个，就表示几"通"。方框符号"┬"或"┴"表示此通路被阀芯封闭，即该油路不通。方框内的箭头表示这一位置油路处于接通状态，但箭头方向并不一定表示油流的实际流向。

三位阀的中间位置或两位阀侧面画有弹簧的方格为常态位，即阀芯在初始状态下的油路状况，其余方格为经控制操纵后达到的工作位置。

5. 换向阀的中位机能

三位换向阀的阀芯在中间位置时，各通口之间有不同的连通方式，可满足不同的使用要求。这种连通方式称为换向阀的中位机能。三位四通换向阀常见的中位机能、型号、符号及其特点如表 2-6 所示。不同的中位机能是通过改变阀芯的形状和尺寸得到的。

表 2-6　三位四通换向阀的中位机能

型号	符号	中位油口状况、特点及应用
O 型		P、A、B、T 四油口全封闭；液压泵不卸荷，液压缸闭锁；可用于多个换向阀的并联工作
H 型		四油口全串通；活塞处于浮动状态，在外力作用下可移动；泵卸荷
Y 型		P 口封闭；A、B、T 三油口相通；活塞浮云，在外力作用下可移动；泵不卸荷

续表

型号	符号	中位油口状况、特点及应用
K 型		P、A、T 三油口相通，B 口封闭；活塞处于闭锁状态；泵卸荷
M 型		P、T 口相通，A 与 B 口均封闭；活塞不动；泵卸荷，也可用多个 M 型换向阀并联工作
X 型		四油口处于半开启状态；泵基本上卸荷，但仍保持一定压力
P 型		P、A、B 三油口相通，T 口封闭；泵与缸两腔相通，可组成差动回路
J 型		P 与 A 口封闭，B 与 T 口相通；活塞停止，在外力作用下可向一边移动；泵不卸荷
C 型		P 与 A 口相通，B 与 T 口封闭；活塞处于停止位置
N 型		P 和 B 口皆封闭，A 与 T 口想通；与 J 型换向阀机能相似，只是 A 与 B 口互换了，功能也类似
U 型		P 与 T 口都封闭，A 与 B 口想通；活塞浮动，在外力作用下可移动；泵不卸荷

在分析和选择阀的中位机能时，通常考虑以下几点：

（1）系统保压。当 P 口被堵塞，系统保压，液压泵能用于多缸系统。

（2）系统卸荷。当 P 口通畅地与 T 口接通时，系统卸荷。

（3）启动平稳性。阀在中位，在启动时，液压缸某腔如通油箱内因无油液起缓冲作用，所以启动不太平稳。

（4）液压缸"浮动"和在任意位置上的停止，阀在中位，当 A、B 两口互通时，卧式液压缸呈"浮动"状态，可利用其他机构移动工作台调整其位置。

四、滑阀式换向阀

滑阀式换向阀由主体部分和控制阀芯运动的操纵定位机构组成。滑阀的阀体上开有多个通口，通过阀芯在阀体内轴向移动实现油路开闭和换向的方向控制。

1. 手动换向阀

图 2 - 14(a)所示为自动复位式手动换向阀。放开手柄 1，阀芯 2 在弹簧 3 的作用下自动回复中位，该阀适用于动作频繁、工作持续时间短的场合，常用于工程机械的液压传动系统中。图 2 - 14(b)为其图形符号。

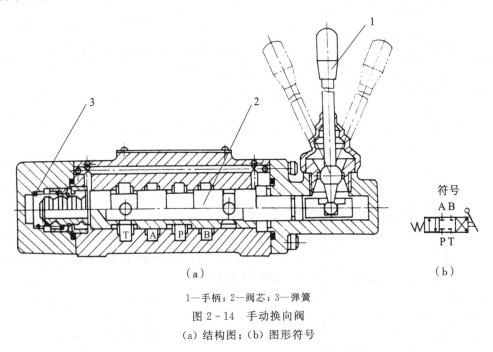

（a）

（b）

1—手柄；2—阀芯；3—弹簧

图 2 - 14　手动换向阀

(a) 结构图；(b) 图形符号

2. 机动换向阀

机动换向阀又称为行程阀，它主要用来控制机械运动部件的行程。它是借助于安装在工作台上的挡铁(也称为挡块)或凸轮来迫使阀芯移动，从而控制油液的流动方向，机动换向阀通常是二位的，有二通、三通、四通和五通几种，其中，二位二通机动阀又分为常闭式和常开式两种。图 2 - 15(a)所示为滚轮式二位三通常闭式机动换向阀的结构图。在图示位置，阀芯 2 被弹簧 1 压向上端，油腔 P 和 A 通，B 口关闭。当挡铁或凸轮压住滚轮 4，使阀芯 2 移动到下端时，就使油腔 P 和 A 断开，P 和 B 接通，A 口关闭。图 2 - 15(b)为其图形符号。

3. 电磁换向阀

电磁换向阀是利用电磁铁的通电吸合与断电释放而直接推动阀芯来控制液流方向的。这种换向阀的操纵方式常借助于按钮开关、行程开关、限位开关、压力继电器、电接点压力表等所发出的电信号进行控制。

电磁铁按使用电源的不同，可分为交流和直流两种。按衔铁工作腔是否有油液又可分为"干式"和"湿式"。交流电磁铁的启动力较大，不需要专门的电源，吸合、释放快，动作时间约为 0.01～0.03 s，其缺点是若电源电压下降 15% 以上，则电磁铁吸力明显减小。若衔铁不动作，干式电磁铁会在 10～15 min 后烧坏线圈(湿式电磁铁为 1～1.5 h)，并且冲击及噪声较大，寿命低，因而在实际使用中交流电磁铁允许的切换频率一般为 10 次/min，不得超过 30 次/min。故其常用于换向平稳性要求不高、换向频率不高的液压系统中。

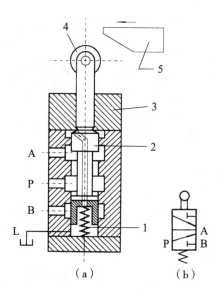

1—弹簧；2—阀芯；3—顶杆；4—挡块

图 2-15　机动换向阀

（a）结构图；（b）图形符号

　　直流电磁铁工作较可靠，吸合、释放动作时间约为 0.05～0.08 s，允许使用的切换频率较高，一般可达 120 次/min，最高可达 300 次/min，并且冲击小、体积小、寿命长，但需有专门的直流电源，成本较高，常用于换向性能较高的液压系统中。

　　图 2-16（a）所示为二位三通电磁换向阀的结构图。当电磁铁不通电时，油口 P 和 A 相通，油口 B 断开；当电磁铁通电吸合时，推杆 1 将阀芯 2 推向右端，这时油口 P 和 A 断开，而与 B 相通。而当电磁铁断电释放时，弹簧 3 推动阀芯复位。图 2-16（b）为其图形符号。

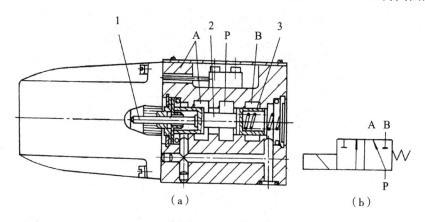

1—推杆；2—阀芯；3—弹簧

图 2-16　二位三通电磁换向阀

（a）结构图；（b）图形符号

　　如前所述，电磁换向阀就其工作位置来说，有二位和三位等。二位电磁阀有一个电磁铁，靠弹簧复位；三位电磁阀有两个电磁铁。图 2-17 所示为一种三位五通电磁换向阀的结构图和图形符号。

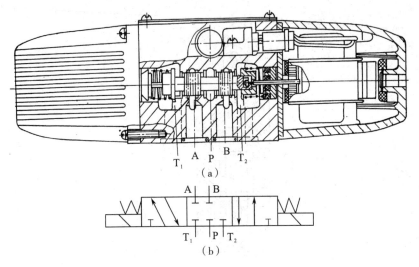

图 2-17　三位五通电磁换向阀
(a) 结构图；(b) 图形符号

4. 液动换向阀

液动换向阀是指利用控制油路的压力油来改变阀芯位置的换向阀。图 2-18 所示为三位四通液动换向阀的结构图和图形符号。阀芯是由其两端密封腔中油液的压差来移动的，当控制油路的压力油从阀右边的控制油口 K_2 进入滑阀右腔时，K_1 接通回油，阀芯向左移动，使压力油口 P 与 B 相通，A 与 T 相通；当 K_1 接通压力油，K_2 接通回油时，阀芯向右移动，使得 P 与 A 相通，B 与 T 相通；当 K_1、K_2 都通回油时，阀芯在两端弹簧和定位套作用下回到中间位置。

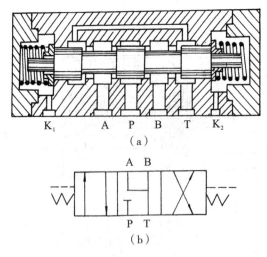

图 2-18　三位四通液动换向阀
(a) 结构图；(b) 图形符号

5. 电液换向阀

电液换向阀是由电磁换向阀和液动换向阀组合而成的。其中，电磁阀用来改变通到液动换向阀两端控制油路的流向，以改变阀芯的工作位置，起先导作用，液动换向阀用来切换主油路的方向，称为主阀。这样就可用较小的电磁铁控制大流量的液流，还能实现换向缓冲。因此，电液换向阀综合了电磁阀和液动阀的优点，具有控制方便、流量大的优点，适用于高压、大流量场合。

图 2-19 所示为弹簧对中型三位四通电液换向阀的结构图、图形符号和简化图形符号。图 2-19(a)上方为电磁阀(先导阀)，下方为液动阀(主阀)。当先导阀的两个电磁铁均不通电时，电磁阀阀芯处于中位，主阀阀芯因其两端油室都接通油箱，在两端弹簧的作用下亦处于中位，此时主阀的 P 与 A、B 和 T 油口互不相通。当左边电磁铁通电时，电磁阀阀芯移向右位，控制压力油经先导阀和左侧单向阀进入主阀阀芯的左腔，而主阀阀芯右腔的液压油经右侧节流阀和先导阀回油箱，于是主阀阀芯右移，右移速度由右侧节流阀的开口大小决定，此时主阀的 P、A、B 与 T 的油路相通。同理可知，当右边电磁铁通电时，此时主阀的 P 与 A、B 与 T 的油路相通。主阀的换向时间可由两端节流阀调节，因而可使换向平稳、无冲击。

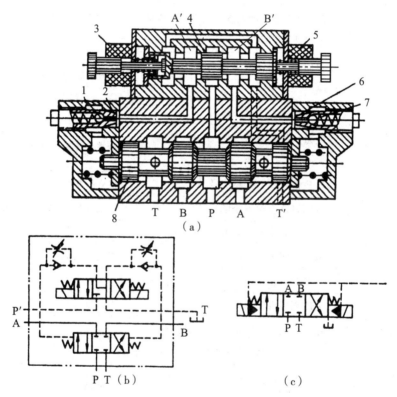

1、6—节流阀；2、7—单向阀；3、5—电磁铁；4—电磁阀阀芯；8—主阀阀芯

图 2-19　电液换向阀

(a)结构图；(b)图形符号；(c)简化图形符号

2.3.3　换向阀的拆装与维修

一、换向阀的拆装与维修注意事项

换向阀拆装时除检查密封元件工作要可靠，弹簧弹力要合适之外，特别要检查配合间

隙，配合间隙不当是换向阀出现机械故障的一个重要原因。当阀芯直径小于 20 mm 时配合间隙应为 0.008~0.015 mm；当阀芯直径大于 20 mm 时配合间隙应为 0.015~0.025 mm。

对于电磁控制的电磁换向阀要注意检查电磁铁的工作情况，对于液控换向阀还要注意控制油路的连接和畅通，以防使用中出现电气故障和液控系统故障。

二、换向阀的常见故障及排除方法

换向阀的常见故障有冲击和振动、电磁铁噪声大、滑阀不动作等。产生这些故障的原因及排除方法如表 2 - 7 所示。

表 2 - 7　换向阀的常见故障及排除方法

故障现象	原　因	排　除　方　法
冲击与振动	① 大通径电磁换向阀，吸合速度快而产生冲击大	在需要大径换向阀时，应选用电液换向阀
	② 液动换向阀，因控制流量大，阀芯移动速度太快而产生冲击	调小节流阀节流口减慢阀芯移动速度
	③ 单向阀封闭性太差而使主阀芯移动过快	修理、配研或更换单向阀
	④ 电磁铁的紧固螺钉松动	紧固螺钉，并加防松垫圈
主阀芯不动作	① 电磁铁线圈烧坏、推力不足或漏磁、铁芯卡死	检查、修理或更换
	② 电磁铁未加上控制信号	检查后加上控制信号
	③ 滑阀堵塞或阀体变形	清洗及修研滑阀与阀孔
	④ 具有中间位置的对中弹簧折断	更换弹簧
	⑤ 电液换向阀的节流孔堵塞	清洗节流阀孔及管道
阀芯换位后通过流量不足	开口量不足：	
	① 电磁阀中推杆过短	更换推杆
	② 阀芯与阀体几何精度差，间隙太小，移动时有卡死现象，不到位	配研
	③ 弹簧太弱，脱力不足，使阀芯行程达不到终端	更换弹簧
电磁铁噪声较大	① 推杆过长，电磁铁不能吸合	修磨推杆
	② 弹簧太硬，推杆不能将阀芯推到位而引起电磁铁不能吸合	更换弹簧
	③ 电磁铁铁芯接触面不平或接触不良	清除污物，修整接触面
	④ 交流电磁铁分磁环断裂	更换电磁铁

2.4　换向回路的组建

▲教学安排

1. 通过教师提供资料与学生自己查阅资料，让学生了解换向回路的用途。
2. 教师告知学生换向回路的安装要求，学生通过安装换向回路理解其工作原理。
3. 教师讲解换向阀的工作原理及应用等知识。
4. 对照实物与图片，教师与学生分析换向回路的常见故障。

▲知识支撑 •◆•◆•◆•◆•◆•◆•◆•

2.4.1　换向回路

在液压系统中，起控制执行元件的启动、停止及换向作用的回路，称方向控制回路。方向控制回路有换向回路和锁紧回路。

运动部件的换向一般可采用各种换向阀来实现。在容积调速的闭式回路中，可以利用双向变量泵控制油流的方向来实现液压缸（或液压马达）的换向。双作用液压缸的换向，一般都可采用二位四通（或五通）及三位四通（或五通）换向阀来进行换向，按不同用途还可选用各种不同的控制方式的换向回路。

电磁换向阀的换向回路应用最为广泛，尤其在自动化程度要求较高的组合机床液压系统中被普遍采用。对于流量较大和换向平稳性要求较高的场合，电磁换向阀的换向回路已不能适应上述要求，往往采用手动换向阀或机动换向阀作为先导阀，而会采用液动换向阀为主阀的换向回路采用电液动换向阀的换向回路。

图 2-20 所示为手动转阀（先导阀）控制液动换向阀的换向回路。该回路中用辅助泵 2 提供低压控制油，通过手动先导阀 3（三位四通转阀）来控制液动换向阀 4 的阀芯移动，实现主油路的换向，当转阀 3 在右位时，控制油进入液动阀 4 的左端，右端的油液经转阀回油箱，使液动换向阀 4 左位接入工件，活塞下移。当转阀 3 切换至左位时，即控制油使液动换向阀 4 换向，活塞向上退回。当转阀 3 在中位时，液动换向阀 4 两端的控制油通油箱，在弹簧力的作用下，其阀芯恢复到中位、主泵 1 卸荷。这种换向回路常用于大型冲压机上。

在液动换向阀的换向回路或电液动换向阀的换向回路中，控制油液除了用辅助泵供给外，在一般的系统中也可以把控制油路直接接入主油路。但是，当主阀采用 M 型或 H 型中位机能时，必须在回路中设置背压阀，保证控制油液有一定的压力，以控制换向阀阀芯的移动。

在机床夹具、油压机和起重机等不需要自动换向的场合，常常采用手动换向阀来进行换向。

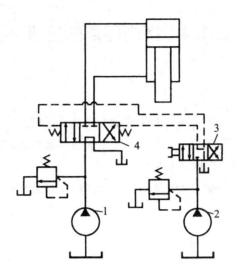

1—主油泵；2—辅助泵；3—三位四通转阀；4—液压换向阀

图 2-20　先导阀控制液动换向阀的换向回路

2.4.2　换向回路的常见故障及排除方法

换向回路的常见故障及排除方法如表 2-8 所示。

表 2-8　换向回路的常见故障及排除方法

故障现象	原　　　因	排　除　方　法
制动时间不相等	运动速度不均匀	提高行程控制制动式换向回路系统速度的均匀性
换向失灵	① 换向阀阀芯卡死，液压油不换向流动 ② 换向阀电磁线圈烧坏 ③ 液动换向阀中的先导阀阀芯移动不灵活 ④ 单向锁紧回路中的单向阀堵塞 ⑤ 液压缸泄漏严重	① 清洗并修复换向阀，使阀芯在阀孔中移动灵活 ② 检查更换电磁线圈 ③ 清洗并修理、配研先导阀阀孔与阀芯，使其移动灵活 ④ 检查修理或更换单向阀 ⑤ 修理液压缸使其密封良好
换向后冲出一段距离	① 启停回路中背压阀弹簧失灵 ② 溢流阀弹簧不灵活 ③ 液压泵流量脉冲较大 ④ 液控单向阀控制油路压力高（内有余压）	① 更换弹簧，修复背压阀使之工作正常 ② 更换溢流阀主弹簧 ③ 检查修复液压泵使之工作正常 ④ 检查并排除余压
电液换向回路不换向	① 电磁线圈通电后液压缸不动作 ② 电磁线圈烧坏	① 电液换向阀回油口无背压，安装背压阀 ② 更换电磁线圈

2.4.3　拓展训练一：换向回路组建

一、任务

有一机械设备，要求采用电磁换向阀来控制液压缸动作：液压缸右行→液压泵卸荷→液压缸退回→停止运行。换向回路的液压控制原理如图 2 - 21 所示。

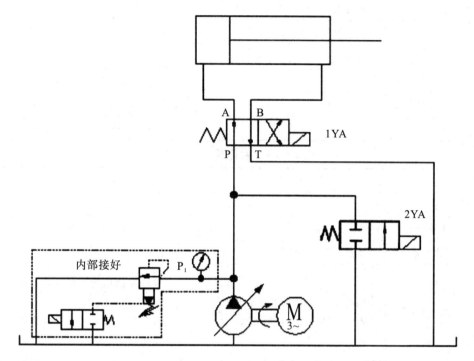

图 2 - 21　换向回路的液压控制原理

二、要求

（1）液压系统元件的布置与安装连接。要求正确选择液压元件并进行合理布置，将其固定在安装台上，按液压控制原理图要求完成油路安装连接。

（2）填写动作顺序表，按控制要求连接发送信号接口电路。

（3）液压系统的调整：

① 液压系统压力调整（调整压力为 1 MPa）。

② 控制电磁换向阀，实现液压缸的动作顺序。

③ 根据液压缸工作循环动作，写出液压系统油路的进、回油路路线。

（4）通电试车完成系统功能演示。

三、考核标准

回路组建的考核总分为 100 分，其中，职业素养占 10%，操作规范及工艺占 30%，作品占 60%。评分细则分别如表 2 - 9～表 2 - 11 所示。

表 2-9　职业素养评分表

学校名称			姓名	
项目名称			项目编号	

序号	考核项目	考 核 点	配分	评 分 细 则	得分
1	纪律	服从安排,操作过程态度认真	25	如有违反扣 5～25 分	
2	安全意识	安全着装,操作按安全规程	25	如有违反扣 2～25 分	
3	职业行为习惯	工具摆放整齐,清理杂物	20	如有违反一次扣 10 分	
4	仪器、工具保养与维护	对仪器、工具清洁、保养与维护	30	如不规范扣 10～25 分	
5	人伤械损事故	出现人伤械损事故		整个考核成绩记 0 分	
	合计		100	职业素养得分	

表 2-10　操作规范评分表

学校名称			姓名	
项目名称			项目编号	

序号	考核项目	考 核 点	配分	评 分 细 则	得分
1	操作前准备	清点工具、元件规范	8	未规范等扣 8 分	
2	调试前准备	检查油压输出并调整压力,检查电源输出以及电路连线	20	① 未检查油压输出并调整,扣 5～10 分 ② 未检查电源输出以及电路连线扣 5～10 分	
3	工具选用	正确选择工具及使用	2	工具选择及使用不当,扣 2 分	
4	液压元件选择	正确选择液压、电气元件	20	① 液压元件选择不正确,每个扣 2 分 ② 电气元件选择不正确,每个扣 2 分	
5	运用实训台	正确按图示的要求,熟练地安装液压、电气元件;元件安装要准确、紧固	20	① 元件安装不牢固,每个扣 2 分。 ② 元件位置不合理,每个扣 2 分	
6	操作过程	操作步骤正确	30	操作步骤不正确每处扣 2 分	
7	设备损坏事故	出现明显失误造成设备、仪器损坏事故		整个测评成绩记 0 分	
	合计		100	操作规范得分	

表 2-11　作品检查评分表

学校名称					姓名	
项目名称					项目编号	
序号	考核项目	考核点	配分	评分标准		得分
1	油压调整	主油路压力表	10	油压选择错误扣10分		
2	液压阀调整	调整系统压力	5	① 无调整扣5分 ② 调整过快扣2分		
3	控制元件的整定	压力继电器、行程开关调整	10	① 压力继电器调整压力高扣2分 ② 行程开关调整不到位,每处扣3分		
4	电气线路连接	电气控制面板	10	① 连接凌乱扣2分 ② 连接不规范每处扣2分 ③ 连接错误每处扣4分		
5	功能完成	液压缸动作顺序	15	① 液压缸未动作扣15分 ② 只完成一个方向运动扣12分 ③ 只完成一个往复运动扣10分		
6	电磁动作表	动作顺序表填写	10	① 每少填一项扣2分 ② 每填错一项扣2分		
7	主回路和控制回路描述	分析油路过程	20	① 主油路每少写一项扣2分 ② 主油路每写错一项扣2分 ③ 控制油路每少写一项扣2分 ④ 控制油路每写错一项扣2分		
8	油路的安装描述	油路安装步骤	10	① 安装步骤每少写一项扣2分 ② 安装步骤每写错一项扣2分		
9	系统调试描述	调试步骤	10	① 调试步骤每少写一项扣2分 ② 调试步骤每写错一项扣2分		
	合计		100	作品得分		

2.4.4　拓展训练二:差动回路组建

一、任务

有一机械设备,要求采用液压缸差动连接来控制液压缸动作:液压缸右行快进—液压缸右行工进—液压缸左行—液压缸停止。差动回路的液压控制原理如图 2-22 所示。

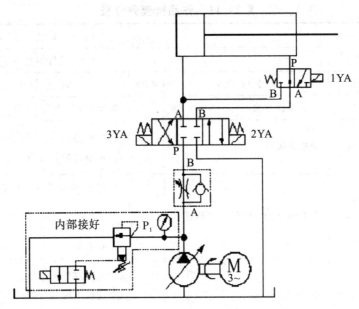

图 2 - 22　差动回路的液压控制原理

二、要求

（1）液压系统元件的布置与安装连接。要求正确选择液压元件并进行合理布置，将其固定在安装台上，按液压控制原理图要求完成油路安装连接。

（2）填写动作顺序表，按控制要求连接发送信号接口电路。

（3）液压系统的调整：

① 液压系统压力调整（调整压力为 1 MPa）。

② 根据液压缸工作循环动作，写出液压系统的进、回油路路线。

（4）通电试车完成系统功能演示。

三、考核标准及评分细则

考核标准及评分细则参照表 2 - 9～表 2 - 11。

2.5　B6050 型牛头刨床液压系统的装配与调试

▲教学安排

1. 通过教师提供资料与学生自己查阅资料，让学生了解牛头刨床的工作原理与用途。

2. 教师告知学生 B6050 型牛头刨床液压系统的装配要求，学生通过装配 B6050 型牛头刨床液压系统理解其工作原理及液压传动的过程。

3. 教师讲解 B6050 型牛头刨床液压系统的工作原理，告知学生液压系统的半结构图与图形符号图的异同及画法要求。

4. 教师总结液压系统安装的要求与注意事项。

◆ **知识支撑** ◆•◇•◇•◇•◇•◇•◇•◇•◇•◇•◇•◇•◇•◇•◇•◇

2.5.1　B6050 型牛头刨床液压系统工作原理

　　B6050 型牛头刨床液压系统主要由液压泵、溢流阀、换向阀、液压缸以及连接这些元件的油管、接头组成。其工作原理是：液压泵由电动机驱动后，从油箱中吸油。油液经滤油器进入液压泵，油液在泵腔中从入口低压到泵出口高压，在图 2-1(b)所示状态下，通过节流阀、换向阀进入液压缸左腔，推动活塞使工作台向右移动。这时，液压缸右腔的油经换向阀和回油管 6 排回油箱。

　　如果将换向阀手柄转换成如图 2-1(c)所示状态，则压力管中的油将经过开停阀、节流阀和换向阀进入液压缸右腔、推动活塞使工作台向左移动，并使液压缸左腔的油经换向阀和回油管 6 排回油箱。

　　工作台的移动速度是通过节流阀来调节的。当节流阀开大时，进入液压缸的油量增多，工作台的移动速度增大；当节流阀关小时，进入液压缸的油量减小，工作台的移动速度减小。为了克服移动工作台时所受到的各种阻力，液压缸必须产生一个足够大的推力，这个推力是由液压缸中的油液压力所产生的。要克服的阻力越大，缸中的油液压力越高；反之，压力就越低。工作台的工作原理说明了液压传动的两个重要性质——速度决定于流量，压力决定于负载。

2.5.2　液压传动系统图的图形符号

　　图 2-1(b)所示的液压系统是一种半结构式的工作原理图。它有直观性强、容易理解的优点。当液压系统发生故障时，根据原理图检查十分方便，但图形比较复杂，绘制比较麻烦。我国已经制定了一种用规定的图形符号来表示液压原理图中的各元件和连接管路的国家标准，即"液压系统图图形符号(GB786—76)"。在液压系统图图形符号(GB786—76)中，对于这些图形符号有以下几条基本规定：

　　(1) 标准规定的液压元件图形符号。主要用于绘制以液压油为工作介质的液压系统原理图。

　　(2) 液压元件的图形符号应以元件的静态或零位来表示；当组成系统的动作另有说明时，可作例外。

　　(3) 在液压传动系统中，液压元件若无法采用图形符号表达时，可以采用结构简图表示。

　　(4) 元件符号只表示元件的职能和连接系统的通路，不表示元件的具体结构和参数，也不表示系统管路的具体位置和元件的安装位置。

　　(5) 元件的图形符号在传动系统中的布置，除有方向性的元件符号(如油箱和仪表等)外，可根据具体情况水平或垂直绘制。

　　(6) 元件的名称、型号和参数(如压力、流量、功率和管径等)，一般应在系统图的元件表中标明，必要时可标注在元件符号旁边。

（7）标准中未规定的图形符号，可根据本标准的原则和所列图例的规律性进行派生；当无法直接引用和派生时，或有必要特别说明系统中某一重要元件的结构及动作原理时，均允许局部采用结构简图表示。

（8）元件符号的大小以清晰、美观为原则，根据图样幅面的大小斟酌处理，但要保证图形符号本身的比例。

图2-1(a)为图2-1(b)所示系统用国标"液压系统图图形符号（GB786—76）"绘制的工作原理图。使用这些图形符号可使液压系统图简单明了，并且便于绘图。

2.5.3　液压系统的安装

液压系统的安装是液压系统能否正常运行的一个重要环节。液压传动系统虽然与机械传动系统有相似之处，但是液压传动系统有其本身的特性，液压安装人员需要经过专业培训才能从事液压系统的安装。

一、液压系统的安装

液压系统的安装流程图如图2-23所示。

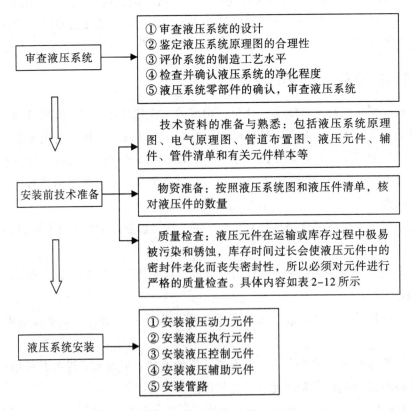

图2-23　液压系统的安装流程图

二、液压系统清洗

液压系统安装完毕后，在试车前必须对管道、流道等进行循环清洗。使系统清洁度达到设计要求，清洗注意事项为：

（1）清洗液要选用低黏度的专用清洗油或本系统同牌号的液压油。

（2）清洗工作以主管道系统为主。清洗前将溢流阀压力调到 0.3～0.5 MPa，对其他液压阀的排油回路要在阀的入口处临时切断，将主管路连接临时管路，并使换向阀换向到某一位置，使油路循环。

（3）在主回路的回油管处临时接一个回油过滤器。滤油器的过滤精度，一般液压系统的不同清洗循环阶段，分别使用 30 μm、20 μm、10 μm 的滤芯；伺服系统用 20 μm、10 μm、5 μm 的滤芯，分阶段、分次清洗。清洗后液压系统必须达到净化标准，不达净化标准的系统不准运行。

（4）复杂的液压系统可以按工作区域分别对各个区域进行清洗。

（5）清洗后，将清洗油排尽，确认清洗油排尽后，才算清洗完毕。

（6）确认液压系统净化达到标准后，将临时管路拆掉，恢复系统，按要求加油。

表 2 - 12　液压元件质量检查内容表

检查项目	检查内容
液压元件质量检查	① 各类液压元件型号必须与元件清单一致 ② 要查明液压元件保管时间是否过长或保管环境是否符合要求，应注意液压元件内部密封件的老化程度，必要时要进行拆洗、更换并进行性能测试 ③ 每个液压元件上的调整螺钉、调节手轮、锁紧螺母等都要完整无损 ④ 液压元件所附带的密封件表面质量应符合要求；否则应予以更换 ⑤ 板式连接元件连接平面不准有缺陷。安装密封件的沟槽尺寸加工精度要符合有关标准 ⑥ 管式连接元件的连接螺纹口不准有破损和活扣现象 ⑦ 板式阀安装底板的连接平面不准有凹凸不平缺陷，连接螺纹不准有破损和活扣现象 ⑧ 将通油口堵塞取下，检查元件内部是否清洁 ⑨ 检查电磁阀中的电磁铁芯及外表质量，若有异常不准使用 ⑩ 各液压元件上的附件必须齐全
液压辅件质量检查	① 油箱要达到规定的质量要求。油箱上附件必须齐全。箱内部不准有锈蚀，装油前油箱内部一定要清洗干净 ② 所领用的滤油器型号规格与设计要求必须一致，确认滤芯精度等级，滤芯不得有缺陷，连接螺口不准有破损，所带附件必须齐全 ③ 各种密封件外观质量要符合要求，并查明所领密封件保管期限。有异常或保管期限过长的密封件不准使用 ④ 蓄能器质量要符合要求，所带附件要齐全。查明保管期限，对存放过长的蓄能器要严格检查质量，不符合技术指标和使用要求的蓄能器不准使用 ⑤ 空气滤清器用于过滤空气中的粉尘，通气阻力不能太大，保证箱内压力为大气压。所以空气滤清器要有足够大的通过空气的能力

检查项目	检 查 内 容
管子和接头质量检查	① 管子的材料、通径、壁厚和接头的型号规格及加工质量都要符合设计要求
	② 所用管子不准有缺陷。有下列异常，不准使用： a. 外壁表面已腐蚀或有显著变色； b. 表面伤口裂痕深度为管子壁厚的 10% 以上； c. 有小孔或管子表面凹入程度达到管子直径的 10% 以上
	③ 当有弯曲的管子时，有下列异常不准使用： a. 弯曲部位内、外壁表面曲线不规则或有锯齿形； b. 管子弯曲部位其椭圆度大于 10% 以上； c. 平弯曲部位的最小外径为原管子外径的 70% 以下
	④ 接头不准有缺陷。若有下列异常，不准使用： a. 接头体或螺母的螺纹有伤痕、毛刺或断扣等现象； b. 接头体各结合面加工精度未达到技术要求； c. 接头体与螺母配合不良，有松动或卡涩现象； d. 安装密封圈的沟槽尺寸和加工精度未达到规定的技术要求
	⑤ 软管和接头有下列缺陷的不准使用： a. 软管表面有伤皮或老化现象； b. 接头体有锈蚀现象； c. 螺纹有伤痕、毛刺、断扣和配合有松动、卡涩现象
	⑥ 法兰件有下列缺陷不准使用： a. 法兰密封面有气孔、裂缝、毛刺、径向沟槽； b. 法兰密封沟槽尺寸、加工精度不符合设计要求； c. 法兰上的密封金属垫片不准有各种缺陷

2.5.4　液压系统安装的注意事项

液压元件清洗干净，进行压力和密封试验后，进行安装，安装注意事项为：

(1) 在安装液压元件时，应对元件进行清洗，如果使用煤油清洗，安装前吹干。

(2) 方向控制阀一般应保持轴线水平安装，要注意密封元件是否符合要求，安装时应保证安装后有一定的压缩量，以防泄漏。

(3) 在安装板式元件时，几个紧固螺钉要均匀拧紧，保证安装平面与元件底板平面全面接触。

(4) 液压泵及其传动件必须保证较高的同轴度，使其运转平稳，避免壳体单面接触，液压泵的旋转方向和进、出油口不得接反。

(5) 液压缸安装应考虑热膨胀的影响，在行程大和温度高时，必须保证缸的一端浮动。

(6) 液压缸的密封圈不要压得太紧；以免引起工作阻力太大。

(7) 用法兰安装的阀，固定螺钉不能拧得太紧；否则反而会造成接口密封不良或单面压紧现象。

（8）管接头要紧固、密封，不得漏气；泵的吸油高度尽量小；吸油管下要安装滤油器，以保证油液清洁；回油管应插入油面之下，防止产生气泡；溢流阀的回油口不应与泵的吸油口接近，避免油液温升过高。

项目小结

（1）液压泵要能吸油与压油，必须具备的条件是：可变的密封容积、吸油腔和压油腔隔开；有与密封容积变化相协调的配油装置；油箱与大气相通或采用密闭充压油箱。

（2）通过拆装齿轮泵，了解齿轮泵的结构与原理，理解齿轮泵的困油现象、径向不平衡力及泄漏等问题的产生原因及解决措施。

（3）液压控制阀按功能可分为方向控制阀、压力控制阀和流量控制阀三大类。通过拆装换向阀理解换向阀的结构、原理，理解换向阀的"位"和"通"及中位机能的含义，熟悉换向阀的控制方式及各种换向阀的应用场合。

（4）理解换向回路的工作原理及应用场合；通过 B6050 型牛头刨床液压系统的装配，理解 B6050 型牛头刨床液压系统的工作原理及特点。

思考题与练习题

2-1　额定压力为 6.3 MPa 的液压泵，其出口接油箱。则液压泵的工作压力为（　　）。

A. 6.3 MPa　　　　B. 0　　　　　　C. 1.6 MPa　　　　D. 6.2 MPa

2-2　现有一台 CB-B 型齿轮泵，由于径向不平衡力导致轴承磨损加快，关于解决径向不平衡力，A 技师说应该缩小齿轮泵的吸油口，B 技师说应该缩小齿轮泵压油口，C 技师说应该增大齿轮泵的吸油口，D 技师说应该增大齿轮泵压油口。请问谁的解决方法正确？（　　）。

A. A 技师　　　　B. B 技师　　　　C. C 技师　　　　D. D 技师

2-3　现有一台 CB-B 型齿轮泵，工作时噪声大，下面表述中错误的是（　　）

A. 可能是密封不良引起的

B. 可能是端面间隙过小引起的

C. 一定是端面间隙过大引起的

D. 可能产生困油现象，也可能是装配不良、零件损坏引起的

2-4　假设你是一名设计助理，在画液压系统图时，与三位换向阀连接的油路一般应画在换向阀符号的（　　）位置上。

A. 左格　　　　　B. 右格　　　　　C. 中格　　　　　D. 都可以

2-5　假设你是一名液压装调工，采用三位四通电磁换向阀连接油路，现要求当阀处于中位时，液压泵不卸荷，液压缸闭锁，你应选用哪种中位机能的换向阀？（　　）

A.

B.

C.

D.

2-6　液压泵产生困油现象的充分必要条件是：存在闭死容积且容积大小发生变化。（　　）

2-7　滑阀为间隙密封，锥阀为线密封，后者不仅密封性能好且开启时无死区。（　　）

2-8　高压大流量液压系统常采用电液换向阀实现主油路换向。（　　）

2-9　能实现液压缸浮动的中位机能有 H 型、Y 型、K 型、P 型、U 型。（　　）

2-10　换向阀的电磁铁噪声大，可能是因为推杆过长，电磁铁不能吸合。（　　）

2-11　试简述 B6050 型牛头刨床液压系统基本组成及工作原理。

2-12　液压泵完成吸油和压油必须具备什么条件？

2-13　液压泵的排量、流量各取决于哪些参数？流量的理论值和实际值有什么区别？

2-14　液压泵铭牌上的额定压力的意义是什么？和泵的实际工作压力有什么区别？

2-15　齿轮泵模数 $m=3$ mm，齿数 $z=15$，齿宽 $b=25$ mm，转速 $n=1450$ r/min，在额定压力下的输出流量为 25 L/min，试求其排量和容积效率。

2-16　什么是齿轮泵的困油现象？有何危害？如何解决？

2-17　换向阀的"位"与"通"指的是什么？

2-18　画出三位四通电磁换向阀、二位三通机动换向阀及三位五通电液换向阀的职能符号。

2-19　说明三位换向阀 O 型、M 型、H 型、P 型中位机能的特点及其适用场合。

2-20　二位四通电磁阀能否做二位三通或二位二通阀使用？具体接法如何？请画图说明。

项目三　Q2-8汽车起重机变幅液压系统的装配与调试

▲项目任务

1. 了解 Q2-8 汽车起重机变幅液压系统的工作过程，理解 Q2-8 汽车起重机变幅液压系统的原理。

2. 掌握单向阀的结构、原理、图形符号等知识，了解单向阀的常见故障及排除方法。

3. 掌握溢流阀与顺序阀的结构、原理、应用、图形符号等知识，了解溢流阀与顺序阀的常见故障及排除方法。

4. 掌握管路和连接件的结构、特点及适用范围，理解管路连接的注意事项。

5. 理解调压回路、锁紧回路、平衡回路的工作原理及应用，了解其常见故障及排除方法。

6. 通过本项目任务的学习，加深对液压回路安装、液压系统装配的理解，对液压系统的调试形成初步认识。

7. 培养学生制定工作计划的能力与组织能力，培养学生敬业的职业素养。

8. 能够规范组建本项目 Q2-8 汽车起重机变幅液压系统，其液压系统图如图 3-1 所示。

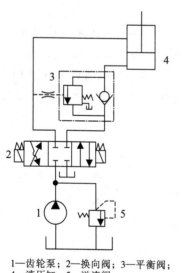
1—齿轮泵；2—换向阀；3—平衡阀；
4—液压缸；5—溢流阀
（a）

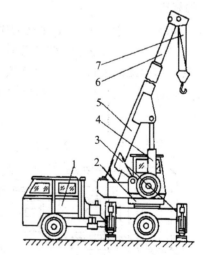
1—汽车；2—转台；3—支腿；4—吊臂变幅液压缸；
5—基本臂；6—吊臂伸缩液压缸；7—起升机构
（b）

图 3-1　Q2-8 汽车起重机变幅液压系统图
（a）变幅液压系统图；（b）Q2-8 汽车起重机的外形图

3.1 单向阀的拆装

▲**教学安排**

  1. 通过教师提供资料与学生自己查阅资料，让学生了解单向阀的用途。

  2. 教师告知学生单向阀的拆装要求与拆装要点，学生通过拆装单向阀理解其结构与原理。

  3. 教师讲解单向阀的作用、工作原理、结构特点等知识。

  4. 对照实物与图片，教师与学生分析单向阀的常见故障。

▲**知识支撑** ◆·◆·◆·◆·◆·◆·◆·◆·◆·◆·◆·◆·◆·◆·

  液压系统中常见的单向阀有普通单向阀和液控单向阀两种。

3.1.1 普通单向阀

一、单向阀的工作原理及应用

1. 单向阀的性能特点

  单向阀又称为止回阀或逆流阀，其作用是允许液流单方向流动，反方向截止。正向流动时的阻力损失小，反向截止时的密封性能要好，一般单向阀的开启压力为 0.035～0.05 MPa。

2. 单向阀的结构

  图 3-2(a)所示是一种管式普通单向阀的结构。当压力油从阀体左端的通口 P_1 流入时，克服弹簧 3 作用在阀芯 2 上的力，使阀芯向右移动，打开阀口，并通过阀芯 2 上的径向孔 a、轴向孔 b 从阀体右端的通口流出。但是压力油从阀体右端的通口 P_2 流入时，它和弹簧力一起将阀芯锥面压紧在阀座上，使阀口关闭，油液不能流过。单向阀的图形符号如图 3-2(b)所示。

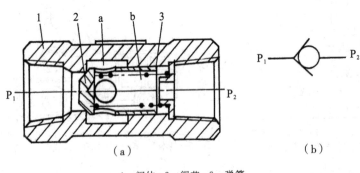

1—阀体；2—阀芯；3—弹簧

图 3-2 单向阀

(a)结构图；(b)图形符号

3. 单向阀的应用

（1）用于液压泵的出口，防止油液倒流。既可用来防止由于系统压力的突然升高而损坏液压泵，又可防止系统中油液流失，避免空气进入系统。

（2）用于隔开油路之间的连接，防止油路互相干扰。

（3）作为背压阀使用，使油路保持一定的压力，保证执行元件运动的平稳性，此时，单向阀的开启压力为 0.2～0.6 MPa。

（4）作为旁通阀使用，单向阀通常与顺序阀、减压阀、节流阀和调速阀并联组成单向复合阀，如单向顺序阀、单向节流阀等。

二、单向阀常见故障及排除方法

单向阀常见的故障有不起单向作用、泄漏、发生异常声音等。产生这些故障的原因及排除方法如表 3-1 所示。

表 3-1　单向阀的常见故障及排除方法

故障现象	原　因	排除方法
不起单向作用	① 单向阀密封不良	配研接触面或更换密封圈
	② 阀体孔变形，使滑阀在阀体孔内咬住	修研阀体孔
	③ 滑阀配合处有毛刺，使滑阀不能正常工作	修理、除毛刺
	④ 滑阀变形胀大，使滑阀在阀体孔内咬住	修研滑阀外径
阀与阀座有严重泄漏	① 滑座锥面密封不好，滑座或阀座拉毛	重新研配
	② 阀座碎裂	更换并研配阀座
结合处泄漏	螺钉或管螺纹没拧紧	拧紧螺钉或管螺纹

3.1.2　液控单向阀

一、液控单向阀的工作原理及应用

1. 液控单向阀的结构

液控单向阀的结构及图形符号如图 3-3 所示。当控制口 K 处无压力油通入时，它的工作机制和普通单向阀一样；压力油只能从通口 P_1 流向通口 P_2，不能反向倒流。当控制口 K 有控制压力油时，因控制活塞 1 右侧 a 腔通泄油口，活塞 1 右移，推动顶杆 2 顶开阀芯 3，使通口 P_1 和 P_2 接通，油液就可在两个方向自由通流。

2. 液控单向阀的主要用途

（1）可用两个液控单向阀组成"液压锁"，对液压执行元件进行锁紧，使液压执行元件可停止在任何位置。

（2）作为保压阀使用，使系统在规定时间内维持一定的压力。

（3）作为充液阀使用。

（4）作为二通阀开关使用，使油路能正反双向流动。

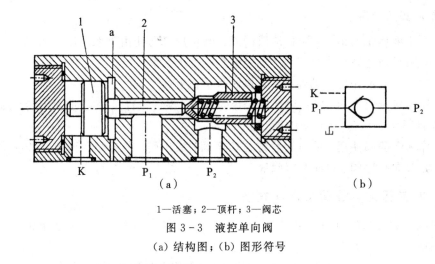

1—活塞；2—顶杆；3—阀芯

图 3-3　液控单向阀

（a）结构图；（b）图形符号

二、液控单向阀常见故障及排除方法

液控单向阀常见的故障有：油液不逆流、逆方向不密封，有泄漏等。产生这些故障的原因及排除方法如表 3-2 所示。

表 3-2　液控单向阀的常见故障及排除方法

故障现象	原　　因	排 除 方 法
油液不逆流，单向阀打不开	① 控制压力过低	提高控制压力
	② 控制管道接头漏油严重，或管道弯曲，或被压扁时油不畅通	禁锢接头、消除漏油或更换管子
	③ 控制阀芯卡死（如加酒精度低、油液过脏）	清洗、修配
	④ 控制阀某处漏油	禁锢端盖螺栓，保证拧紧力矩均匀
	⑤ 单向阀卡死（如弹簧弯曲、单向阀加工精度低、油液过脏）	清洗、修配；更换弹簧；过滤或换油
逆流时单向阀不密封，有泄漏	① 单向阀在全部位置上卡死	
	a. 阀芯与阀孔配合太紧	修配
	b. 弹簧弯曲，变形，太软	更换弹簧
	② 单向阀锥面与阀座锥面接触不均匀	
	a. 阀芯锥面与阀座同轴度差	检修或更换
	b. 油液过脏	过滤或换油
	c. 控制阀心在顶出位置卡死	修配
	d. 预控锥阀接触不良	检查、排除

3.2　溢流阀与顺序阀的拆装

▲**教学安排**

1. 通过教师提供资料与学生自己查阅资料，让学生了解溢流阀与顺序阀的用途。
2. 教师告知学生溢流阀与顺序阀的拆装要求与拆装要点，学生通过拆装溢流阀与顺序阀理解其结构与原理。
3. 教师讲解溢流阀与顺序阀的作用、工作原理、结构特点等知识。
4. 对照实物与图片，教师与学生分析溢流阀与顺序阀的常见故障。

▲**知识支撑** ◆◇◆◇◆◇◆◇◆◇◆◇◆◇◆◇◆◇◆◇◆◇◆◇◆

3.2.1　溢流阀

在液压系统中，控制油液压力高低或以压力为信号对系统其他元件的动作进行控制的阀，称为压力控制阀，简称压力阀。这类阀的共同点是利用作用在阀芯上的液压力和弹簧力相平衡的原理工作的。根据压力控制功能和用途的不同可分为溢流阀、减压阀、顺序阀、压力继电器等。

一、溢流阀的结构和工作原理

溢流阀是通过阀口的溢流，使被控制系统或回路的压力维持恒定，实现稳压、调压或限压作用。溢流阀按其结构原理分为直动型和先导型两种：直动型一般用于低压系统；先导型用于中、高压系统。

1. 直动式溢流阀

直动式溢流阀是依靠作用在阀芯上主油路的油液压力，与作用在阀芯上的弹簧力相平衡来控制阀芯开闭的阀。图 3-4 所示的是一种低压直动式溢流阀的工作原理图，它主要由调节螺母、调压弹簧、阀芯等组成。P 是进油口，T 是回油口，进口压力油经阀芯 4 中间的阻尼孔 g 作用在阀芯的底部，当进油压力较小时，阀芯在弹簧 2 的作用下处于下端位置，将 P 和 T 两油口隔开。当油压力升高时，在阀芯下端所产生的作用力超过弹簧的压紧力 F、阀芯的摩擦力时，阀芯抬起，阀口被打开，将多余的油液排回油箱，起溢流、稳压作用。

阀芯上阻尼小孔 g 的作用是用来对阀芯的动作产生阻尼，以提高阀工作的平衡性。调整螺帽 1 可以改变弹簧的预压紧力，进而调整溢流阀的溢流压力。

由于溢流阀正常工作时，阀口的开度变化量很小，因此弹簧的附加压缩量也较小，可以认为进油口压力值基本保持不变，从而维持系统压力控制在调定值附近。

若用直动式溢流阀控制较高压力或通过较大流量时，需用刚度较大的硬弹簧。阀的结构尺寸也将较大，调节困难。特别是当溢流量较大时，阀的开口增大，使调压弹簧的变形量较大，从而导致阀的控制压力随之增大，使得油液压力和流量的波动较大，降低了溢流阀的稳压性能。因此，这种阀的定压精度低，一般用于压力小于 2.5 MPa 的小流

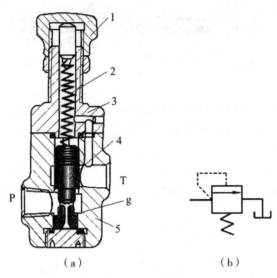

1—螺帽；2—调压弹簧；3—上盖；4—阀芯；5—阀体

图 3-4 直动式溢流阀

（a）结构图；（b）图形符号

量场合。

直动式溢流阀采取适当的措施也可用于高压大流量场合。例如，德国 Rexroth 公司开发的通径为 6～20 mm 的压力为 40～63 MPa；通径为 25～30 mm 的压力为 31.5 MPa 的直动式溢流阀，最大流量可达到 330 L/min，其中较为典型的锥阀式结构如图 3-5 所示。图 3-5 为锥阀式结构的局部放大图，在锥阀的下部有一阻尼活塞 3，活塞的侧面铣扁，以便将压力油引到活塞底部，该活塞除了能增加运动阻尼以提高阀的工作稳定性外，还可以使锥阀导向而在开启后不会倾斜。此外，锥阀上部有一个偏流盘 1，盘上的环形槽用来改变液流方向，一方面以补偿锥阀 2 的液动力；另一方面由于液流方向的改变，产生一个与弹簧力相反方向的射流力，当通过溢流阀的流量增加时，虽然因锥阀阀口增大引起弹簧力增加，但由于与弹簧力方向相反的射流力同时增加，结果抵消了弹簧力的增量，有利于提高阀的通流流量和工作压力。

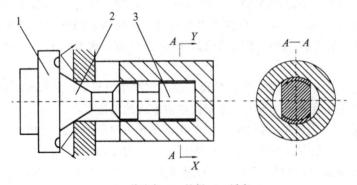

1—偏流盘；2—锥阀；3—活塞

图 3-5 锥阀式溢流阀

2. 先导式溢流阀

先导式溢流阀由先导阀和溢流主阀(简称主阀)两部分组成。先导阀部分为一直动型溢流阀(多为锥阀式结构),它起调控主阀溢流压力的作用,系统的油液则主要是通过溢流主阀进行溢流。图3－6所示为先导式溢流阀的结构图和图形符号。

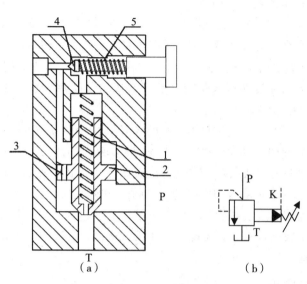

1—主阀弹簧;2—主阀芯;3—阻尼孔;4—先导阀阀芯;5—弹簧

图3－6　先导式溢流阀

(a)结构图;(b)图形符号

压力油从P口进入,作用于主阀芯2的下端,另一路经阻尼孔3进入主阀芯2上端并作用在先导阀阀芯4上,当进油口压力较低,先导阀上的液压作用力不足以克服先导阀右边的弹簧5的作用力时,先导阀关闭,没有油液流过阻尼孔,所以主阀芯2两端压力相等,在较软的主阀弹簧1作用下,主阀芯2处于最下端位置,溢流阀阀口P和T隔断,没有溢流。

当进油口压力升高到作用在先导阀上的液压力大于先导阀弹簧作用力时,先导阀打开,压力油就可通过阻尼孔、经先导阀流回油箱,由于阻尼孔的作用,使主阀芯2上端的液压力 p_2 小于下端压力 p_1 ,使主阀芯2上、下端产生压力差,当主阀芯2在此压力差作用下克服其主阀的弹簧力 F_s(摩擦力和主阀芯2自重忽略不计)而上台时,主阀芯2上移,主阀进、回油口连通,油液从P口流入,经主阀阀口由出油口T流回油箱,实现溢流和稳压作用。

这种阀在稳定工作时的受力平衡方程为

$$p_1 A = p_2 A + F_s \tag{3-1}$$

或

$$p_1 = p_2 + \frac{F_s}{A} = p_2 + \frac{k(x_0 + \Delta x)}{A} \tag{3-2}$$

式中:p_1——溢流阀进油口压力;

p_2——主阀芯上腔的控制压力;

A —— 主阀芯的有效作用面积；

k —— 主阀弹簧的刚度；

x_0 —— 主阀弹簧的预压缩量；

Δx —— 主阀弹簧的附加压缩量；

F_s —— 主阀弹簧的调定作用力。

由式（3-2）可知，由于油液通过阻尼孔而产生的 p_1 与 p_2 之间的压差值不太大，所以主阀芯 2 只需一个小刚度的软弹簧即可；而作用在先导阀 4 上的液压力 p_2 与其先导阀阀芯 4 面积的乘积即为弹簧 5 的调压弹簧力，由于先导阀阀芯 4 一般为锥阀，受压面积较小，所以用一个刚度不太大的弹簧即可调整较高的开启压力 p_2，用螺钉调节先导阀弹簧的预紧力，就可调节溢流阀的溢流压力。

先导式溢流阀有一个远程控制口 K，如果将 K 口用油管接到另一个远程调压阀（远程调压阀的结构和溢流阀的先导控制部分一样），调节远程调压阀的弹簧力，即可调节溢流阀主阀芯 2 上端的液压力，从而对溢流阀的溢流压力实现远程调压。但是，远程调压阀所能调节的最高压力不得超过溢流阀本身的先导阀的调整压力。当远程控制口 K 通过二位二通阀接通油箱时，主阀芯 2 上端的压力接近于零，主阀芯 2 上移到最高位置，阀口开得很大。由于主阀弹簧 1 较软，这时溢流阀 P 口处压力很低，系统的油液在低压下通过溢流阀流回油箱，实现卸荷。

二、溢流阀的应用

溢流阀的主要作用是对液压系统定压或进行安全保护。几乎在所有的液压系统中都需要用到它，其性能好坏对整个液压系统的正常工作有很大影响。

1. 溢流阀的主要用途

（1）作为溢流阀使用，维持系统的压力恒定，使多余油液排回油箱，如图 3-7(a) 所示。

（2）作为安全阀使用，对系统起过载保护作用，如图 3-7(b) 所示。

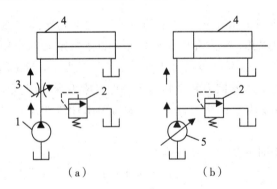

（a） （b）

1—定量泵；2—溢流阀；3—节流阀；4—液压缸；5—变量泵

图 3-7 溢流阀

（a）溢流稳压；（b）安全保护

（3）作为卸荷阀使用，由先导式溢流阀和二位二通电磁阀配合使用，可使泵卸荷，如图 3-8(a) 所示。

（4）作为远程调压阀使用，用管道将先导式溢流阀的遥控口接至调节方便的远程调压阀进口处，以实现远程控制的目的，如图 3 - 8(b)所示。

（5）作为背压阀使用，接在系统的回油路上，产生一定的回油阻力，以改善执行装置的运动平稳性。

（6）多级调压回路，如图 3 - 8(c)所示，利用电磁换向阀和溢流阀可调出三种回路压力。其中，$p_{调2}$ 不等于 $p_{调3}$ 且都小于 $p_{调1}$，当电磁换向阀处于左位时，系统压力由 $p_{调2}$ 调定，当电磁换向阀处于右位时，系统压力由 $p_{调2}$ 调定，当电磁换向阀处于中位时，系统压力由 $p_{调1}$ 调定，实现了三级调压。

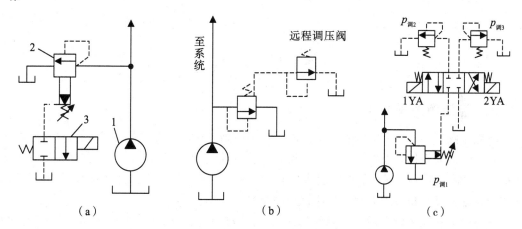

1—定量泵；2—溢流阀；3—二位二通电磁换向阀

图 3 - 8　溢流阀的主要用途

(a) 使泵卸荷；(b) 远程调压阀；(c) 多级调压回路

2. 液压系统对溢流阀的性能要求

（1）定压精度高。当流过溢流阀的流量发生变化时，系统中的压力变化要小，即静态压力超调要小。

（2）灵敏度要高。

（3）工作要平稳，并且无振动和噪声。

（4）当阀关闭时，密封要好，泄漏要小。

对于经常开启的溢流阀，主要要求前三项性能；而对于安全阀，则主要要求第二和第四两项性能。

例 3 - 1　图 3 - 9 所示的各个溢流阀的调定压力分别为 $p_{Y1} = 3$ MPa，$p_{Y2} = 2$ MPa，$p_{Y3} = 4$ MPa，请问当外负载无穷大时，泵的出口压力各为多少？

解　（1）图 3 - 9(a)所示系统泵的出口压力为 2 MPa。因为当泵的出口压力为 2 MPa 时溢流阀打开，一小股压力为 2 MPa 的液流从阀 1 远程控制口经阀 2 流回油箱，由于阀 3 的调定压力大于阀 2 的调定压力，阀 2 的远程控制口堵死，所以阀 1、阀 2 打开，阀 3 关闭。

（2）图 3 - 9(b)所示系统泵的出口压力为 9 MPa。因为三个溢流阀串联时，这时若有油液通过溢流阀流回油箱，溢流阀全部打开。

（3）图 3 - 9(c)所示系统泵的出口压力为 7 MPa。因为阀 2 的远程控制口接油箱，阀口全开，相当于一个通道，泵的工作压力由阀1和阀3决定。

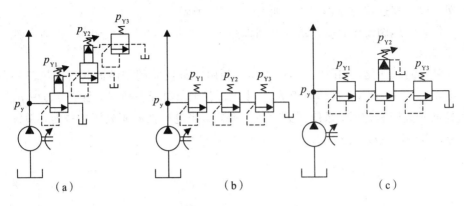

图 3-9 例 3-1图

(a) 连接实例 1；(b) 连接实例 2；(c) 连接实例 3

三、溢流阀的拆装与维修

在溢流阀拆装过程中，特别要注意的是，保证阀芯运动灵活，拆卸后要用金相砂纸抛除阀芯外圆表面锈蚀，去除毛刺等；滑阀阻尼孔要清洗干净，以防阻尼孔被堵塞，滑阀不能移动；弹簧软硬应合适，不可断裂或弯曲；液控口要加装螺丝，拧紧密封防止泄漏；密封件和结合处的纸垫位置要正确；各连接处的螺钉要牢固。

先导式溢流阀的常见故障有系统无压力、压力波动大、振动和噪声大等。产生这些故障的原因及排除方法如表 3-3 所示。

表 3-3　先导式溢流阀的常见故障及排除方法

故障现象	原　因	排　除　方　法
无压力	① 主阀芯阻尼孔堵塞 ② 主阀芯在开启位置卡死 ③ 主阀平衡弹簧折断或弯曲使主阀芯不能复位 ④ 调压弹簧弯曲或未装 ⑤ 锥阀（或钢球）未装（或破碎） ⑥ 先导阀阀座破碎 ⑦ 远程控制口通油箱	① 清洗阻尼孔，过滤或换油 ② 检修，重新装配（阀盖螺钉紧固力要均匀），过滤或换油 ③ 换弹簧 ④ 更换或补装弹簧 ⑤ 补装或更换 ⑥ 更换阀座 ⑦ 检查电磁换向阀工作状态或远程控制口通断状态，排除故障根源
压力波动大	① 液压泵流量脉动太大使溢流阀无法平衡 ② 主阀芯动作不灵活，时有卡住现象 ③ 主阀芯和先导阀阀座阻尼孔时堵时通 ④ 阻尼孔太大，消振效果差 ⑤ 调压手轮未锁紧	① 修复液压泵 ② 修换零件，重新装配（阀盖螺钉紧固力应均匀），过滤或换油 ③ 清洗阻尼孔，过滤或换油 ④ 更换阀芯 ⑤ 调压后锁紧调压手轮

续表

故障现象	原　因	排除方法
振动和噪声大	① 主阀芯在工作时径向力不平衡，导致溢流阀性能不稳定 ② 锥阀和阀座接触不好（圆度误差太大），导致锥阀受力不平衡，引起锥阀振动 ③ 调压弹簧弯曲（或其轴线与端面不垂直），导致锥阀受力不平衡，引起锥阀振动 ④ 系统内存在空气 ⑤ 通过流量超过公称流量，在溢流阀口处引起空穴现象 ⑥ 通过溢流阀的溢流量太小，使溢流阀处于启闭临界状态而引起液压冲击 ⑦ 回油管路阻力过高	① 检查阀体孔和主阀芯的精度，修换零件，过滤或换油 ② 封油面圆度误差控制在 0.005～0.01 mm 以内 ③ 更换弹簧或修磨弹簧端面 ④ 排除空气 ⑤ 限在公称流量范围内使用 ⑥ 控制正常工作的最小溢流量（对于先导型溢流阀，应大于拐点溢流量） ⑦ 适当增大管径，减少弯头，回油管口离油箱底面应 2 倍管径以上

3.2.2　顺序阀

顺序阀是用来控制液压系统中各执行元件动作的先后顺序。依控制压力的不同，顺序阀可分为内控式和外控式两种，前者用阀的进口压力控制阀芯的开闭，后者用外来的控制压力油控制阀芯的开闭（即液控顺序阀）。顺序阀也有直动式和先导式两种，前者一般用于低压系统，后者用于中高压系统。

一、顺序阀的结构与工作原理

图 3-10 所示为直动式外控顺序阀的结构图和图形符号。其下部有一控制油口 K，阀芯的启闭是利用通入控制油口 K 的外部控制油来控制。当进油口压力 p_1 较低时，阀芯在弹簧作用下处下端位置，进油口和出油口不相通。当作用在阀芯下端的油液的液压力大于弹簧的预紧力时，阀芯向上移动，阀口打开，油液便经阀口从出油口流出，从而操纵另一执行元件或其他元件动作。由图可见，顺序阀和溢流阀的结构基本相似，不同的只是顺序阀的出油口通向系统的另一压力油路，而溢流阀的出油口通油箱。此外，由于顺序阀的进、出油口均为压力油，所以它的泄油口 L 必须单独外接油箱。

将顺序阀和溢流阀进行比较，它们之间有以下不同之处：

（1）溢流阀的进口压力在通流状态下基本不变。而顺序阀在通流状态下其进口压力由出口压力而定，如果出口压力 p_2 比进口压力 p_1 低得多时，p_1 基本不变，而当 p_2 增大到一定程度，p_1 也随之增加，则 $p_1 = p_2 + \Delta p$，Δp 为顺序阀上的损失压力。

（2）溢流阀为内泄漏，而顺序阀需单独引出泄漏通道，为外泄漏。

（3）溢流阀的出口必须回油箱，顺序阀出口可接负载。

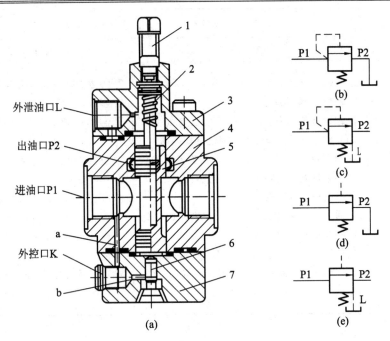

1—调节螺钉；2—弹簧；3—阀盖；4—阀体；5—阀芯；6—控制活塞；7—端盖

图 3-10　直动式顺序阀

（a）结构图；（b）内控内泄式；（c）内控外泄式；（d）外控内泄式；（e）外控外泄式

二、顺序阀的应用

顺序阀常用于实现多个执行元件的顺序动作，其回路如图 3-11 所示。该回路要实现 A 缸先动作，B 缸后动作。

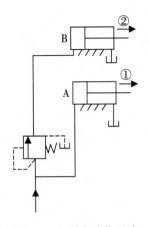

图 3-11　顺序动作回路

顺序阀的调定压力大于 A 缸的工作压力，小于 B 缸的工作压力。则当系统工作时，A 缸先动作，顺序阀关闭，当 A 缸活塞杆全部伸出时，系统压力升高，顺序阀打开，B 缸开始动作。

三、顺序阀的装配与维修

顺序阀拆装过程中要注意的是滑阀与阀体的配合间隙要合适。配合间隙太大，会使滑阀两端串油，导致滑阀不能移动；配合间隙过小，又可能会使滑阀在关闭位置卡死。此外，同样还要注意液控管路接头螺母要拧紧，防止控制油泄漏；弹簧软硬应合适，不可断裂或弯曲；密封件安装要正确，各连接处的螺钉要紧固等。

顺序阀的常见故障有：顺序阀不起作用、调定压力不符合要求、振动与噪声等，产生这些故障的原因及排除方法如表 3－4 所示。

表 3－4　顺序阀的常见故障及排除方法

故障现象	原　　因	排　除　方　法
始终出油，不起顺序作用	① 阀芯在打开位置上卡死（如几何精度差，间隙太小，弹簧弯曲、断裂、油太脏）	修理，研配；过滤或换油；更换弹簧
	② 单向阀在开位置上卡死（如几何精度差，间隙太小，弹簧弯曲、断裂、油太脏）	修理，研配；过滤或换油；更换弹簧
	③ 单向阀密封不良（如几何精度差）	修理
	④ 调压弹簧断裂	更换弹簧
	⑤ 调压弹簧漏装	补装
	⑥ 未装锥阀或钢球	补装
	⑦ 锥阀或钢球碎裂	更换
不出油，因而不起顺序作用	① 阀芯在关闭位置上卡死（如几何精度低、弹簧弯曲、油太脏）	修理；更换弹簧；过滤或换油
	② 锥阀芯在关闭位置上关死	修理；过滤或换油
	③ 控制油液流动不畅通（如阻尼孔堵死或遥控管道被压扁堵死	清洗或更换管道；过滤或换油
	④ 遥控压力不足或下端盖结合处漏油严重	提高控制压力，拧紧螺钉
	⑤ 通向调压阀油路上的阻尼孔被堵死	清洗
	⑥ 泄漏口管道中背压太高，使滑阀不能移动	泄漏口管道不能接在回油管道上，应单独排回油箱
	⑦ 调压弹簧太硬或压力调得太高	更换弹簧，适当调整压力
调定压力不符合要求	① 调压弹簧调整不当	重调压力
	② 调压弹簧变形，最高压力调不上去	更换弹簧
	③ 滑阀卡死	检查，修配；过滤或换油
振动与噪声	① 回油阻力（背压）太高	降低回油阻力
	② 油温过高	控制油温

3.2.3　压力继电器

压力继电器是一种将油液的压力信号转换成电信号的电液控制元件，当油液压力达到压力继电器的调定压力时，即发出电信号，以控制电磁铁、电磁离合器、继电器等元件动作，使油路卸压、换向、执行元件实现顺序动作，或关闭电动机，使系统停止工作，起安全保护作用等。图 3-12 所示为常用柱塞式压力继电器的结构图和图形符号。在图 3-12 中，当从压力继电器下端进油口通入的油液压力达到调定压力值时，推动柱塞 1 上移，此位移通过杠杆 2 放大后推动开关 4 动作，接通或断开电气线路。改变弹簧 3 的压缩量即可以调节压力继电器的动作压力。

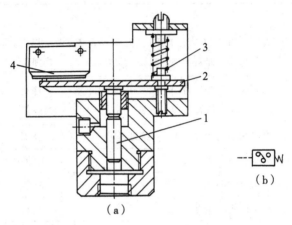

（a）

1—柱塞；2—杠杆；3—弹簧；4—开关

图 3-12　压力继电器

（a）结构图；（b）图形符号

3.3　管件与接头的安装

△ **教学安排**

　　1. 通过教师提供资料与学生自己查阅资料，让学生了解液压系统中管件与接头的种类、用途。

　　2. 教师告知学生管件与接头的安装要求，让学生在回路与系统的安装中掌握其安装要点与注意事项。

　　3. 教师讲解管件与接头种类、结构、用途等知识。

△ **知识支撑** ◆━◆━◆━◆━◆━◆━◆━◆━◆━◆━◆━◆

　　在液压系统中所有的元件与辅件，全靠管件和管接头连接而成，管件的重量占到液压系统总重量的 1/3 左右。管件与管接头的分布遍及整个系统，虽然结构简单，但在系统中有着不可或缺的作用，任一根管道或任一个接头损坏，都可能导致系统出现故障。

3.3.1　管件

一、油管的种类及选用

　　液压系统中使用的油管种类很多，有钢管、铜管、尼龙管、塑料管、橡胶管等，须按照安装位置、工作环境和工作压力来正确选用。油管的种类、特点及其适用场合如表 3-5 所示。

表 3－5　油管的种类、特点及其适用场合

种　类		特点及其适用场合
硬管	钢管	能承受高压，价格低廉，耐油，抗腐蚀，刚性好，但装配时不能任意弯曲；常在装拆方便处作为压力管道，中、高压用无缝管，低压用焊接管
	紫铜管	易弯曲成各种形状，但承压能力一般不超过 6.5～10 MPa，抗振动能力较弱，又易使油液氧化；通常用在液压装置内配接不便之处
软管	尼龙管	乳白色半透明，加热后可以随意弯曲成形或扩口，冷却后又能定形不变，承压能力因材质而异，自 2.5 MPa 至 8 MPa 不等
	塑料管	质轻耐油，价格便宜，装配方便，但承压能力低，长期使用会变质老化，只宜用作压力低于 0.5 MPa 的回油管、泄油管等
	橡胶管	高压管由耐油橡胶夹几层钢丝编织网制成，钢丝网层数越多，耐压越高，价格昂贵，用于中、高压系统中两个相对运动件之间的压力管道；低压管由耐油橡胶夹帆布制成，可作为回油管道

二、管道尺寸的确定

液压系统管道的选择与计算主要是计算管道的内径和壁厚。

1. 管道内径的确定

管道的内径是根据管内允许流速和所通过的流量来确定的，即

$$d = 2\sqrt{\frac{q}{\pi v}} \qquad\qquad (3-3)$$

式中：d ——管道内径；

　　　q ——通过管道的最大流量；

　　　v ——管道内的允许流速，对吸油管路取 0.5～1.5 m/s，流量大时取大值；对压油管路取 2.5～5 m/s，压力高、流量大、管路短时取大值；对回油管路取 1.5～2.5 m/s。

2. 管道壁厚的计算

管道壁厚计算公式为

$$\delta = \frac{pd}{2[\sigma]} \qquad\qquad (3-4)$$

式中：d ——管道内径；

　　　p ——管内油液最大工作压力(MPa)；

　　　$[\sigma]$ ——许用应力(MPa)。

油管的管径不宜选得过大，以免使液压装置的结构庞大；但也不能选得过小，以免使管内液体流速加大，系统压力损失增加或产生振动和噪声，影响正常工作。

在保证强度的情况下，管壁可尽量选得薄一些。薄壁易于弯曲，规格较多，装接较易，采用它可减少管系接头数目，有助于解决系统泄漏问题。

三、液压管道的安装要求

液压管道安装是液压设备安装的一项主要工程。管道安装质量的好坏是关系到液压系

统工作性能是否正常的关键之一。

（1）管道在安装前要进行清洗。一般先用 20% 硫酸和盐酸进行酸洗，然后用 10% 的苏打水中和，再用温水洗净，做 2 倍于工作压力的预压试验，确认合格后才能安装。

（2）管路应尽量短，横平竖直，转弯少。为避免管路折皱，以减少压力损失，硬管装配时的弯曲半径要足够大，符合表 3-6 的要求。当管路悬伸较长时，要适当设置管夹。管道不得与支架或管夹直接焊接。

表 3-6　硬管装配时允许的弯曲半径

管子外径 D/mm	10	14	18	22	28	34	42	50	63
弯曲半径 R/mm	50	70	75	80	90	100	130	150	190

（3）管路应在水平和垂直两个方向上布置，尽量避免交叉，平行管间距要大于 10 mm，以防止接触振动并便于安装管接头。

（4）软管直径安装时要有 30% 左右的余量，以适应油温变化、受拉和振动的需要。弯曲半径要大于软管外径的 9 倍，弯曲处到管接头的距离至少等于外径的 6 倍。

（5）管道的配置必须使管道、液压阀和其他元件装卸、维修方便。系统中任何一段管道或元件应尽量能自由拆装而不影响其他元件；管道的重量不应由阀、泵及其他液压元件和辅件承受；也不应由管道支撑较重的元件。

（6）一条管路由多段管段与配套件组成时应依次逐段接管，完成一段，组装后，再配置其后一段，以避免一次焊完产生累积误差。

（7）与管接头或法兰连接的管子必须是一段直管，即这段管子的轴心线应与管接头、法兰的轴心是平行、重合。此直线段长度要大于或等于 2 倍管径。

（8）外径小于 30 mm 的管子可采用冷弯法。管子外径在 30~50 mm 时可采用冷弯或热弯法。管子外径大于 50 mm 时，一般采用热弯法。

（9）焊接液压管道的焊工应持有有效的高压管道焊接合格证。

（10）焊接工艺的选择：乙炔气焊主要用于一般碳钢管壁厚度小于等于 2 mm 的管子。电弧焊主要用于碳钢管壁厚大于 2 mm 的管子。管子的焊接最好用氩弧焊。对壁厚大于 5 mm 的管子应采用氩弧焊打底，电弧焊填充。必要的场合应采用管孔内充保护气体的方法焊接。

（11）焊条、焊剂应与所焊管材相匹配，其牌号必须有明确的依据资料，有产品合格证，且在有效使用期内。焊条、焊剂在使用前应按其产品说明书规定烘干，并在使用过程中保持干燥，在当天使用。焊条药皮应无脱落和显著裂纹。

（12）液压管道焊接都应采用对接焊。焊接前应将坡口及其附近宽 10~20 mm 处表面污物、油迹、水分和锈斑等清除干净。

（13）管道与法兰的焊接采用对接焊法兰，不可采用插入式法兰；管道与管接头的焊接应采用对接焊，不可采用插入式的形式。

（14）液压管道采用对接焊时，焊缝内壁必须比管道高出 0.3~0.5 mm。不允许出现凹入内壁的现象。在焊完后，再用锉或手提砂轮把内壁中高出的焊缝修平。去除焊渣、毛刺，达到光洁程度。

（15）在焊接配管时，必须先按安装位置点焊定位，再拆下来焊接，焊后再组装上整形。

（16）管道配管焊接以后，所有管道都应按所处位置预安装一次。将各液压元件、阀块、阀架、泵站连接起来。各接口应自然贴和、对中，不能强扭连接。当松开管接头或法兰螺钉时，相对结合面中心线不许有较大的错位、离缝或跷角。如发生此种情况可用火烤整形消除。

（17）各种管接头在装配时，螺纹部分应涂液压油，接头油口端拧紧力矩如表3－7所示。钢管 Q/SY 1039—2005 或胶管与接头相连接时的螺纹拧紧力矩如表3－8所示。

表3－7　管接头油口端拧紧力矩

系列	螺纹 G	A 型（金属垫圈密封）	B 型（金属平面密封）	E 型（弹性密封－ED）	F 型、O 型圈密封
L	G1/8A	9	18	18	
	G1/4A	35	35	35	
	G3/8A	45	70	70	
	G1/2A	65	125	90	
	G3/4A	90	180	180	
	G1A	150	330	310	
	G1 1/4A	240	540	450	
	G1 1/2A	290	630	540	
S	G1/4A	35	55	55	
	G3/8A	45	90	80	
	G1/2A	65	140	115	
	G3/4A	90	270	180	
	G1A	150	340	310	
	G1 1/4A	240	540	450	
	G1 1/2A	290	700	540	
L	M10×1.0	9	18	18	15
	M12×1.5	20	30	25	25
	M14×1.5	35	45	45	35
	M16×1.5	45	65	55	40
	M18×1.5	55	80	70	45
	M20×1.5	65	140	125	60
	M27×2	90	190	180	100
	M33×2	150	340	310	160
	M42×2	240	500	450	210
	M48×2	290	630	540	260

续表

系列	螺纹 G	A 型（金属垫圈密封）	B 型（金属平面密封）	E 型（弹性密封－ED)	F 型、O 型圈密封
S	M12×1.5	20	35	35	35
	M14×1.5	35	55	55	45
	M16×1.5	45	70	70	55
	M18×1.5	55	110	90	70
	M20×1.5	55	150	125	80
	M22×1.5	65	170	135	100
	M27×2	90	270	180	170
	M33×2	150	410	310	310
	M42×2	240	540	450	330
	M48×2	290	700	540	420

注：上表所列拧紧力矩允许±10%的误差。

表 3－8　螺纹拧紧力矩

公制螺纹规格	M12×1.5	M14×1.5	M16×1.5	M18×1.5	M20×1.5	M22×1.5	M24×1.5	M26×1.5	M30×2	M36×2	M42×2	M45×2	M52×2
拧紧力矩/(N·m)	15～25	30～45	38～52	43～85	50～65	60～88	60～88	85～125	115～155	140～192	210～270	255～325	280～380

3.3.2　管接头

　　管接头是油管与油管、油管与液压件之间的可拆式连接件。管接头应具有装拆方便、连接牢固、密封可靠、外形尺寸小、通流能力大等特点，管接头的性能好坏直接影响液压系统的泄露和压力损失。

　　管接头的种类很多，其规格品种可查阅有关手册。液压系统中常见管接头的类型和结构特点如表 3－9 所示。管路旋入端用的连接螺纹采用国家标准米制锥螺纹（ZM）和普通细牙螺纹（M）。

　　锥螺纹依靠自身的锥体旋紧和采用聚四氟乙烯等进行密封，广泛用于中、低压液压系统。细牙螺纹密封性好，常用于高压系统，但要采用组合垫圈或 O 型圈进行端面密封，有时也可用紫铜垫圈。

表 3－9　常用管接头的类型和结构特点

名称	结构简图	特点和说明
焊接式管接头	球形体	① 连接牢固，利用球面进行密封，简单可靠 ② 焊接工艺必须保证质量，必须采用厚壁钢管，装拆不便
卡套式管接头	油管　卡套	① 用卡套卡住油管进行密封，轴向尺寸要求不严，装拆简便 ② 对油管径向尺寸精度要求较高，为此要采用冷拔无缝钢管
扩口式管接头	油管　管套	① 用油管管端的扩口在管套的压紧下进行密封，结构简单 ② 适用于铜管、薄壁钢管、尼龙管和塑料管等低压管道的连续
扣压式管接头		① 用来连接高压软管 ② 在中、在低压系统中应用
固定铰接管接头	螺钉 组合垫圈 接头体 组合垫圈	① 是直角接头，优点是可以随意调整布管方向，安装方便，占空间小 ② 接头与管子的连接方法，除本图卡套式外，还可用焊接式 ③ 中间有通油孔的固定螺钉把两个组合垫圈压紧在接头体上进行密封

3.4　调压回路、锁紧回路与平衡回路的组建

▲教学安排

1. 通过教师提供资料与学生自己查阅资料，让学生了解调压回路、锁紧回路与平衡回路的用途。

2. 教师告知学生调压回路、锁紧回路与平衡回路的安装要求，学生通过安装回路理解其工作原理。

3. 教师讲解调压回路、锁紧回路、平衡回路、保压回路与卸荷回路的工作原理及应用等知识。

4. 对照实物与图片，教师与学生分析调压回路、锁紧回路、平衡回路、保压回路与卸荷回路的常见故障。

3.4.1　调压回路

压力控制回路是指利用压力控制阀来控制系统整体或局部压力的回路,其主要有调压回路、锁紧回路、卸荷回路、平衡回路、保压回路、增压回路、减压回路等多种形式。

一、调压回路

在定量泵系统中,液压泵的供油压力可以通过溢流阀来调节。在变量泵系统中,用安全阀来限制系统的最高压力,防止系统过载。当系统在不同的工作时间内需要有不同的工作压力,可采用二级或多级调压回路。调压回路如图 3-13 所示。

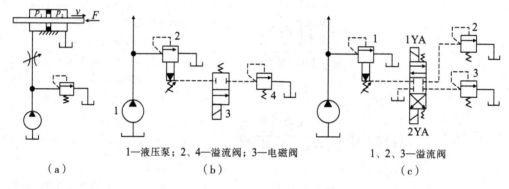

1—液压泵；2、4—溢流阀；3—电磁阀　　　　　1、2、3—溢流阀

（a）　　　　　　　　　　（b）　　　　　　　　　　（c）

图 3-13　调压回路

(a) 单级调压回路；(b) 二级调压回路；(c) 多级调压回路

1. 单级调压回路

在如图 3-13(a)所示的定量泵系统中,通过液压泵和溢流阀的并联连接,即可组成单级调压回路。调节溢流阀的压力便可调节泵的输出压力。溢流阀的调定压力必须大于液压缸的最大工作压力。当溢流阀的调定压力确定后,液压泵就在溢流阀的调定压力下工作。从而实现了对液压系统进行调压和稳压控制。如果将液压泵 1 改换为变量泵,这时溢流阀将作为安全阀来使用,液压泵的工作压力低于溢流阀的调定压力,这时溢流阀不工作,当系统出现故障,液压泵的工作压力上升时,一旦压力达到溢流阀的调定压力,溢流阀将开启,并将液压泵的工作压力限制在溢流阀的调定压力下,使液压系统不至于因压力过载而受到破坏,从而保护了液压系统。

2. 多级调压回路

在不同的工作阶段,液压系统需要不同的工作压力,多级调压回路便可实现这种需求。

(1) 图 3-13(b)所示为二级调压回路。在图示状态下,泵出口压力由溢流阀 1 调定,电磁阀 3 换位时,系统压力由阀 2 调定,阀 2 的调定压力一定要小于阀 1 的调定压力。

(2) 图 3-13(c)所示为三级调压回路。其三级压力分别由溢流阀 1、2、3 调定,当电磁铁 1YA、2YA 失电时,系统压力由主溢流阀调定。当 1YA 得电时,系统压力由阀 2 调定。当 2YA 得电时,系统压力由阀 3 调定。在这种调压回路中,阀 2 和阀 3 的调定压力要低于主溢流阀的调定压力,而阀 2 和阀 3 的调定压力之间没有什么一定的关系,它们的调定压力值不同。当阀2或阀3工作时，阀2或阀3相当于阀1上的另一个先导阀。

3. 双向调压回路

当执行元件正反向运动需要不同的供油压力时，可采用双向调压回路，如图3-14所示。

（1）图3-14(a)所示双向调压回路形式一。当换向阀在左位工作时，活塞为工作行程，泵出口压力较高，由4 MPa溢流阀调定。当换向阀在右位工作时，活塞做空行程返回，泵出口压力较低，由2 MPa溢流阀调定。

（2）图3-14(b)所示双向调压回路形式二。阀2调定压力低于阀1，当换向阀在左位工作时，阀2的出口高压油封闭，即阀1的远程控制口被堵塞，故泵压由溢流阀1调定。当换向阀在右位工作时，液压缸左腔通油箱，压力为零，阀2相当于阀1的远程调压阀，泵的压力由阀2调定。

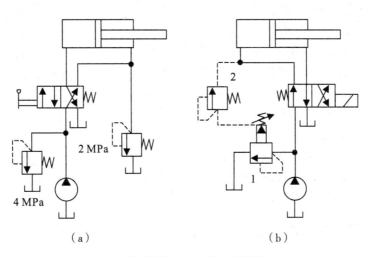

1—先导式溢流阀；2—直动式溢流阀

图3-14　双向调压回路

（a）典型双向调压回路1；（b）典型双向调压回路2

二、调压回路的常见故障及排除方法

调压回路的常见故障及排除方法如表3-10所示。

表3-10　调压回路的常见故障及排除方法

故障现象	原因	排除方法
二级（多级）调压回路中有压力冲击	遥控先导阀在换向前没有压力，一换向，主溢流阀遥控口的瞬时压力下降很大，以后再回升到遥控先导阀调定压力，产生冲击	将换向阀装到遥控先导阀后面，使主溢流阀遥控口总是充满压力油
二级调压回路中，调压时升压时间长	遥控管路较长，由卸荷状态转为升压状态先要将遥控管路充满油才升高，所以升压时间长	遥控管要短，内径要小些（如φ3～φ5），并可在遥控管路终头装背压阀
遥控调压回路出现主溢流阀的最低调压值增高，同时产生动作迟滞	主溢流阀到遥控先导溢流阀之间配管较长（如超过10 m），遥控管内压力损失大	遥控管最长不能超过5 m

3.4.2 锁紧回路

一、锁紧回路

为了使工作部件能在任意位置上停留以及在停止工作时，防止在受力的情况下发生移动，可以采用锁紧回路。

采用 O 型或 M 型机能的三位换向阀，当阀芯处于中位时，液压缸的进、出口都被封闭，可以将活塞锁紧，这种锁紧回路由于受到滑阀泄漏的影响，锁紧效果较差。

图 3-15 是采用液控单向阀的锁紧回路。在液压缸的进、回油路中都串接液控单向阀（又称为液压锁），活塞可以在行程的任何位置锁紧。其锁紧精度只受液压缸内少量的内泄漏影响，因此，锁紧精度较高。采用液控单向阀的锁紧回路，换向阀的中位机能应使液控单向阀的控制油液卸压（换向阀采用 H 型或 Y 型），此时，液控单向阀便立即关闭，活塞停止运动。若采用 O 型机能，在换向阀中位时，由于液控单向阀的控制腔压力油被闭死而不能使其立即关闭，直至由换向阀的内泄漏使控制腔泄压后，液控单向阀才能关闭，影响其锁紧精度。

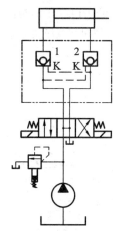

1、2—液控单向阀

图 3-15 采用液控单向阀的锁紧回路

二、锁紧回路常见故障及排除方法

锁紧回路常见故障及排除方法如表 3-11 所示。

表 3-11 锁紧回路常见故障及排除方法

故障现象	原　因	排除方法
双液控单向阀（液压锁）产生管路及油缸损伤	异常突发性外力	在缸和液压锁之间旁路上加装安全阀
液压锁的锁紧精度不太好	液压锁本身精度不高	检查、排除或更换

3.4.3 平衡回路

一、平衡回路

为了防止垂直或倾斜放置的液压缸和与之相连的工作部件因自重而自行下落，可在液压系统中设置平衡回路，即在立式液压缸下行的回路上增设适当阻力，以平衡自重。

图 3-16(a) 所示为采用单向顺序阀（平衡阀）的平衡回路。当 1YA 得电后，活塞下行，回油路上就存在着一定的背压。只要将这个背压调得能支承住活塞和与之相连的工作部件自重，活塞就可以平稳地下落。这种回路当活塞向下快速运动时功率损失大，锁住时活塞

和与之相连的工作部件会因单向顺序阀和换向阀的泄漏而缓慢下落，因此它只适用于工作部件重量不大、活塞锁住时定位要求不高的场合。

图3-16(b)为采用液控顺序阀的平衡回路。当活塞下行时，控制压力油打开液控顺序阀，背压消失，因而回路效率较高；当停止工作时，液控顺序阀关闭以防止活塞和工作部件因自重而下降。这种平衡回路的优点是只有上腔进油时活塞才下行，比较安全可靠；其缺点是活塞下行时平稳性较差。这是因为活塞下行时，液压缸上腔油压降低，将使液控顺序阀关闭。当顺序阀关闭时，因活塞停止下行，使液压缸上腔油压升高，又打开液控顺序阀。因此液控顺序阀始终工作于启闭的过渡状态，因而影响工作的平稳性。这种回路适用于运动部件重量不很大、停留时间较短的液压系统中。

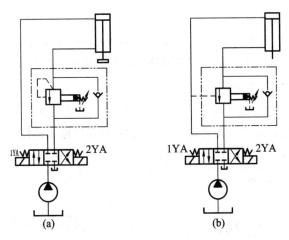

图3-16　采用顺序阀的平衡回路
(a)采用单向顺序阀的平衡回路；(b)采用液控顺序阀的平衡回路

二、平衡回路的常见故障及排除方法

平衡回路的常见故障及排除方法如表3-12所示。

表3-12　平衡回路的常见故障及排除方法

故　障　现　象	原　　　因	排　除　方　法
采用单项向顺序阀(或单向液控顺序阀)缸停止或停机后慢慢下滑	停位电信号在控制电路中传递时间太长	检查各有关元件动作灵敏度，修复
采用液控单向阀时油缸在低负载下下行平稳性差	负载小时，液控单向阀会时开时关	可在换向阀和液控单向阀之间加装单向顺序阀
采用单向顺序阀停位不准	油缸活塞杆密封的外泄漏，顺序阀及换向阀的内泄漏	改为液控单向阀可防止下滑

3.4.4　卸荷回路

一、卸荷回路

在液压系统工作中，有时执行元件短时间停止工作，不需要液压系统传递能量或者执行元件在某段工作时间内保持一定的力，而运动速度极慢，甚至停止运动，在这种情况下，不需要液压泵输出油液，或只需要很小流量的液压油，于是液压泵输出的压力油全部或绝大部分从溢流阀流回油箱，造成能量损耗严重。为此，需要采用卸荷回路，液压泵的卸荷是指在液压泵驱动电动机不频繁启闭的情况下，使液压泵在功率输出接近于零的情况下运转。液压泵的卸荷有流量卸荷和压力卸荷两种，前者主要是使用变量泵，使变量泵仅为补偿泄漏而以最小流量运转，此方法比较简单，但泵仍处在高压状态下运行，磨损比较严重；压力卸荷是使泵在接近零压下运转。

采用卸荷回路可以实现泵的卸荷，减少功率损耗，降低系统发热，延长泵和电动机的寿命。下面介绍几种典型的卸荷回路。

1. 采用换向阀的卸荷回路

当 M 型、H 型和 K 型中位机能的三位换向阀处于中位时，泵即卸荷。图 3 - 17 所示为采用 M 型中位机能的电磁换向阀的卸荷回路。这种回路切换时压力冲击小。

2. 采用电磁溢流阀的卸荷回路

电磁溢流阀是先导型溢流阀与二位二通电磁阀组合而成的复合阀，如图 3 - 18 所示。当二位二通电磁阀通电时，液压泵处于卸荷状态。这种卸荷回路卸荷压力小，切换时冲击也小。

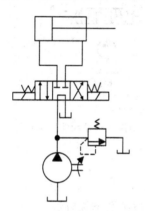
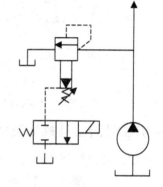

图 3 - 17　M 型中位机能的换向阀的卸荷回路　　　图 3 - 18　电磁溢流阀的卸荷回路

二、卸荷回路常见故障及排除方法

卸荷回路常见故障及排除方法如表 3 - 13 所示。

表 3 - 13　卸荷回路常见故障及排除方法

故障现象	原　因	排除方法
二位二通换向阀直接卸荷，却不能卸荷	二位二通换向阀卡死在不卸荷位置，或漏装复位弹簧，或弹簧力不够，或弹簧折断	查明原因，排除换向阀故障
不能彻底卸荷	二位二通换向阀通径太小	更换二位二通换向阀
二位二通换向阀直接卸荷，出现需要卸荷却有压，需要有压却卸荷	二位二通阀装倒了	查明后更正

故障现象	原　因	排除方法
电液换向阀M型中位机能卸荷，卸荷后不能换向	卸荷后控制油没有压力，不能推液动阀芯换位	在M型卸荷到油箱处加装一背压阀，保证卸荷后控制油仍有一定压力
蓄能器保压，卸荷阀（液控顺序阀）卸荷，卸荷不彻底	卸荷阀仅部分开启，开启不到位	可改装为用小型液控顺序阀作为先导阀，控制住溢流阀遥控口卸荷
双泵供油时的卸荷回路，工作行程时大流量泵卸荷不行，电机发热	高压小流量泵和高压大流量泵之间的单向阀未很快关闭，高压油反灌，负荷大	检查、排除

3.4.5　保压回路

一、保压回路

保压有泵保压和执行元件保压两种。当系统工作时，保持泵出口压力为溢流阀限定压力的为泵保压。当执行元件要维持工作腔一定压力而又停止运动时，即为执行元件保压。执行元件在工作循环的某一阶段内，若需要保持规定的压力，就应采用保压回路。

1. 泵保压回路

泵保压回路如图3-19所示。当系统压力较低时，低压大流量泵1和高压小流量泵2同时向系统供油，当系统压力升高到卸荷阀3的调定压力时，泵1卸荷，此时高压小流量泵2使系统压力保持为溢流阀3的调定值。泵2的流量只需略高于系统的泄漏量，以减少系统发热。也可采用限压式变量泵来保压，它在保压期间仅输出少量足以补偿系统泄漏的油液，效率较高。

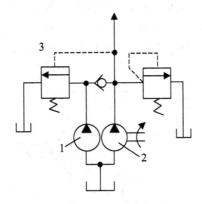

1—低压大流量泵；2—高压小流量泵；3—溢流阀
图3-19　泵保压回路

2. 蓄能器保压回路

蓄能器保压回路如图3-20(a)所示。图3-20(a)所示为单缸系统中的保压回路，当主换向阀在左位工作时，液压缸向前运动且压紧工件，进油路压力升高至调定值，压力继电器动作使二通阀通电，泵即卸荷，单向阀自动关闭，液压缸则由蓄能器保压。当缸压不足时，压力继电器复位使泵重新工作。保压时间的长短取决于蓄能器容量，调节压力继电器的工作区间即可调节缸中压力的最大值和最小值。

图3-20(b)所示为多缸系统中的保压回路。在这种回路中，当主油路压力降低时，单向阀1关闭，支路由蓄能器保压补偿泄漏，压力继电器2的作用是当支路压力达到预定值时发出信号，使主油路开始动作。

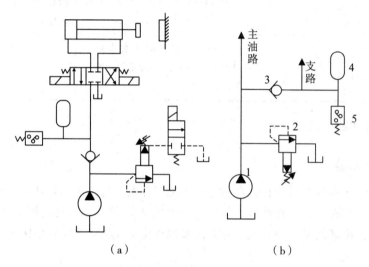

（a）　　　　　　　　　　（b）

1—定量泵；2—先导式溢流阀；3—单向阀；4—蓄能器；5—压力继电器

图3-20　蓄能器保压回路

（a）单缸系统中的保压回路；（b）多缸系统中的保压回路

3. 自动补油式保压回路

图3-21所示为采用液控单向阀和电接触式压力表的自动补油式保压回路。其工作原理为：当1YA得电，换向阀右位接入回路，液压缸上腔压力上升至电接触式压力表的上限值时，上触点接电，使电磁铁1YA失电，换向阀处于中位，液压泵卸荷，液压缸由液控单向阀保压。当液压缸上腔压力下降到预定下限值时，电接触式压力表又发出信号，使1YA

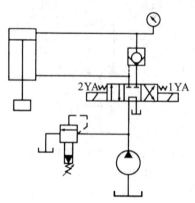

图3-21　自动补油式保压回路

得电，液压泵再次向系统供油，使压力上升。当压力达到上限值时，上触点又发出信号，使 1YA 失电。因此，这一回路能自动地使液压缸补充压力油，使其压力能长期保持在一定范围内。

二、保压回路常见故障及排除方法

保压回路常见故障及排除方法如表 3 - 14 所示。

表 3 - 14　保压回路常见故障及排除方法

故障现象	原因	排除方法
不保压	油缸的内外泄漏	检查、修复油缸、控制阀，不断补油
	各控制阀泄漏	

3.5　Q2 - 8 汽车起重机变幅液压系统的装配与调试

▲ 教学安排

1. 通过教师提供资料与学生自己查阅资料，让学生了解 Q2 - 8 汽车起重机变幅液压系统的工作原理与用途。

2. 教师告知学生 Q2 - 8 汽车起重机变幅液压系统的装配要求，学生通过装配 Q2 - 8 汽车起重机变幅液压系统，理解其工作原理。

3. 教师讲解 Q2 - 8 汽车起重机变幅液压系统的工作原理与图形符号图的含义。

4. 教师总结液压系统调试的要求与调试内容。

▲ 知识支撑 ◆◆◆◆◆◆◆◆◆◆◆

一、Q2 - 8 汽车起重机变幅系统分析

汽车起重机变幅是通过改变吊臂的起落角度来改变作业高度。吊臂的变幅运动由变幅液压缸驱动，变幅要求能带载工作，动作要平稳可靠，为防止吊臂在停止阶段因自重而减幅，在油路中设置了平衡阀，提高了变幅运动的稳定性和可靠性。吊臂变幅运动一般由三位四通手动换向阀控制，在其工作过程中，通过改变手动换向阀开口的大小和工作位，即可调节变幅速度和变幅方向。

在图 3 - 1 中，当吊臂增幅时，三位四通换向阀在左位工作，其油流路线为：进油路：液压泵—阀 2—阀 3 中的单向阀—变幅液压缸无杆腔；回油路：变幅液压缸有杆腔—油箱。吊臂减幅时，三位四通换向阀在右位工作，其油流路线为：进油路：液压泵—阀 2—变幅液压缸有杆腔；回油路：变幅液压缸无杆腔—阀 3 中的顺序阀—阀 2—油箱。

二、液压系统的调试

液压系统安装完毕，需要进行调试。

1. 调试前的检查

调试前要对整个液压系统进行检查。油箱中应将规定的液压油加至规定高度；各个液

压元件应正确可靠地安装，连接牢固可靠；各控制手柄应处于关闭或卸荷状态。

2. 空载调试

（1）检查泵的安装有无问题，若正常，可向液压泵中灌油，然后启动电动机使液压泵运转。液压泵必须按照规定的方向旋转，否则就不能形成压力油。检查液压泵电动机的旋转方向可以观察电动机后端的风扇的旋向是否正转。也可以观察油箱，如果泵反转，油液不但不会进入液压系统，反而会将系统中的空气抽出，进油管处会有气泡冒出。

（2）液压泵正常时，溢流阀的出油口应有油液排出。注意观察压力表的指针。压力表的指针应顺时针方向旋转。如果压力表指针急速旋转，应立即关机，否则会造成压力表指针打弯而损坏，或引起油管爆裂。这是由于溢流阀阀芯被卡死，无法起溢流作用，而导致液压系统压力无限上升。

（3）如果液压泵工作正常，溢流阀有溢流，可逐渐拧紧溢流阀的调压弹簧，调节系统压力，使压力表所显示的压力值逐步达到所设计的规定值，然后必须锁紧溢流阀上的螺母，使液压系统内压力保持稳定。

（4）排除系统中的空气；调节节流阀的阀口开度，调节工作速度，观察液压缸的运行速度和速度变化情况，调好速度后，将调节螺母紧固；运行系统观察系统运行时泄漏、温升及工作部件的精度是否符合要求。

3. 负载调试

（1）观察液压系统在负载情况下能否达到规定的工作要求，振动和噪声是否在允许的范围内，再次检查泄漏、温升及工作部件的精度等工作状况。

（2）加载可以利用执行机构移到终点位置，也可用节流阀加载，使系统建立起压力。压力升高要逐级进行，每一级为 1 MPa，并稳压 5 min 左右。最高试验调整压力应按设计要求的系统额定压力或按实际工作对象所需的压力进行调节。

（3）压力试验过程中出现的故障应及时排除。排除故障必须在泄压后进行。若焊缝需要重焊，必须将该件拆下，除净油污后方可焊接。

（4）调试过程应详细记录，整理后纳入设备档案。

（5）需要注意的是：不准在执行元件运动状态下调节系统压力；调压前应先检查压力表，无压力表的系统不准调压；压力调节后应将调节螺钉锁住，防止松动。

项 目 小 结

（1）单向阀包括普通单向阀和液控单向阀，通过单向阀的拆装，理解其结构、原理，熟悉其职能符号及使用要求，理解单向阀与其他阀组合成的复合阀在回路中的作用。

（2）通过拆装溢流阀和顺序阀，理解其结构与工作原理，掌握其职能符号及应用，熟悉溢流阀和顺序阀的共同点与不同点。按照溢流阀的功能可分为安全限压和稳压溢流两种。在调压回路中，若工作压力变化不大、压力平稳性要求不高时，可采用直动式溢流阀；若各工作阶段的工作压力相差较大时，应采用先导式溢流阀，可实现多级调压。

（3）了解液压管件与接头的种类及应用，能正确选择管件与接头、能规范安装管件与接头。

（4）通过安装调压回路、锁紧回路与平衡回路，理解其工作原理、应用场合及常见故障；通过装配与调试 Q2-8 汽车起重机变幅液压系统，理解其工作原理及特点。

（5）在溢流阀调压回路中，溢流阀调定压力应大于系统的最高工作压力。利用换向阀中位机能的保压回路中，随着换向阀的磨损，其保压性能会下降。

（6）平衡回路的工作原理：利用平衡阀在缸的下腔产生一个背压以平衡运动部件的自重。当重力负载变化不大时，可采用单向顺序阀的平衡回路；液控单向阀的平衡回路适用于要求执行元件长时间可靠地停留在某一位置的场合。

思考题与练习题

3-1　单向阀作背压阀使用时的开启压力与一般单向阀的开启压力相比，（　　）。

A. 小　　　　　　　　B. 大　　　　　　　　C. 相同　　　　　　　　D. 可大可小

3-2　现有一普通单向阀不起单向作用，查明原因是密封不良导致，此时应采取什么措施维修？（　　）

A. 配研接触面或更换密封圈　　　　　　B. 一定要修理毛刺

C. 清洗即可　　　　　　　　　　　　　D. 拧紧螺钉

3-3　先导式溢流阀的结构较复杂，由先导阀体和主阀体两部分组成。其中关于先导阀体部分，表述正确的是（　　）。

A. 能调控主阀溢流压力　　　　　　　　B. 能溢流

C. 溢流后打开　　　　　　　　　　　　D. 能控制流量

3-4　现有一液压系统，两个调整压力分别为 5 MPa 和 10 MPa 的溢流阀串联在液压泵的出口，此时泵的出口压力为（　　）。

A. 5 MPa　　　　　B. 10 MPa　　　　　C. 15 MPa　　　　　D. 20 MPa

3-5　只易用作压力低于 0.5 MPa 的回油管路为（　　）。

A. 塑料管　　　　　　　　　　　　　　B. 尼龙管

C. 钢管　　　　　　　　　　　　　　　D. 紫铜管

3-6　为了防止垂直放置的液压缸由于自重而下落，可设置（　　）。

A. 平衡回路　　　　　　　　　　　　　B. 背压回路

C. 卸荷回路　　　　　　　　　　　　　D. 调压回路

3-7　采用换向阀的（　　）中位，可以实现卸荷功能。

A. M 型　　　　　　　　　　　　　　　B. O 型

C. P 型　　　　　　　　　　　　　　　D. Y 型

3-8　牛头刨床工作台的移动速度是通过（　　）来调节的。

A. 溢流阀　　　　　　　　　　　　　　B. 减压阀

C. 压力继电器　　　　　　　　　　　　D. 节流阀

3-9　单向阀可以用来作为背压阀。（　　）

3-10　因液控单向阀关闭时密封性能好，故常用在保压回路和锁紧回路中。（　　）

3-11　当溢流阀的远控口通油箱时，液压系统卸荷。（　　）

3-12　溢流阀振动和噪声大，可能是系统内存在空气或在阀口处引起空穴现象等原

因导致。（　　）

3-13　顺序阀进出油口接通后，进出油口都有压力且阀口压差很小；溢流阀进油口有压力，出油口接油箱且阀口压差很大。（　　）

3-14　液压管路应在水平和垂直两个方向上布置，尽量避免交叉。（　　）

3-15　试简述 Q2-8 汽车起重机变幅液压系统的基本组成及工作原理。

3-16　分别简述单向阀、液控单向阀的工作原理、职能符号的含义及主要用途。

3-17　直动式溢流阀与先导式溢流阀的区别是什么？

3-18　若先导式溢流阀主阀芯的阻尼小孔堵塞，会出现什么故障？若其先导阀锥阀座上的进油孔堵塞，又会出现什么故障？

3-19　试从溢流阀内部结构方面来说明如何实现单级、多级调压？

3-20　请简述溢流阀与顺序阀在原理及图形符号上的异同。画出这两种阀的职能符号。

3-21　请用列表法简述油管的种类及其应用场合。

3-22　请用列表法简述管接头的形式及其应用场合、特点。

3-23　简述卸荷回路的作用，请绘制至少三种常见压力卸荷回路。

3-24　在如图 3-22 所示的液压系统中，已知：外界负载 $F=30\,000$ N，活塞有效作用面积 $A=0.01$ m^2，活塞运动速度 $v=0.025$ m/s，$K_压=1.5$，$K_漏=1.3$，$\eta_总=0.8$。试确定：

（1）溢流阀调定的压力值；

（2）选择液压泵的类型和规格；（齿轮泵流量规格为 2.67×10^{-4}、3.33×10^{-4}、4.17×10^{-4} m^3/s，额定工作压力为 2.5 MPa；叶片泵流量规格为 2×10^{-4}、2.67×10^{-4}、4.17×10^{-4}、5.33×10^{-4} m^3/s，额定工作压力为 6.3 MPa。）

（3）驱动液压泵的电动机功率。

3-25　在如图 3-23 所示的液压系统中，试分析在下面的调压回路中各溢流阀的调整压力应如何设置，能实现几级调压？

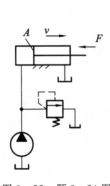

图 3-22　题 3-24 图

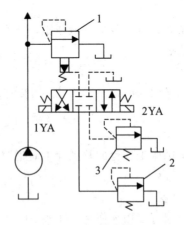

1、2、3—溢流阀

图 3-23　题 3-25 图

3-26 在如图3-24所示的回路中，溢流阀的调整压力为5 MPa，顺序阀的调整压力为3 MPa，请问在下列情况下 A、B 点的压力各为多少？

（1）当液压缸活塞杆伸出，负载压力 p_L＝4 MPa 时；

（2）当液压缸活塞杆伸出，负载压力 p_L＝1 MPa 时；

（3）当活塞运动到终点时。

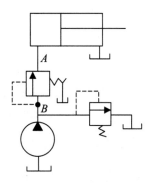

图3-24 题3-26图

项目四　SY130挖掘机动臂液压系统的装配与调试

▲**项目任务**

1. 了解 SY130 挖掘机动臂机构的工作过程，理解 SY130 挖掘机动臂液压系统的原理。

2. 掌握柱塞泵的结构、原理等知识，了解柱塞泵的常见故障及排除方法。

3. 掌握减压阀的结构、原理、应用、图形符号等知识，了解减压阀的常见故障及排除方法。

4. 掌握油箱、加热器与冷却器的结构、特点及适用范围，理解其安装的注意事项。

5. 理解增压回路、减压回路、多缸工作动作回路的工作原理及应用，了解其常见故障及排除方法。

6. 通过本项目任务的学习，对液压系统的故障诊断方法与常见故障有初步的认识。

7. 培养学生展示技能目标的能力与学生的应变能力、容忍能力。

8. 能够规范组建本项目 SY130 挖掘机动臂液压系统，其液压系统图如图 4-1 所示。

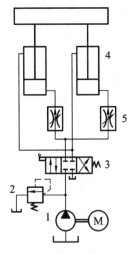

1—定量柱塞泵；2—溢流阀；3—手动换向阀；4—同步油缸；5—调速阀

图 4-1　SY130 挖掘机动臂液压系统图

4.1　柱塞泵的拆装

▲**教学安排**

1. 通过教师提供资料与学生自己查阅资料，让学生了解柱塞泵的用途。

2. 教师告知学生柱塞泵的拆装要求与拆装要点，学生通过拆装柱塞泵，理解其结构与原理。

3. 教师讲解柱塞泵的作用、工作原理、结构特点等知识。

4. 对照实物与图片，教师与学生分析柱塞泵的常见故障。

▲ **知识支撑** ◆·◆·◆·◆·◆·◆·◆·◆·◆·◆·◆·◆·◆·◆·◆·

柱塞泵是靠柱塞在缸体中做往复运动造成密封容积的变化来实现吸油与压油的液压泵。由于柱塞泵压力高，结构紧凑，效率高，流量调节方便，故在需要高压、大流量、大功率的系统中和流量需要调节的场合，如龙门刨床、拉床、液压机、工程机械、矿山冶金机械、船舶等设备中得到广泛的应用。

柱塞泵按柱塞的排列和运动方向不同，可分为轴向柱塞泵和径向柱塞泵两大类。轴向柱塞泵按其结构特点又分为斜盘式和斜轴式两类。

4.1.1　轴向柱塞泵

一、斜盘式轴向柱塞泵的工作原理

轴向柱塞泵是将多个柱塞配置在一个缸体的圆周上，并使柱塞中心线和缸体中心线平行的一种泵。

图 4-2 所示为斜盘式轴向柱塞泵的工作原理。它主要由缸体 1、配油盘 2、柱塞 3、斜盘 4、传动轴 5 及弹簧 6 组成。柱塞沿圆周均匀分布在缸体内，泵传动轴的中心线与缸体中心线重合，斜盘轴线与缸体轴线倾斜一角度 γ，柱塞靠机械装置或在低压油作用下压紧在斜盘上，配油盘 2 和斜盘 4 固定不动，缸体 1 由传动轴 5 带动旋转。在弹簧 6 的作用下，柱塞 3 头部始终紧贴斜盘 4。由于斜盘的作用，迫使柱塞在缸体内做往复运动，并通过配油盘的配油窗口进行吸油和压油。缸体每转一周，每个柱塞各完成吸、压油一次。

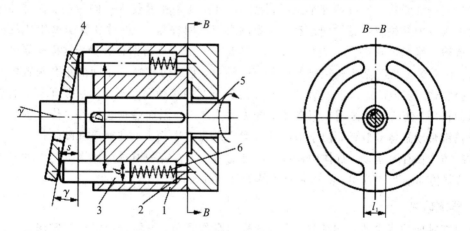

1—缸体；2—配油盘；3—柱塞；4—斜盘；5—传动轴；6—弹簧

图 4-2　斜盘式轴向柱塞泵的工作原理

由于配油盘上吸油窗口和压油窗口之间的密封区宽度 l_1 应稍大于柱塞缸体底部吸、压油腰形孔的长度，故当柱塞根部密封腔转至过渡区时会产生困油，为了减少所引起的振动和噪声，可在两配油窗口的两端部开小三角槽。

因此，柱塞泵是依靠柱塞在缸体内做往复运动，使密封容积产生周期性变化而实现吸油和压油的。其中，柱塞与缸体内孔均为圆柱面，易达到高精度的配合，故这种泵的泄漏小，容积效率高，输出压力高。一般用于工程机械、压力机等高压系统中，但其轴向尺寸较大，轴向作用力也较大，结构比较复杂。

二、斜盘式轴向柱塞泵的排量和流量

在图 4-2 中，柱塞的直径为 d，柱塞分布圆直径为 D，斜盘倾角为 γ，柱塞数目为 z，当缸体旋转一周时，泵的排量为

$$V = \frac{\pi}{4} d^2 D(\tan\gamma) z \qquad (4-1)$$

泵输出的实际流量为

$$q = \frac{\pi}{4} d^2 D(\tan\gamma) z n \eta_v \qquad (4-2)$$

由计算公式可知，若改变斜盘倾角大小，就能改变柱塞的行程，也就改变了泵的排量。如果改变斜盘倾角方向，就能改变吸油和压油的方向，这时柱塞泵就成为双向变量轴向柱塞泵。

实际上，由于柱塞在缸体孔中运动的速度不是恒速的，因而输出流量是有脉动的，当柱塞数为奇数时，脉动较小，并且柱塞数多脉动也较小，因而一般常用的柱塞泵的柱塞个数为 7、9 或 11。

三、斜盘式轴向柱塞泵的结构

1. 典型结构

图 4-3 是 CY 型斜盘式轴向柱塞泵的结构图。柱塞 5 的球状头部装在滑履 4 内，以缸体 6 作为支撑的弹簧 9 通过钢球推压回程盘 3，回程盘 3 和滑履 4 一同转动。在排油过程中借助斜盘 2 推动柱塞 5 做轴向运动；在吸油时依靠回程盘 3、钢球和弹簧 9 组成的回程装置将滑履 4 紧紧压在斜盘 2 表面上滑动，弹簧 9 一般被称为回程弹簧，这样的泵具有自吸能力。在滑履 4 与斜盘 2 相接触的部分有一油室，它通过柱塞 5 中间的小孔与缸体 6 中的工作腔相连，压力油进入油室后在滑履 4 与斜盘 2 的接触面间形成了一层油膜，起着静压支承的作用，使滑履 4 作用在斜盘 2 上的力大大减小，因而磨损也减小。传动轴 8 通过左边的花键带动缸体 6 旋转，由于滑履 4 贴紧在斜盘 2 表面上，柱塞 5 在随缸体 6 旋转的同时在缸体中做往复运动。缸体中柱塞 5 底部的密封工作容积通过配油盘 7 与泵的进出口相通。随着传动轴 8 的转动，液压泵就连续地吸油和排油。

2. 变量机构

要改变轴向柱塞泵的输出流量，只要改变斜盘的倾角，下面介绍常用的轴向柱塞泵的手动变量和伺服变量机构的工作原理。

1）手动变量机构

在图 4-3 中，转动手轮 1，使丝杠 12 转动，带动变量活塞 11 做轴向移动（因导向键的作用，变量活塞只能做轴向移动，不能转动）。通过轴销 10 使斜盘 2 绕变量机构壳体上的

圆弧导轨面的中心（即钢球中心）旋转，从而使斜盘倾角改变，达到变量的目的。当流量达到要求时，可用锁紧螺母 13 锁紧。这种变量机构结构简单，但操纵不轻便，并且不能在工作过程中变量。

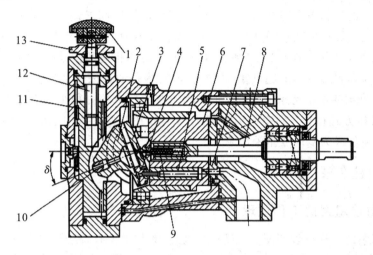

1—转动手轮；2—斜盘；3—回程盘；4—滑履；5—柱塞；6—缸体；7—配油盘；8—传动轴；

9—弹簧；10—轴销；11—变量活塞；12—丝杠；13—锁紧螺母

图 4-3　CY 型斜盘式轴向柱塞泵的结构图

2）伺服变量机构

图 4-4 所示为轴向柱塞泵的伺服变量机构。以此机构代替如图 4-3 所示轴向柱塞泵中的手动变量机构，就成为手动伺服变量泵。其工作原理为：泵输出的压力油由通道经单向阀 a 进入变量机构壳体的下腔 d，液压力作用在变量活塞 4 的下端。当与伺服阀阀芯 1 相连接的拉杆不动时（图示状态），变量活塞 4 的上腔 g 处于封闭状态，变量活塞不动，斜盘 3 在某一相应的位置上。当使拉杆向下移动时，推动阀芯 1 一起向下移动，d 腔的压力油

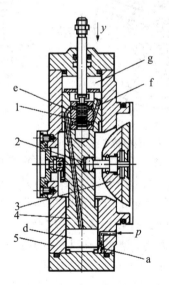

1—阀芯；2—铰链；3—斜盘；4—变量活塞；5—壳体

图 4-4　轴向柱塞泵的伺服变量机构

经通道 e 进入上腔 g。由于变量活塞上端的有效面积大于下端的有效面积，向下的液压力大于向上的液压，故变量活塞 4 也随之向下移动，直到将通道 e 的油口封闭为止。变量活塞的移动量等于拉杆的位移量，当变量活塞向下移动时，通过轴销带动斜盘 3 摆动，斜盘倾斜角增加，泵的输出流入随之增加；当拉杆带动伺服阀阀芯向上运动时，阀芯将通道 f 打开，上腔 g 通过卸压通道接通油箱，变量活塞向上移动，直到阀芯将卸压通道关闭为止。它的移动量也等于拉杆的移动量。这时斜盘也被带动作相应的摆动，使倾斜角减小，泵的流量也随之相应地减小。由上述可知，伺服变量机构是通过操作液压伺服阀动作，利用泵输出的压力油推动变量活塞来实现变量的。故加在拉杆上的力很小，控制灵敏。拉杆可用手动方式或机械方式操作，斜盘可以倾斜 ±18°，故在工作过程中泵的吸压油方向可以变换，因而这种泵就成为双向变量液压泵。

4.1.2　径向柱塞泵

一、径向柱塞泵的工作原理

径向柱塞泵的工作原理如图 4-5 所示。它主要由柱塞 1、转子(缸体)2、衬套 3、定子 4、配流轴 5 等组成。柱塞径向均匀排列装在转子中，定子和转子之间有偏心距 e。配流轴固定不动，上部和下部各做成一个缺口，即 b 腔和 c 腔，此两缺口由分别通过所在部位的两个轴向孔 a 和 d 与泵的吸、压油口连通。配流轴外的衬套与转子内孔采用过盈配合，随转子一起转动。

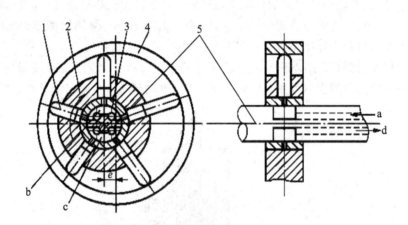

1—柱塞；2—缸体(转子)；3—衬套；4—定子；5—配流轴

图 4-5　径向柱塞泵的工作原理

当转子按图示方向转动时，上半周的柱塞在离心力作用下外伸，经过衬套上的油孔通过配流轴吸油；下半周的柱塞则受定子内表面的推压作用而缩回，通过配流轴压油。当转子回转一周时，每个柱塞底部的密封容积完成一次吸压油，转子连续运转，完成吸、压油工作。移动定子改变偏心距的大小，便可改变柱塞的行程，从而改变排量。若改变偏心距的方向，则可改变吸、压油方向。因此，径向柱塞泵可以做成单向或双向变量泵。

径向柱塞泵的优点是流量大、工作压力较高、轴向尺寸小等。其缺点是径向尺寸大，自吸能力差，并且配流轴受到径向不平衡压力的作用，易于磨损，泄漏间隙不能补偿。

二、柱塞泵的常见故障及排除方法

柱塞泵常见的故障有液压泵输出流量不足或无流量输出、输出压力异常、斜盘零角度时仍有排油量、变量操纵机构操纵失灵等。产生这些故障的原因及排除方法如表 4-1 所示。

表 4-1　柱塞泵的常见故障及排除方法

故障现象	原　　因	排除方法
液压泵输出流量不足或无流量输出	① 泵吸入量不足，可能是油箱液压油油面过低、油温过高、进油管漏气等	① 针对原因，排除
	② 泵泄漏量过大	② 检查原因，排除
	③ 泵斜盘实际倾角太小，使泵排量小	③ 调节操纵机构，增大斜盘倾角
	④ 压盘损坏	④ 更换压盘，并对液压系统进行排除碎渣
输出压力异常	① 输出压力不上升，自吸进油管道漏气或因油口杂质划伤零件造成内漏过甚	① 紧固或更换元件
	② 负载一定，输出压力过高	② 调整溢流阀进行确定
斜盘零角度时仍有排油量	斜盘耳轴磨损、控制器的位置偏离、松动或损坏	更换斜盘或研磨耳轴，重新调零、紧固或更换有控制器元件
变量操纵机构操纵失灵	① 油液不清洁、变质或黏度过大或过小造成操纵失灵	① 更换液压油
	② 操纵机构损坏	② 修理、更换操纵机构

4.2　减压阀的拆装

⚠ 教学安排

1. 通过教师提供资料与学生自己查阅资料，让学生了解减压阀的用途。

2. 教师告知学生减压阀的拆装要求与拆装要点，学生通过拆装减压阀理解其结构与原理。

3. 教师讲解减压阀的作用、工作原理、结构特点等知识。

4. 对照实物与图片，教师与学生分析减压阀的常见故障。

⚠ 知识支撑 ◆◇◆◇◆◇◆◇◆◇◆◇◆

减压阀是指利用油液流过缝隙产生压力降的原理，使出口压力（二次压力）低于进口压力（一次压力）的一种压力控制阀。减压阀按功能分为定值减压阀、定差减压阀和定比减压阀，按结构分为直动式和先导式两种。常用的为先导式定值减压阀。

一、减压阀的工作原理

图 4-6 所示为先导式减压阀的结构图和图形符号。它由先导阀和主阀组成，先导阀用于调压，主阀用于主油路的减压。

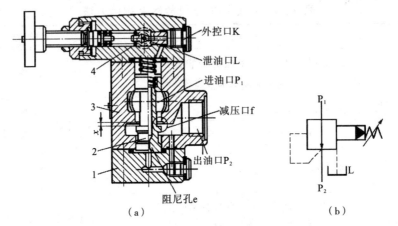

1—端盖；2—主阀芯；3—阀体；4—先导阀芯

图 4-6　先导式减压阀

(a) 结构图；(b) 图形符号

减压阀的工作原理如图 4-6 所示。P_1 口是进油口，P_2 口是出油口，压力油由阀的进油口流入，经减压口 f 减压后由出口流出，出口压力油经阀体和端盖上的通道及主阀芯内的阻尼孔 e 引到主阀芯的下腔和上腔，并作用在先导锥阀芯上。当出口压力低于先导阀的调定压力时，先导阀芯关闭，主阀芯上、下两腔压力相等，主阀芯被弹簧压在最下端，减压口 f 开度最大，压降最小，减压阀处于非工作状态。当出口压力达到先导阀的调定压力时，先导阀芯被打开，主阀弹簧腔的泄油便由泄油口 L 流往油箱。由于油液在主阀芯阻尼孔内流动，使主阀芯两端产生压力差，主阀芯便在此压力差作用下，克服弹簧阻力抬起，减压口 f 开度减小，压降增加，出口压力降低，直到等于先导阀的调定压力为止。若出口压力由于外界干扰而发生变动，减压阀将会自动调整减压口 f 开度来保持调定的出口压力数值基本不变。在减压阀出口油路的油液不再流动的情况下，由于先导阀泄油仍未停止，减压口仍有油液流动，减压阀仍然处于工作状态，出口压力也就保持调定数值不变。

由此可见，减压阀是利用出油口压力的反馈作用，自动调整减压缝隙的大小，保持出口压力值基本不变的。调整调压弹簧的预压缩量即可调节减压阀的出口压力。

二、减压阀的应用

(1) 降低液压泵输出油液的压力。在液压系统中，若某一支路所需工作压力低于液压泵的供油压力，可在支路上串联一个减压阀获得比系统压力低而稳定的压力油。如夹紧回路、润滑回路和控制回路等。

(2) 稳定压力，减压阀输出的二次压力比较稳定，供给执行装置工作可以避免一次压力油波动对它的影响。

(3) 与单向阀并联实现单向减压。单向减压阀在系统中的功用是液流正向流动时减压，反向流动时减小阻力。

(4) 远程减压。减压阀遥控口 K 接远程调压阀可以实现远程减压，但必须是远程控制减压后的压力在减压阀调节的范围之内。

三、减压阀与溢流阀的区别

先导式减压阀和先导式溢流阀的区别有以下几点：

（1）减压阀保持出口压力基本不变，而溢流阀保持进口处压力基本不变。

（2）在不工作时，减压阀进、出油口互通，而溢流阀进、出油口不通。

（3）为保证减压阀出口压力调定值恒定，它的先导阀弹簧腔需通过泄油口单独外接油箱；而溢流阀的出油口是通油箱的，所以它的导阀的弹簧腔和泄漏油可通过阀体上的通道和出油口相通，不必单独外接油箱。

四、减压阀的拆装与维修

减压阀拆装过程中特别要注意的是直动式减压阀的顶盖方向要正确，否则会堵塞回油孔；滑阀应移动灵活，防止出现卡死现象；阻尼孔应疏通良好；弹簧软硬应合适，不可断裂或弯曲；阀体和滑阀要清洗干净，泄漏通道要畅通；密封件不能有老化或损坏现象，确保密封效果；紧固各连接处的螺钉。

减压阀常见的故障有不起减压作用、压力不稳定、泄漏严重等。产生这些故障的原因及排除方法如表4-2所示。

表4-2　减压阀的常见故障及排除方法

故障现象	产　生　原　因	排　除　方　法
不起减压作用	① 直动式减压阀有的将顶盖方向装错，使回油孔堵塞	① 重新装好
	② 滑阀与阀孔的制造精度差，滑阀被卡住	② 研配滑阀与阀体孔
	③ 滑阀上的阻尼小孔被堵塞	③ 清洗并疏通滑阀上的阻尼孔
	④ 调压弹簧太硬或发生弯曲，被卡住	④ 更换合适的弹簧
	⑤ 钢球或锥阀与阀座孔配合不良	⑤ 更换或修磨锥阀，并研配阀座孔
	⑥ 泄流通道被堵塞，滑阀不能移动	⑥ 清洗滑阀和阀体，使泄漏通道畅通
压力不稳定	① 滑阀与阀体配合间隙过小，滑阀移动不灵活	① 修磨滑阀并研磨滑阀孔
	② 滑阀弹簧太软，产生变形或在阀芯中被卡住，使滑阀移动困难	② 更换弹簧
	③ 滑阀阻尼孔时通时堵	③ 更换液压油，清洗并疏通滑阀上的阻尼孔
	④ 锥阀与锥阀座接触不良	④ 修磨锥阀，研磨阀座孔
	⑤ 液压系统进入空气	⑤ 排气
泄漏严重	① 滑阀磨损后与阀体孔配合间隙太大	① 重制滑阀，与阀体孔配磨
	② 密封件老化或磨损	② 更换密封件
	③ 各连接处螺钉松动或拧紧力不均匀	③ 紧固各连接处螺钉

4.3　油箱、加热器与冷却器的安装

▲教学安排

1. 通过教师提供资料与学生自己查阅资料，让学生了解液压系统中油箱、加热器与冷却器的种类、用途。

2. 教师告知学生油箱、加热器与冷却器的安装要求，让学生在回路与系统的安装中掌握其安装要点与注意事项。

3. 教师讲解油箱、加热器与冷却器种类、结构、用途等知识。

▲知识支撑 ◆─◆─◆─◆─◆─◆─◆─◆─◆─◆─◆

4.3.1　油箱、加热器与冷却器

一、油箱功用和结构

1. 功用

油箱的功用主要是储存油液、散热、沉淀油液中杂质及分离油液中的空气。

2. 结构

油箱根据使用情况通常分为开式和闭式两种。根据结构特点分为整体式和分离式两种。整体式油箱利用主机的内腔作为油箱，这种油箱结构紧凑，各处漏油易于回收，但增加了设计和制造的复杂性，维修不便，散热条件不好，并且会使主机产生热变形。分离式油箱单独设置，与主机分开，减少了油箱发热和液压源振动对主机工作精度的影响，因此普遍采用。

图 4-7 所示为开式油箱的结构图。开式油箱应用广泛，油箱内液面压力与大气相通。油箱常用 2.5～4 mm 的钢板焊接而成。为便于清洗，盖板一般都是可拆卸的，油箱底部开

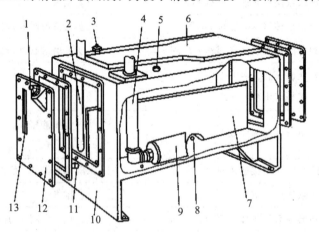

1—注油口；2—回油管；3—泄油管；4—吸油管；5—安装空气过滤器的通孔；6—电动机底板；
7—隔板；8—放油口；9—过滤器；10—箱体；11—泄油口；12—端盖；13—油位计

图 4-7　开式油箱的结构图

有放油孔，底板有适当的倾斜度，以利于排净存油。油箱设有吊耳，以便吊装和运输。

二、油箱设计的注意事项

（1）油箱的有效容积（油面高度为油箱高度 80％时的容积）的计算通常采用经验估算法，必要时再采用热平衡验算。经验估算公式为

$$V = Kq_n \qquad (4-3)$$

式中：V——油箱的有效容积（L）；

q_n——液压泵的额定流量（L/min）；

K——经验系数，低压系统的 $K=2\sim4$，中压系统的 $K=5\sim7$，高压系统的 $K=10\sim12$。

（2）吸油管和回油管应尽量相距远些，两管之间要用隔板隔开，以增加油液循环距离，隔板高度最好为箱内油面高度的 3/4。

（3）吸油管入口处要装粗过滤器。在最低液面时，过滤器和回油管端均应没入油中，以免液压泵吸入空气或回油混入气泡。回油管管端宜斜切 45°，并面向管壁。箱端与箱底、壁面间距离均不宜小于管径的三倍。粗滤油器距箱底不应小于 20 mm。

（4）为了防止油液污染，油箱上各盖板、管口处要妥善密封。注油器上要加滤油网。通气孔上要设置空气过滤器。

（5）油箱底角高度应在 150 mm 以上，以便散热、搬移和放油。箱底部应适当倾斜，并在最低处设置放油塞。箱体上在注油口附近要设有液位计，由于检测油面高度，其窗口尺寸应能满足对最高与最低液位的观察。

（6）油箱正常工作温度应在 15℃～65℃之间，必要时应安装温控器和热交换器。

（7）油箱内壁应涂上耐油防锈的涂料。外壁如涂上一层极薄的黑漆（不超过 0.025 mm 厚度），具有很好的辐射冷却效果。铸造的油箱内壁一般只进行喷砂处理，不涂漆。

4.3.2　加热器与冷却器

液压系统的工作温度一般希望保持在 30℃～50℃的范围之内，最高不超过 65℃，最低不小于 15℃。液压系统当依靠自然冷却仍不能使油温控制在上述范围内时，就必须安装冷却器；反之，当环境温度太低无法使液压泵启动或正常运转时，就必须安装加热器。冷却器与加热器统称为热交换器。

一、冷却器

液压系统中的冷却器，最简单的是蛇形管冷却器，如图 4-8 所示。它直接装在油箱内，冷却水从蛇形管内部通过，带走油液中热量。这种冷却器结构简单，但冷却效率低，耗水量大。

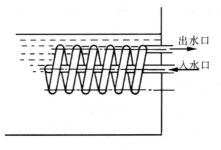

图 4-8　蛇形管冷却器

液压系统中用得较多的冷却器是强制对流多管式冷却器，如图4-9所示。油液从进油口5流入，从出油口3流出；冷却水从进水口7流入，通过图中多根水管后由出水口1流出。油液在水管外部流动时，它的行进路线因冷却器内设置了隔板而加长，因而增加了热交换效果。

近来出现一种翅片管式冷却器，水管外面增加了许多横向或纵向的散热翅片，大大扩大了散热面积和热交换效果。图4-10所示为翅片管式冷却器的一种形式。它是在圆管或椭圆管外嵌套上许多径向翅片，其散热面积可达光滑管的8～10倍。椭圆管的散热效果一般比圆管更好。

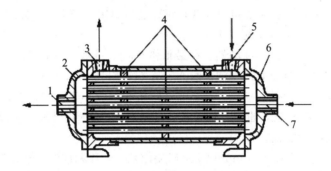

1—出水口；2—端盖；3—出油口；4—隔板；5—进油口；6—端盖；7—进水口

图4-9 强制对流多管式冷却器

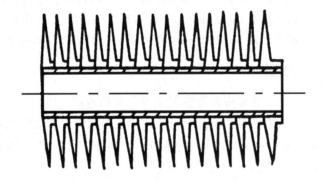

图4-10 翅片管式冷却器

液压系统亦可以用汽车上的风冷式散热器来进行冷却。这种用风扇鼓风带走流入散热器内油液热量的装置不需要另设通水管路，结构简单，价格低廉，但冷却效果较水冷式差。

冷却器一般应安放在回油管或低压管路上。如溢流阀的出口，系统的主回流路上或单独的冷却系统。

二、加热器

液压系统的加热一般常采用结构简单、能按需要自动调节最高和最低温度的电加热器。这种加热器的安装方式是用法兰盘横装在箱壁上，发热部分全部浸在油液内。加热器应安装在箱内油液流动处，以利于热量的交换。由于油液是热的不良导体，单个加热器的功率容量不能太大，以免其周围油液过度受热后发生变质现象。

4.4　减压回路与增压回路的组建

▲**教学安排**

1. 通过教师提供资料与学生自己查阅资料，让学生了解减压回路与增压回路的用途。
2. 教师告知学生减压回路与增压回路的安装要求，学生通过安装回路理解其工作原理。
3. 教师讲解减压回路与增压回路的工作原理及应用等知识。
4. 对照实物与图片，教师与学生分析减压回路与增压回路的常见故障。

▲**知识支撑** ◆◆◆◆◆◆◆◆◆◆◆◆◆◆◆

4.4.1　减压回路

一、减压回路

当泵的输出压力是高压而局部回路或支路要求低压时，可以采用减压回路，如机床液压系统中的定位、夹紧、分度回路以及液压元件的控制油路等，工作中往往需要稳定的低压。减压回路较为简单，一般是在所需低压的支路上串接减压阀，如图 4-11 所示。

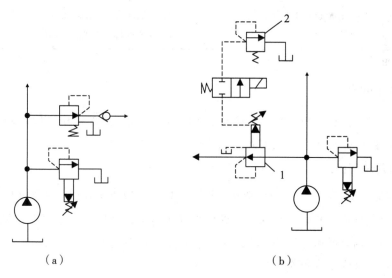

1—先导式减压阀；2—溢流阀

图 4-11　减压回路

（a）典型减压回路；（b）二级减压回路

图 4-11(a) 为典型减压回路。通过定值减压阀与主油路相连。回路中的单向阀为防止主油路压力降低(低于减压阀调整压力)时油液倒流，起到短时保压作用。

图 4-11(b) 为二级减压回路。在先导式减压阀 1 的远程控制口接溢流阀 2，阀 2 的调

定压力值一定要低于阀 1。在图示状态，低压由阀 1 调定；当二通阀通电后，阀 1 出口压力则由阀 2 决定，故此回路为二级减压回路。

为了使减压回路工作可靠，减压阀的最低调整压力不应小于 0.5 MPa，最高调整压力至少应比系统压力小 0.5 MPa。当减压回路中的执行元件需要调速时，调速元件应放在减压阀的后面，以避免减压阀泄漏（是指由减压阀泄油口流回油箱的油液）对执行元件的工作速度产生影响。

二、减压回路的常见故障及排除方法

减压回路的常见故障及排除方法如表 4 - 3 所示。

表 4 - 3   减压回路的常见故障及排除方法

故障现象	产 生 原 因	排 除 方 法
调压不正常	① 溢流阀阀芯移动不灵活 ② 减压阀的先导阀（先导式减压阀）阀芯弹簧变形或折断	① 研磨阀芯及阀孔，使其移动灵活 ② 检查并更换弹簧
压力减不下	① 减压阀阀芯移动不灵活 ② 单向阀堵塞或开启不灵活	① 清洗、修研减压阀阀孔及阀芯 ② 清洗单向阀，检查弹簧是否有弹性
压力波动及振动大	① 溢流阀或减压阀阀芯移动不灵活 ② 液压缸中有空气进入	① 拆下清洗或修研其阀孔阀芯，使其移动灵活 ② 排除液压缸内的空气
减压阀不减压	① 减压阀阀芯阻尼孔堵塞 ② 回油阻力太大	① 清洗减压阀阀芯，疏通阻尼孔 ② 避免回路上安装过滤器

4.4.2   增压回路

增压回路可以提高系统中某一支路的工作压力，以满足局部工作机构需要，如图 4 - 12 所示。增压回路中提高压力的主要元件是增压缸或增压器。

1. 单作用增压回路

单作用增压回路如图 4 - 12(a)所示。当系统在图示位置工作时，系统的供油压力 p_1 进入增压缸的大活塞腔，此时在小活塞腔即可得到所需的较高压力 p_2；当二位四通电磁换向阀右位接入系统时，增压缸返回，辅助油箱中的油液经单向阀补入小活塞。因而该回路只能间歇增压，所以称之为单作用增压回路。

2. 双作用增压回路

图 4 - 12(b)所示为双作用增压回路。在图示位置，液压泵输出的压力油经换向阀 5 和单向阀 1 进入增压缸左端大、小活塞腔，右端大活塞腔的回油通油箱，右端小活塞腔增压后的高压油经单向阀 4 输出，此时单向阀 2、3 被关闭。当增压缸活塞移到右端时，换向阀得电换向，增压缸活塞向左移动；同理，左端小活塞腔输出的高压油经单向阀 3 输出。这样，增压缸的活塞不断做往复运动，两端便交替输出高压油，从而实现了连续增压。

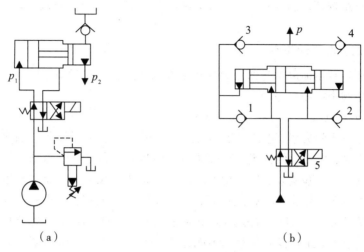

（a）　　　　　　　　　　　　　　（b）

1、2、3、4—单向阀；5—二位四通电磁换向阀

图 4-12　增压回路

（a）单作用增压回路；（b）双作用增压回路

4.5　多缸工作控制回路的组建

▲教学安排

1. 通过教师提供资料与学生自己查阅资料，让学生了解顺序动作回路、同步回路的用途。

2. 教师告知学生顺序动作回路、同步回路的安装要求，学生通过安装回路理解其工作原理。

3. 教师讲解顺序动作回路、同步回路与多缸快慢速互不干涉回路的工作原理及应用等知识。

4. 对照实物与图片，教师与学生分析顺序动作回路、同步回路的常见故障。

▲知识支撑 ◆◆◆◆◆◆◆◆◆◆◆◆◆◆◆◆

用一个液压泵驱动两个或两个以上的液压缸（液压马达）工作的回路，被称为多缸工作控制回路。根据液压缸（或液压马达）动作间的配合关系，多缸控制回路可以分为多缸顺序动作回路、多缸同步回路和互不干扰动作回路。

4.5.1　顺序动作回路

一、顺序动作回路

在多缸液压系统中，往往需要按照一定的要求顺序动作。例如，自动车床中刀架的纵横向运动、夹紧机构的定位和夹紧等。

顺序动作回路按其控制方式不同，分为压力控制式、行程控制式和时间控制式（本节不介绍）三类。

1. 压力控制式顺序动作回路

压力控制是指利用油路本身的压力变化来控制液压缸的先后动作顺序。它主要利用压力继电器和顺序阀来控制顺序动作。

1) 采用压力继电器控制的顺序动作回路

图 4-13 是机床的夹紧、进给系统回路，即采用压力继电器控制的顺序动作回路。其要求的动作顺序是：先将工件夹紧，然后动力滑台进行切削加工。当动作循环开始时，二位四通电磁阀处于图示位置，液压泵输出的压力油进入夹紧缸的右腔，左腔回油，活塞向左移动，将工件夹紧。夹紧后，液压缸右腔的压力升高，当油压超过压力继电器的调定值时，压力继电器发出信号，指令电磁阀的电磁铁 2DT、4DT 通电，进给液压缸动作。油路中要求先夹紧后进给，工件没有夹紧则不能进给，为了防止压力继电器误发信号，压力继电器的调整压力应比减压阀的调整压力低 $3 \times 10^5 \sim 5 \times 10^5$ Pa。

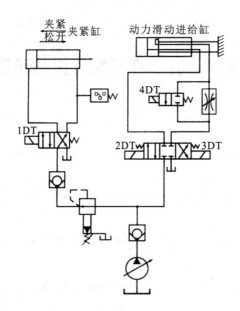

图 4-13 压力继电器控制的顺序动作回路

2) 采用顺序阀控制的顺序动作回路

图 4-14 是采用两个单向顺序阀控制的顺序动作回路。其中，单向顺序阀 4 控制两液压缸前进时的先后顺序，单向顺序阀 3 控制两液压缸后退时的先后顺序。当电磁换向阀通电时，压力油进入液压缸 1 的左腔，右腔经阀 3 中的单向阀回油，此时由于压力较低，顺序阀 4 关闭，液压缸 1 的活塞先动。当液压缸 1 的活塞运动至终点时，油压升高，当达到单向顺序阀 4 的调定压力时，顺序阀开启，压力油进入液压缸 2 的左腔，右腔直接回油，缸 2 的活塞向右移动。当液压缸 2 的活塞右移达到终点后，电磁换向阀断电复位，此时压力油进入液压缸 2 的右腔，左腔经阀 4 中的单向阀回油，使缸 2 的活塞向左返回。当到达终点时，压力油升高打开顺序阀 3，再使液压缸 1 的活塞返回。

这种顺序动作回路的可靠性，在很大程度上取决于顺序阀的性能及其压力调整值。顺

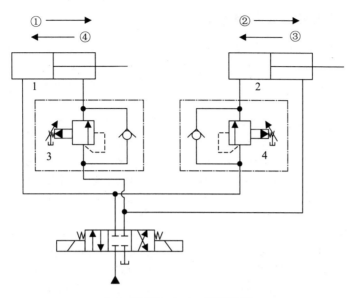

1、2—液压缸；3、4—单向顺序阀

图 4-14　顺序阀控制的顺序动作回路

序阀的调整压力应比先动作的液压缸的工作压力高 $8\times10^5\sim10\times10^5\,\mathrm{Pa}$，以免在系统压力波动时，发生误动作。

2. 行程控制式顺序动作回路

行程控制是指当工作部件到达一定位置时，发出信号来控制液压缸的先后动作顺序。它可以利用行程开关、行程阀或顺序缸来实现。

图 4-15 是利用电气行程开关发出信号来控制电磁阀先后换向的顺序动作回路。其动作顺序是：按下启动按钮，电磁铁 1DT 通电，缸 1 活塞右行；挡铁触动行程开关 2XK，使 2DT 通电，缸 2 活塞右行；缸 2 活塞右行至行程终点，触动 3XK，使 1DT 断电，缸 1 活塞左行；而后触动 1XK，使 2DT 断电，缸 2 活塞左行。至此完成了缸 1、缸 2 的全部顺序动作的自动循环。采用电气行程开关控制的顺序回路，调整行程大小和改变动作顺序均甚方便，并且可利用电气互锁使动作顺序可靠。

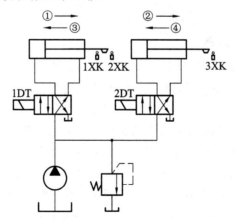

图 4-15　电气行程开关控制的顺序动作回路

二、顺序动作回路常见故障及排除方法

顺序动作回路的常见故障及排除方法如表 4 – 4 所示。

表 4 – 4　顺序动作回路的常见故障及排除方法

故障现象	产　生　原　因	排　除　方　法
顺序动作失灵	① 顺序阀阀芯卡死 ② 顺序阀压力调整过大，致使阀芯压力太大，移动不灵活 ③ 系统压力低（即溢流阀调定压力低于顺序阀的调定压力） ④ 液压缸内泄漏严重	① 清洗修研顺序阀阀芯及阀孔，使其移动灵活 ② 调整顺序阀开启压力使之适当 ③ 调整系统压力使其适当 ④ 排除液压缸内泄漏
工作速度达不到规定值	① 油液发热黏度低 ② 溢流阀调整压力低 ③ 液压泵输出油液少 ④ 单向阀堵塞或开启不灵	① 更换合适的液压油 ② 调整溢流阀使其压力适当 ③ 修复或更换液压泵 ④ 清洗修研单向阀
顺序动作冲击大	① 执行机构设计不合理 ② 回油路未加装节流阀或背压阀 ③ 溢流阀阀芯移动不灵活 ④ 液压泵输出的油液脉动大	① 改进执行机构设计 ② 选用合适的节流阀或背压阀，减少冲击 ③ 修研溢流阀阀芯与阀孔及更换溢流弹簧 ④ 检修液压泵

4.5.2　同步回路

一、同步回路

使两个或两个以上的液压缸，在运动中保持相同位移或相同速度的回路称为同步回路。在一泵多缸的系统中，尽管液压缸的有效工作面积相等，但是由于运动中所受负载不均衡，摩擦阻力也不相等，泄漏量的不同以及制造上的误差等，不能使液压缸同步动作。同步回路要尽量克服或减少这些因素的影响。

1. 串联液压缸的同步回路

图 4 – 16 是串联液压缸的同步回路。图中，液压缸 1 回油腔排出的油液，被送入液压缸 2 的进油腔。如果串联油腔活塞的有效面积相等，便可实现同步运动。这种回路两缸能承受不同的负载，但泵的供油压力要大于两缸工作压力之和。

由于泄漏和制造误差，影响了串联液压缸的同步精度，当活塞往复多次后，会产生严重的失调现象，为此要采取补偿措施。图 4 – 17 是两个单作用缸串联且带有补偿装置的同步回路。为了达到同步运动，缸 1 有杆腔 A 的有效面积应与缸 2 无杆腔 B 的有效面积相等。在活塞下行的过程中，如果液压缸 1 的活塞先运动到底，触动行程开关 1XK 发出信号，使电磁铁 1DT 通电，此时压力油便经过二位三通电磁阀 3、液控单向阀 5，向液压缸 2 的 B 腔补油，使缸 2 的活塞继续运动到底。如果液压缸 2 的活塞先运动到底，触动行程开

关 2XK，使电磁铁 2DT 通电，此时压力油便经二位三通电磁阀 4 进入液控单向阀的控制油口，液控单向阀 5 反向导通，使缸 1 能通过液控单向阀 5 和二位三通电磁阀 3 回油，使缸 1 的活塞继续运动到底，对失调现象进行补偿。

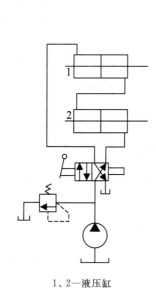

1、2—液压缸

图 4 - 16　串联液压缸的同步回路

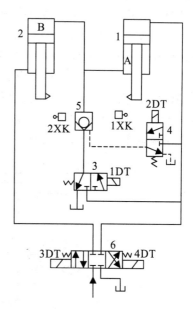

1、2—液压缸；3、4—二位三通电磁阀；5—液控单向阀

图 4 - 17　采用补偿装置的串联液压缸的同步回路

2. 流量控制式同步回路

1）采用调速阀控制的同步回路

图 4 - 18 是两个并联的液压缸分别用调速阀控制的同步回路。其两个调速阀分别调节两缸活塞的运动速度。当两缸有效面积相等时，则流量也调整得相同；当两缸面积不等时，则改变调速阀的流量也能达到同步的运动。

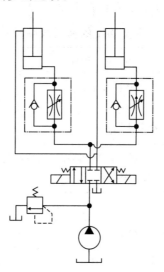

图 4 - 18　用调速阀控制的同步回路

用调速阀控制的同步回路，结构简单，并且可以调速，但是由于受到油温变化以及调速阀性能差异等影响，同步精度较低，一般在 5%～7% 之间。

2）采用电液比例调速阀控制的同步回路

图 4-19 所示为用电液比例调速阀控制的同步回路。其回路中使用了一个普通调速阀 1 和一个比例调速阀 2，它们装在由多个单向阀组成的桥式回路中，并分别控制着液压缸 3 和 4 的运动。当两个活塞出现位置误差时，检测装置就会发出信号，调节比例调速阀的开度，使缸 4 的活塞跟上缸 3 活塞的运动而实现同步。

这种回路的同步精度较高，位置精度可达 0.5 mm，已能满足大多数工作部件所要求的同步精度。比例阀性能虽然比不上伺服阀，但费用低，系统对环境适应性强，因此，用它来实现同步控制被认为是一个新的发展方向。

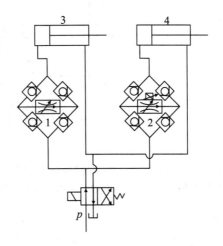

1—普通调速阀；2—比例调速阀；3、4—液压缸

图 4-19　用电液比例调速阀控制的同步回路

二、同步回路的常见故障及排除方法

同步回路的常见故障及排除方法如表 4-5 所示。

表 4-5　同步回路的常见故障及排除方法

故障现象	产生原因	排除方法
串联液压缸不同步	① 两缸密封松紧程度不一 ② 空气混入 ③ 油缸内泄漏不同	① 调整密封元件 ② 排出空气 ③ 调整、排除液压缸内泄漏
两调速阀调速不同步	受油温变化影响，两个调速阀制造精度差异，油缸负载差异	针对问题解决

4.5.3　多缸快慢速互不干扰回路

在一泵多缸的液压系统中，往往由于其中一个液压缸快速运动时，会造成系统的压力下降，影响其他液压缸工作进给的稳定性。因此，在工作进给要求比较稳定的多缸液压系统中，必须采用快慢速互不干扰回路。

　　在图 4 - 20 所示的双泵供油互不干扰回路中，各液压缸分别要完成快进、工作进给和快速退回的自动循环。回路采用双泵的供油系统，泵 1 为高压小流量泵，供给各缸工作进给所需的压力油；泵 2 为低压大流量泵，为各缸快进或快退时输送低压油，它们的压力分别由溢流阀 3 和 4 调定。当开始工作时，电磁阀 1DT、2DT 和 3DT、4DT 同时通电，液压泵 2 输出的压力油经单向阀 6 和 8 进入液压缸的左腔，此时两泵供油使各活塞快速前进。当电磁铁 3DT、4DT 断电后，由快进转换成工作进给，单向阀 6 和 8 关闭，工进所需压力油由液压泵 1 供给。如果其中某一液压缸(如缸 A)先转换成快速退回，即换向阀 9 失电换向，液压泵 2 输出的油液经单向阀 6、换向阀 9 和单向调速阀 11 的单向元件进入液压缸 A 的右腔，左腔经换向阀回油，使活塞快速退回。而其他液压缸仍由泵 1 供油，继续进行工作进给。这时，调速阀 5(或 7)使液压泵 1 仍然保持溢流阀 3 的调整压力，不受快退的影响，防止了相互干扰。在回路中调速阀 5 和 7 的调整流量应适当大于单向调速阀 11 和 13 的调整流量，这样，工作进给的速度由单向调速阀 11 和 13 来决定，这种回路可以用在具有多个工作部件各自分别运动的机床液压系统中。换向阀 10 用来控制 B 缸换向，换向阀 12、14 分别控制液压缸 A、B 快速进给。

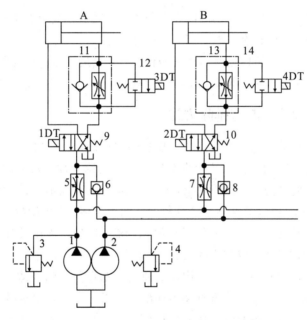

1—高压小流量泵；2—低压大流量泵；3、4—溢流阀；5、7—调速阀；6、8—单向阀；
9、10—二位四通电磁换向阀；11、13—单向调速阀；12、14—二位二通电磁换向阀
图 4 - 20　双泵供油互不干扰回路

4.6　SY130 挖掘机动臂液压系统的装配与调试

▲教学安排

　　1. 通过教师提供资料与学生自己查阅资料，让学生了解 SY130 挖掘机动臂液压系统

的工作原理与用途。

2. 教师告知学生 SY130 挖掘机动臂液压系统的装配要求,学生通过装配 SY130 挖掘机动臂液压系统理解其工作原理。

3. 教师讲解 SY130 挖掘机动臂液压系统的工作原理。

4. 教师讲解液压系统故障诊断与排除方法。

▲知识支撑 ◆◆◆◆◆◆◆◆◆◆◆◆◆◆◆◆◆◆◆

4.6.1 SY130 挖掘机动臂液压系统分析

SY130 挖掘机动臂通过升降来实现作业过程。动臂的运动由动臂液压缸驱动,动作要平稳可靠,为防止动臂在停止阶段因自重而下降,在油路中常设置平衡阀,以提高运动的稳定性和可靠性。动臂运动一般由三位四通手动换向阀控制,在其工作过程中,通过改变手动换向阀开口的大小和工作位,即可调节速度和运动方向。SY130 挖掘机动臂液压系统主要由液压泵、溢流阀、换向阀、调速阀、液压缸以及连接这些元件的油管、接头组成。其工作原理(如图 4-1 所示)如下:

(1)当动臂抬升时,三位四通换向阀在左位工作,其进油路:液压泵—阀 3—阀 5—液压缸无杆腔;回油路:液压缸有杆腔—阀 3—油箱。

(2)当动臂下降时,三位四通换向阀在右位工作,其进油路:液压泵—阀 3—液压缸有杆腔;回油路:液压缸无杆腔—阀 5—阀 3—油箱。

4.6.2 液压系统故障诊断与排除方法

在使用液压设备时,液压系统可能会出现多种多样的故障,这些故障有的是由某一液压元件失灵而引起的,有的是由系统中多个液压元件的综合性因素造成的;有的是因为液压油污染造成的,即使是同一个故障现象,产生故障的原因也不一样,尤其是现在的液压设备,都是机械、液压、电气甚至微型计算机的共同组合体,产生的故障更是多方面的。因此,发生液压故障之后必须对液压系统进行故障诊断,以确定液压设备发生故障的部位及产生故障的性质和原因,并采取相应的措施,确保设备的正常运转。

在液压系统中,各种元件和辅助机构以及油液大都在封闭的壳体和管道内,不像机械传动那样可以直接从外部观察,检测时又不如电气系统方便。在出现故障时,往往难以寻找故障原因,排除故障也比较麻烦。但是,任何故障在演变为大故障之前都会伴随种种不正常的征兆,因此,只要用心观察,并采用状态监测技术,就能做出准确的判断,确定排除方法。

一、液压系统各阶段的故障特征

1. 液压系统调试阶段的故障

液压系统在调试阶段的故障率最高,经常出现的故障有:

(1)外泄漏严重,主要发生在接头和有关元件的端盖处。

(2)执行元件运动速度不稳定。

（3）液压阀芯卡死或运动不灵活，导致执行元件动作失灵。

（4）压力控制阀的阻尼小孔堵塞，造成压力不稳定。

（5）阀类元件漏装弹簧、密封件，造成控制失灵。

2. 液压系统运行初期的故障

液压系统经过调试阶段后，便进入正常生产运行阶段，此阶段的故障特征有：

（1）管接头因振动而松脱。

（2）密封件质量差，或由于装配不当而被损伤，造成泄漏。

（3）管道或液压元件流道内的型砂、毛刺、切屑等污物在油流的冲击下脱落，堵塞阻尼孔和滤油器，造成压力和速度不稳定。

（4）由于负荷大或外界散热条件差，油液温度过高，引起泄漏，导致压力和温度的变化。

3. 液压系统运行中期的故障

液压系统运行中期，故障最低，这是液压系统运行的最佳阶段。应控制油液的污染。

4. 液压系统运行后期的故障

液压系统运行到后期，液压元件因工作频率和负荷的差异，易损件开始正常性的超差磨损。此阶段故障率较高，泄漏增加，效率下降。针对这一状况，要对液压元件进行全面检测，对已失效的液压元件应进行修理或更换。

5. 突发性故障

突发性故障多发生在液压设备运行的初期和后期。其特征是突发性，故障发生的区域及产生原因较为明显，如元件内弹簧突然折断、密封件损坏等。它往往与液压设备安装不当、维护不良有关系。防止这类故障的主要措施是加强设备管理。

二、液压系统故障诊断的步骤

液压系统中的故障往往是由系统中的某个元件产生故障造成的，因此，需要把出故障的元件找出来。液压系统故障分析步骤为：

（1）液压设备运转不正常，如没有运动、运动不稳定、运动方向不正确、运动速度不符合要求、力输出不稳定、爬行等，无论是什么原因，都可以归纳为流量、压力和方向三大问题。

（2）审核液压回路图，并检查每个液压元件，确认其性能和作用，初步评定其质量状况。

（3）列出与故障相关的元件清单，进行逐个分析。在进行这一步时，一要充分利用判断力；二是注意绝不可遗漏对故障有重大影响的元件。

（4）对清单中所列元件按以往的经验和元件检查难易排列次序。必要时，列出重点检查的元件和元件重点检查部位，同时安排检测仪器等。

（5）对清单中列出的重点检查元件进行初检。初检应判断以下一些问题：元件的使用和安装是否合适；元件的测量装置、仪器和测试方法是否合适；元件的外部信号是否合适；对外部信号是否响应等。特别要注意某些元件的故障先兆，如过高的温度和噪声以及产生振动和泄漏等。

（6）如果初检未查出故障，则要用仪器反复检查。

（7）识别出发生故障的元件，对不合格的元件进行修理或更换。

（8）在重新启动主机前，必须先认真考虑一下这次故障的原因和后果。如果故障是由于污染或油液温度过高引起的，则应预料到另外元件也有出现故障的可能性，并应针对隐患采取相应的补救措施。例如，由于铁屑进入液压泵内引起泵的故障，在换新泵之前要对系统进行彻底清洗净化。

三、故障诊断技术

对液压设备进行故障诊断的程序与医生诊断病情是一样的。它是依靠技术人员个人的实践经验对液压系统出现的故障进行诊断，判断产生故障的部位和原因。如果初步诊断有困难，就要利用仪器设备进行专项检测，根据检测结果再对故障原因进行综合分析与确认。因此，对液压设备的故障进行诊断通常采取初步诊断、仪器检测、综合分析与确认等几个程序。

1. 初步诊断

（1）看。看液压系统工作的实际情况。一般有六看：

一看速度：看执行机构运动速度有无变化和异常现象。

二看压力：看液压系统中各测压点的压力值大小，压力值有无波动现象。

三看油液：观察油液是否清洁，是否变质，油液表面是否有泡沫，油量是否在规定的油标线范围内，油液的黏度是否符合要求等。

四看泄漏：看液压管道各接头、阀板结合处以及液压缸端盖、液压泵轴端等处是否有渗漏、滴漏等现象。

五看振动：看液压缸活塞杆、工作台等运动部件工作时有无因振动而跳动的现象。

六看产品：根据液压设备加工出来的产品质量，判断运动机构的工作状态、系统的工作压力和流量的稳定性。

（2）听。利用听觉判断液压系统工作是否正常。一般有四听：

一听噪声：听液压泵和液压系统工作时的噪声是否过大以及噪声的特征，溢流阀、顺序阀等压力控制元件是否有尖叫声。

二听冲击声：听工作台液压缸换向时冲击声是否过大，液压缸活塞是否有撞击缸底的声音，换向阀换向时是否有撞击端盖的现象。

三听气蚀和困油的异常声：检查液压泵是否吸进空气，是否有严重的困油现象。

四听敲打声：听液压泵运转时是否有因损坏引起的敲打声。

（3）摸。用手摸允许摸的运动部件，以便了解它们的工作状态。一般有四摸：

一摸温升：用手摸液压泵、油箱和阀类元件外壳表面，若接触两秒钟感到烫手，就应检查温升过高的原因。

二摸振动：用手摸运动部件和管路的振动情况，若有高频振动应检查产生的原因。

三摸爬行：当工作台在轻载低速运动时，用手摸工作台有无爬行现象。

四摸松紧程度：用手拧一下挡铁、微动开关和紧固螺钉等松紧程度。

（4）闻。用嗅觉器官辨别油液是否发臭变质，橡胶件是否因过热发出特殊气味等。

（5）阅。查阅设备技术档案中有关故障分析和修理记录，查阅日检和定检卡，查阅交接班记录和维修保养情况记录。

（6）问。询问设备操作者，了解设备平时运行状况。一般有六问：

一问液压系统工作是否正常，液压泵有无异常现象。

二问液压油更换时间，滤网是否清洁。

三问发生事故前压力调节阀或速度调节阀是否调节过，有哪些不正常现象。

四问发生事故前对密封件或液压件是否更换过。

五问发生事故前后液压系统出现过哪些不正常现象。

六问过去经常出现哪些故障，是怎样排除的，哪位维修人员对故障原因与排除方法比较清楚。

总之，对各种情况必须了解得尽可能清楚。但由于每个人的感觉、判断能力和实际经验不同，判断结果会有差别。所以初步诊断只是一个简单的定性分析，还做不到定量测试，但它在缺少测试仪器和野外作业等情况下，能迅速判断和排除故障，因此具有实用意义。

2. 仪器专项检测

仪器专项检测是指在初步诊断的基础上对有疑问的异常现象，采用各种检测仪器进行定量测试分析，从而找出故障原因和部位。对于重要的液压设备，可进行运行状态监测和故障早期诊断，在故障的萌芽阶段就做出诊断，显示故障部位和程度并发出警报，以便早期处理和维修，避免故障突然发生而造成恶劣后果。

3. 综合确诊

经过初步诊断、仪器专项检测，就进入综合确诊阶段。综合确诊是在人的感官观察到的定性材料和仪器检测的定量数据的基础上进行的，因此在确诊过程中要进行充分研讨，最终确定排除故障的方案。

四、诊断故障原因的方法

液压系统中出现故障，原因是多方面的，但其中必定有一个主要原因。寻找主要原因的方法有液压系统图分析法、鱼刺图分析法、逻辑流程图分析法等。

1. 液压系统图分析法

液压系统图分析法是目前工程技术人员采用的基本方法。它是故障诊断的基础。利用液压系统图分析故障，首先必须熟悉被诊断液压设备液压系统的工作原理、所用元件的结构与性能，然后才能逐步找出故障的原因，并提出故障排除对策。

2. 鱼刺图分析法

鱼刺图分析法是指应用因果关系分析方法，对液压设备出现的故障进行分析，找出故障的主要因素。这种方法既能较快地找出故障的主次原因，又能积累排除故障的经验。

3. 逻辑流程图分析法

逻辑流程图分析法是指根据液压系统的基本原理进行逻辑分析，减少怀疑对象，逐步逼近，最终找出故障发生的部位，检测分析故障的原因。根据故障诊断专家设计出的逻辑流程图，借助计算机就能及时找到产生故障的部位和原因，从而及时排除故障。

五、液压系统的故障诊断及排除方法

液压系统在装配调试和系统运行中，由于液压系统设计不完善、液压元件选择不当、零件加工误差和运动磨损、管路及管接头连接不牢固、密封件损坏及油液污染等原因，常会出现系统故障有：① 系统内外泄漏严重；② 执行元件运动速度不稳定；③ 执行元件动作失灵；④ 压力不稳定或控制失灵；⑤ 系统发热及执行元件同步精度差等。下面介绍液压系统的常见故障及排除方法（如表 4-6 所示），供处理时参考。

表 4-6　液压系统的常见故障及排除方法

故障现象	产 生 原 因	排 除 方 法
系统泄漏严重	① 外泄漏 a. 间隙密封的间隙过大 b. 密封件质量差或损坏 c. 系统回路设计不合理，泄漏环节多及回油路不畅通 d. 油温高导致黏度下降 ② 内泄漏 a. 间隙运动副达不到规定精度 b. 工艺孔内部击穿，高压腔与低压腔串通 c. 封油长度短或面积小 d. 油的黏度小，系统压力大	a. 重新配研配合件间隙 b. 更换密封件 c. 改进系统回路设计，减少泄漏环节及疏通回油路 d. 选用合适的液压油 a. 提高制造精度，满足设计要求 b. 修复或更换有关元件及连接阀块 c. 改进有关零件结构设计 d. 选用合适的液压油及适当调整压力
气穴与气蚀	① 电动机转速过高，液压泵吸油管太短，过滤器堵塞，吸油管孔径小 ② 油液通过节流孔时速度高，压力低，将压力能转换成动能造成气穴 ③ 空气侵入油液，使油发白、起泡	① 降低电动机转速，合理安排吸油管及增大管径和管长，清洗过滤器 ② 适当降低抽液流动速度和增加油液局部压力 ③ 检查液压泵和吸油管等处的内外泄漏情况，防止空气混入
液压系统发热	① 液压系统设计不合理，工作中压力损失大 ② 液压泵内外泄漏严重 ③ 系统压力过高，增加压力损失 ④ 机械摩擦大，产生摩擦热 a. 元件制造精度低 b. 运动件润滑不良 c. 密封件质量差 ⑤ 油箱容量小，散热条件差 ⑥ 环境温度高或散热器工作不正常	① 改进设计减少功率损失，采取散热措施 ② 检修液压泵，防止泄漏 ③ 重新调整系统压力使之适当 a. 提高元件制造和装配精度 b. 改善润滑条件 c. 选用质量好的密封件 ④ 增加油箱容积 ⑤ 采取措施降低环境温度，修复散热器

故障现象	产　生　原　因	排　除　方　法
振动及噪声大	① 液压泵或液压马达引起的振动和噪声 ② 由于液压控制阀选择不当或失灵引起振动及噪声 ③ 液压泵吸空现象 a. 液压泵吸油管泄漏或吸油管深度不够，吸入大量空气 b. 过滤器堵塞和油箱油液不足 ④ 液压泵吸入系统有气穴，引起振动和噪声 ⑤ 管路系统和机械系统振动	① 检修液压泵和液压马达，严重时更换液压泵和液压马达 ② 修复或更换液压控制阀 a. 检修吸油管和调整吸油管长度 b. 清洗过滤器和加足液压油 ③ 校核吸油管直径和长度及选择黏度合适的液压油 ④ 检查电动机及液压泵，消除自身振动及管路系统的振动
液压卡紧	① 换向阀设计不合理，制造精度差及运动磨损 ② 油液污染，尤其是系统密封件的残片和油液中颗粒堵塞 ③ 油温升高，阀芯与阀孔膨胀系数不等造成阀芯卡死 ④ 电磁铁的推杆因密封件配合不好、摩擦阻力大或推杆安装不良将阀芯卡住	① 改进换向阀设计，提高零件精度或更换磨损零件 ② 清洗滑阀，检查密封件，更换液压油 ③ 采取措施降低油温，修研阀芯与阀孔的间隙 ④ 检查、调整推杆，使其不阻碍阀芯运动
液压缸运动速度不稳定	① 液压泵磨损严重 ② 负载作用下系统泄漏显著增加，引起系统压力与流量的明显变化 ③ 油液污染，节流通道堵塞 ④ 系统压力调定偏低，满足不了负载的变化 ⑤ 系统中存有大量空气，使液压缸不能正常工作 ⑥ 油温升高，黏度降低，引起流量变化 ⑦ 背压阀调定不当，引起回油不畅	① 更换磨损元件 ② 适当调整系统压力，检修系统泄漏部件 ③ 清洗节流阀孔及更换液压油 ④ 适当调整系统压力使之满足负载变化要求 ⑤ 排除系统中的空气 ⑥ 降低油温及更换合适黏度的液压油 ⑦ 重新调定背压阀压力
动作循环错乱	① 各液压回路发生相互干扰 ② 电磁换向阀线圈损坏 ③ 顺序阀或压力继电器失灵	① 检查与调整各回路控制元件的功能 ② 更换电磁线圈 ③ 调整或更换顺序阀及压力继电器
执行机构爬行	① 传动系统刚性差 ② 摩擦力随运动速度的变化而变化及阻力变化大 ③ 运动速度低，特别是当速度不大于 0.1 m/min 时爬行更明显 ④ 液压系统中有空气 ⑤ 溢流阀失灵，调定压力不稳定 ⑥ 在用双泵向系统供油时，压力低的泵有自回油现象，引起供油压力不足 ⑦ 液压缸和机床导轨不平行，活塞杆弯曲变形	① 采取措施增强系统刚度 ② 改善执行元件润滑状态及选取理想的摩擦材料 ③ 使用特殊导轨润滑油或适当提高运动速度 ④ 排除液压系统中的空气 ⑤ 检修或更换溢流阀 ⑥ 检修液压泵 ⑦ 检修、调整液压缸与机床导轨平行，并校直活塞杆

续表二

故障现象	产 生 原 因	排 除 方 法
液压冲击	① 快速制动引起的液压冲击 a. 换向阀快速换向时产生液压冲击 b. 液压缸突然停止运动时引起液压冲击 ② 节流缓冲装置失灵 ③ 液压系统局部冲击 ④ 背压阀调整不当或管路弯曲多	a. 改进油路换向方式或延缓换向停留时间 b. 延缓液压缸快停时间，适当加装单向节流阀 ② 检查修复缓冲装置 ③ 可加装蓄能器 ④ 调整背压阀压力或减少管道弯曲
系统压力不稳定	① 液压泵内部零件损坏 ② 液压泵严重困油造成运动呆滞或压力脉动 ③ 各种液压阀质量不良引起压力波动 ④ 压力阀阀芯卡死 ⑤ 过滤器堵塞，液流通道过小或油液选择不当	① 修复或更换液压泵 ② 检查修理液压泵，减少困油现象 ③ 修复或更换液压阀 ④ 修复或更换压力阀 ⑤ 清洗过滤器，疏通管道，更换合适的液压油

项目小结

（1）通过拆装柱塞泵，理解其结构、原理，掌握柱塞泵的应用及特点，能正确分析柱塞泵的工作原理。

（2）通过拆装减压阀，理解其结构与工作原理，掌握其职能符号及应用，熟悉溢流阀和减压阀的共同点与不同点。

（3）熟悉油箱、加热器及冷却器的种类、应用、基本结构及图形符号，理解其基本功能和在回路中的安装位置。

（4）通过安装增压回路、减压回路及多缸控制动作回路，理解其工作原理、应用场合及常见故障；通过装配与调试 SY130 挖掘机动臂液压系统，理解其工作原理及特点。

（5）减压回路的工作条件是：作用在该回路上的负载压力要低于其减压阀的调定压力，保证减压阀的主阀芯处于工作状态。

（6）多缸工作控制回路：

① 顺序动作回路有压力控制、行程控制和时间控制三种控制方式。为保证压力控制顺序动作回路的顺序动作可靠，压力控制元件的调定压力应大于前一动作执行元件最高工作压力的 10%～15%，这种回路只适用于执行元件不多、负载变化不大的场合。行程控制的顺序动作回路，动作可靠性强，应用十分广泛。时间控制的顺序动作回路，控制精度不高，应用较少。

② 同步回路分为流量控制、容积控制和伺服控制三种。流量控制同步回路结构简单，但同步精度不高。

思考题与练习题

4-1　变量轴向柱塞泵排量的改变是通过调整斜盘(　　)的大小来实现的。

A. 方向　　　　　　B. 角度　　　　　　C. 结构　　　　　　D. 都不是

4-2　讨论径向柱塞泵排量改变的问题时，A技师说通过改变偏心量的大小可改变其排量；B技师说需要改变偏心量的方向来改变其排量；C技师说改变定子大小即可；D技师说一定要改变定子的位置才能改变其排量。请问谁的说法正确？(　　)

A. A技师　　　　　B. B技师　　　　　C. C技师　　　　　D. D技师

4-3　当减压阀出口压力低于调定压力时，减压阀的减压口开度为(　　)

A. 最小　　　　　　B. 较小　　　　　　C. 最大　　　　　　D. 较大

4-4　(　　)能使阀出口压力稳定。

A. 溢流阀　　　　　B. 减压阀　　　　　C. 调速阀　　　　　D. 顺序阀

4-5　液压系统的工作温度最高不超过(　　)度。

A. 50　　　　　　　B. 55　　　　　　　C. 65　　　　　　　D. 70

4-6　冷却器一般安装在(　　)。

A. 回油路或低压管路上　　　　　　　　B. 进油路上

C. 高压管路上　　　　　　　　　　　　D. 都可以

4-7　减压回路中，压力减不下，可能的原因为(　　)。

A. 减压阀阀芯移动不灵活　　　　　　　B. 溢流阀阀芯移动不灵活

C. 单向阀阀芯移动不灵活　　　　　　　D. 顺序阀阀芯移动不灵活

4-8　顺序动作回路按其控制方式不同，可分为(　　)、行程控制与时间控制三类。

A. 流量控制　　　　B. 压力控制　　　　C. 方向控制　　　　D. 能量控制

4-9　顺序动作回路常见的故障是(　　)。

A. 液压缸不能实现顺序动作　　　　　　B. 单向阀堵塞

C. 溢流阀阀芯移动不灵活　　　　　　　D. 顺序阀阀芯卡死

4-10　径向柱塞泵若要改变偏心距，需移动定子。(　　)

4-11　为限制斜盘式轴向柱塞泵的柱塞所受的液压侧向力不致过大，斜盘的最大倾角 α_{max} 一般小于 $18°\sim20°$。(　　)

4-12　柱塞泵输出流量不足，可能是泵斜盘实际倾角太小，使泵排量小。(　　)

4-13　串联了定值减压阀的支路，始终能获得低于系统压力调定值的稳定的工作压力。(　　)

4-14　减压阀不起减压作用，可能是滑阀上的阻尼小孔被堵塞。(　　)

4-15　加热器应安装在油箱内油液流动处。(　　)

4-16　两个大小完全一样的液压缸并联的同步回路输出的力相等。(　　)

4-17　行程控制的顺序动作回路是利用顺序阀来实现的。(　　)

4-18　试简述SY130挖掘机动臂液压系统的基本组成及工作原理。

4-19　试列表比较溢流阀、减压阀、顺序阀(内控外泄式)三者之间的异同点。

4-20　简述液压油箱在设计时应考虑的事项有哪些？怎样确定油箱的容积？

4-21 冷却器有哪几种类型？各有什么特点？

4-22 如何有效的控制液压系统的工作噪声？

4-23 在如图4-21所示的回路中，溢流阀的调整压力为5 MPa，减压阀的调整压力为1.5 MPa，当活塞运动时，负载压力为1 MPa，其他损失不计，试分析：

(1) 活塞在运动期间 A、B 点的压力值；

(2) 活塞碰到死挡铁后 A、B 点的压力值；

(3) 当活塞空载运动时，A、B 两点的压力各为多少？

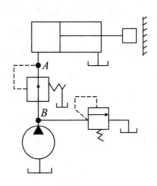

图4-21 题4-23图

4-24 在如图4-22所示的液压回路中，要求先夹紧，后进给。进给缸需实现"快进—工进—快退—停止"这四个工作循环，而后夹紧缸松开。

(1) 指出标出数字序号的液压元件名称；

(2) 指出液压元件6的中位机能；

(3) 列出电磁铁动作顺序表，如表4-7所示。(注：通电"＋"，失电"－"。)

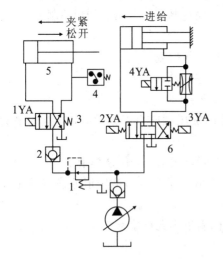

1—减压阀；2—单向阀；3—二位四通电磁换向阀；

4—压力继电器；5—油缸；6—二位四通电磁换向阀

图4-22 题4-24图

表4-7 电磁铁动作顺序表

	1YA	2YA	3YA	4YA
夹紧				
快进				
工进				
快退				
松开				

项目五　TQ230 全液压推土机行走液压系统的装配与调试

▲项目任务

1. 理解 TQ230 全液压推土机行走液压系统的工作原理。

2. 掌握柱塞马达的结构、原理等知识，了解柱塞马达的常见故障及排除方法。

3. 了解新型液压控制阀的结构、原理，掌握新型液压控制阀应用、图形符号等知识。

4. 掌握过滤器、蓄能器的结构、特点及其适用范围，理解其安装的注意事项。

5. 理解容积调速回路的工作原理及应用，了解其常见故障及排除方法。

6. 通过本项目任务的学习，对本项目任务中补油泵、双向溢流阀、补油单向阀、冲洗阀、吸油过滤器和闭式液压系统的功能和适用场合形成认识；能够对 TQ230 全液压推土机液压系统进行装配、调试、日常维护和检查；掌握液压系统的日常维护事项。

7. 培养学生的沟通能力和认真做事的习惯。

8. 能够规范组建本项目 TQ230 全液压推土机行走液压系统，其液压系统图如图 5-1 所示。

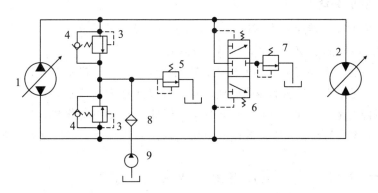

1—变量柱塞泵；2—变量柱塞马达；3、5、7—溢流阀；4—单向阀；6—液动换向阀；8—滤油器；9—补油泵

图 5-1　TQ230 全液压推土机行走液压系统图

5.1　液压马达的拆装

▲教学安排

1. 通过教师提供资料与学生自己查阅资料，让学生了解液压马达的用途。

2. 教师告知学生液压马达的拆装要求与拆装要点，学生通过拆装液压马达理解其结构与原理。

3. 教师讲解液压马达的作用、工作原理、结构特点等知识。

4. 对照实物与图片，教师与学生分析液压马达的常见故障。

▲知识支撑 ◆◆◆◆◆◆◆◆◆◆◆◆◆◆◆◆◆◆◆◆

5.1.1　液压马达的工作原理及特点

一、液压马达的特点及分类

1. 液压马达的特点

液压马达是把液体的压力能转换为机械能的装置，从原理上讲，液压泵可以作液压马达用，液压马达也可作为液压泵。但事实上同类型的液压泵和液压马达虽然在结构上相似，但由于两者的工作情况不同，使得两者在结构上也有某些差异，因此很多类型的液压马达和液压泵并不能互逆使用。液压马达与液压泵的主要不同点如下：

（1）液压马达一般需要正反转，所以在内部结构上应具有对称性，而液压泵一般是单方向旋转的，没有这一要求。

（2）为了减小吸油阻力，减小径向力，一般液压泵的吸油口比出油口的尺寸大。而液压马达没有上述要求。

（3）液压泵在结构上需保证具有自吸能力，而液压马达没有这一要求。

（4）液压马达必须具有较大的启动扭矩。

2. 液压马达的分类

液压马达按其额定转速分为高速和低速两大类：额定转速高于 500 r/min 的属于高速液压马达，额定转速低于 500 r/min 的属于低速液压马达。

高速液压马达的主要特点是转速较高、转动惯量小，便于启动和制动，调速和换向的灵敏度高。通常高速液压马达的输出转矩不大，所以又称为高速小转矩液压马达。低速液压马达的主要特点是排量大、体积大、转速低，因此可直接与工作机构连接，不需要减速装置，使传动机构大为简化，通常低速液压马达输出转矩较大，所以又称为低速大转矩液压马达。

液压马达按其结构形式可分为齿轮式、叶片式、柱塞式等。

二、液压马达的工作原理

常用的液压马达的结构与同类型的液压泵很相似，下面介绍轴向柱塞液压马达、叶片液压马达和摆动液压马达的工作原理。

1. 轴向柱塞液压马达

图 5-2 所示为斜盘式轴向柱塞液压马达的工作原理图。轴向柱塞马达与轴向柱塞泵的结构形式基本上一样，斜盘和配流盘固定不动，缸体及其上的柱塞可绕缸体的水平轴线旋转。当压力油经配流盘通过缸孔进入柱塞底部时，柱塞受油压作用而向外伸出紧紧压在斜盘面上，这时斜盘对柱塞的反作用为 N。N 分解成两个力，沿柱塞轴向分力 P，与柱塞所受液压力平衡；另一个力 F，垂直于柱塞轴线，即

$$F = p\frac{\pi}{4}d^2\tan\gamma \qquad\qquad (5-1)$$

该力对缸体轴线产生力矩，带动缸体旋转，缸体再通过主轴向外输出转矩和转速。整个液压马达能产生的总扭矩是所有处于压力油区的柱塞产生的扭矩之和，因此，总扭矩也是脉动的，当柱塞的数目较多且为单数时，脉动较小。

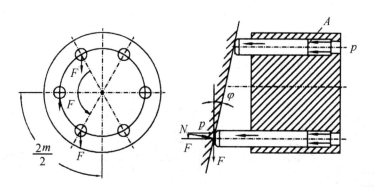

图 5-2　斜盘式轴向柱塞液压马达的工作原理图

一般来说，轴向柱塞马达都是高速马达，输出扭矩小，因此，必须通过减速器来带动工作机构。如果我们能使液压马达的排量显著增大，也就可以使轴向柱塞马达做成低速大扭矩马达。

2. 叶片液压马达

图 5-3 所示为叶片液压马达的工作原理图。当压力油从进油口进入叶片 1 和 3 之间时，叶片 2 因两面均受液压油的作用所以不产生转矩。叶片 1、3 上，一面作用有压力油，另一面为低压油。由于叶片 3 伸出的面积大于叶片 1 伸出的面积，因此作用于叶片 3 上的总液压力大于作用于叶片 1 上的总液压力，于是压力差使转子产生顺时针的转矩。同样，压力油进入叶片 5 和 7 之间时，叶片 7 伸出的面积大于叶片 5 伸出的面积，也产生顺时针转矩。这样，就把油液的压力能转变成了机械能，这就是叶片马达的工作原理。当输油方向改变时，液压马达就反转。

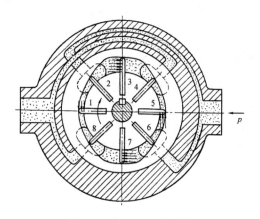

1、2、3、4、5、6、7、8—叶片

图 5-3　叶片液压马达的工作原理

由于液压马达一般都要求能正、反转，因此叶片液压马达的叶片要径向放置。为了使叶片根部始终通有压力油，在回、压油腔通入叶片根部的通路上应设单向阀。为了确保叶片液压马达在压力油通入后能正常启动，必须使叶片顶部和定子内表面紧密接触，以保证良好的密封。因此，在叶片根部应设置顶紧弹簧。

叶片液压马达的体积小，转动惯量小，动作灵敏，适用于换向频率较高的场合。但其泄漏量较大，低速工作时不稳定。因此，叶片马达一般用于转速高、转矩小和动作灵敏的场合。

3. 摆动液压马达

摆动液压马达的工作原理图如图5-4所示。

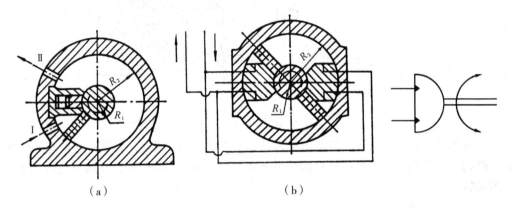

（a）　　　　　　　　　　　　（b）

图5-4　摆动液压马达的工作原理图

（a）单叶片式摆动马达；（b）双叶片式摆动马达

图5-4(a)是单叶片式摆动马达。若从油口Ⅰ通入高压油，叶片做逆时针摆动，低压力从油口Ⅱ排出。因叶片与输出轴连在一起，帮输出轴摆动的同时输出转矩并克服负载。

此类摆动马达的工作压力小于10 MPa，摆动角度小于280°。由于径向力不平衡，叶片和壳体、叶片和挡块之间密封困难，限制了其工作压力的进一步提高，从而也限制了输出转矩的进一步提高。

图5-4(b)是双叶片式摆动马达。在径向尺寸和工作压力相同的条件下，分别是单叶片式摆动马达输出转矩的2倍，但回转角度要相应减少，双叶片式摆动马达的回转角度一般小于120°。

三、液压马达的常见故障及排除方法

液压马达常见的故障有转速下降、输出扭矩变小、低速稳定性下降、噪声增大等。产生这些故障的原因及排除方法如表5-1所示。

表5-1　液压马达的常见故障及排除方法

故障现象	产生原因	排除方法
转速下降或输出扭矩变小	① 马达内部柱塞与缸的配合不良或配流器间隙不当 ② 主轴、轴承等零件损坏 ③ 液压泵故障	① 修理更换马达，并严格清洗液压油 ② 检查并更换零件 ③ 维修液压泵

续表

故障现象	产　生　原　因	排　除　方　法
低速稳定性下降	① 液压油污染使马达内零部件磨损 ② 液压泵等不正常使供油等出现异常 ③ 液压系统混入空气，使压力出现波动或液压油存在空穴现象	① 修理更换马达，并清洗液压油 ② 检查有关元件，恢复正常供油 ③ 排除系统的气体
噪声增大	① 系统压力流量变化超过额定值 ② 马达内部零件(如轴承、定子、主轴等)损坏 ③ 液压油污染使运动部件摩擦力增大	① 查找排除压力增大原因 ② 修理更换马达 ③ 清洗液压油
泄漏增加	① 机械振动引起紧固螺钉松动 ② 密封件损坏 ③ 液压油污染磨损	① 拧紧螺钉 ② 更换密封件 ③ 更改密封相应的部件，清洗液压油

四、液压马达的图形符号

液压马达的图形符号如图 5-5 所示。

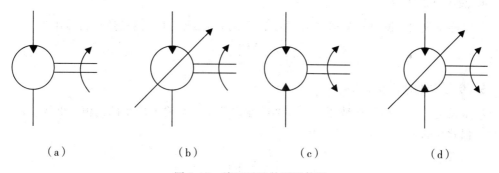

（a）　　　　　　　　（b）　　　　　　　　（c）　　　　　　　　（d）

图 5-5　液压马达的图形符号

（a）单向定量马达；（b）单向变量马达；（c）双向定量马达；（d）双向变量马达

5.1.2　液压马达的性能参数

一、液压马达的排量与流量

1. 排量 V_m

液压马达的排量是指在不考虑泄漏的情况下，马达轴每转一周所吸入油液的体积。其大小取决于液压马达的密封容积几何尺寸变化量的大小，单位为 m^3/r 或 L/r。

2. 流量

1）理论流量 q_{mt}

如果液压马达的排量为 V_m，其主轴转速为 n_m，则该液压泵的理论流量 q_{mt} 为

$$q_{mt} = V_m n$$

（5-2）

2）实际流量 q_m

由于泄漏，实际流量等于理论流量 q_{mt} 加上泄漏流量 Δq，即

$$q_m = q_{mt} + \Delta q \qquad (5-3)$$

二、液压马达的功率与效率

1. 液压马达容积效率 η_{mv}

容积效率是指输入液压马达的理论流量 q_{mt} 与实际流量 q_m 的比值，即

$$\eta_{mv} = \frac{q_{mt}}{q_m} \qquad (5-4)$$

2. 液压马达的转速 n_m

将 $q_{mt} = V_m n_m$ 带入式(5-4)可得液压马达的转速为

$$n_m = \frac{q_m}{V_m} \eta_{mv} \qquad (5-5)$$

3. 液压马达的机械效率 η_{mm}

机械效率是指驱动液压马达实际输出转矩 T_m 与理论转矩 T_{mt} 的比值，即

$$\eta_{mm} = \frac{T_m}{T_{mt}} \qquad (5-6)$$

4. 液压马达转矩 T_m

忽略能量损失，设液压马达进出口的工作压差为 ΔP，则可得马达输出转矩为

$$T_m = \frac{\Delta P V_m}{2\pi} \eta_{mm} \qquad (5-7)$$

5. 液压马达的总效率 η

液压马达的总效率是指液压马达的实际输出功率与其输入功率的比值，也等于机械效率与容积效率的乘积。即

$$\eta_m = \frac{P_{mo}}{P_{mi}} = \eta_{mv} \eta_{mm} \qquad (5-8)$$

6. 最低稳定转速

最低稳定转速是指液压马达在额定负载下，不出现爬行现象的最低转速。爬行现象是指当液压马达工作转速过低时，往往保持不了均匀的速度，进入时动时停的不稳定状态。在实际工作中，一般都期望最低稳定转速越小越好。

7. 最高使用转速

液压马达的最高使用转速主要受使用寿命和机械效率的限制，转速提高后，各种磨损加剧，使用寿命降低。转速高，则液压马达需要输入的流量就大，因此各过流部分的流速相应增大，压力损失也随之增加，从而使机械效率降低。

8. 调速范围

液压马达的调速范围用最高使用转速和最低稳定转速之比表示。

5.2　新型液压控制阀及应用

▲**教学安排**

　　1. 通过教师提供资料与学生自己查阅资料，让学生了解电液比例控制阀、插装阀的用途。

　　2. 教师讲解电液比例控制阀、插装阀的作用、工作原理、结构特点等知识。

　　3. 对照实物与图片，教师与学生分析电液比例控制阀、插装阀的常用用途。

▲**知识支撑** ◆◇◆◇◆◇◆◇◆◇◆◇◆◇◆

　　在液压传动与控制系统中，常用的液压控制阀可满足一般的工作需要，但随着生产的发展，对液压系统的传动与控制提出了新的要求，特别是随着计算机的普及与应用而出现了一些新型的液压控制元件，下面介绍几种常用新型液压控制元件。

5.2.1　电液比例控制阀

　　电液比例控制阀简称比例阀，它是一种按输入的电气信号，连续地、按比例地对工作液压油的压力、流量和方向进行控制的液压控制阀。其输出压力和流量不受负载变化的影响。根据用途和工作特点的不同，分为电液比例压力阀、电液比例流量阀、电液比例方向阀及电液比例复合阀。采用电液比例控制阀能使液压系统简化，所用液压元件数少，并可用计算机控制、自动化程度较高。

一、电液比例溢流阀

　　用比例电磁铁取代直动式溢流阀的手调装置，便构成了直动式电液比例溢流阀，如图 5-6 所示。比例电磁铁的推杆通过弹簧座对调压弹簧施加推力。随着输入电信号强度的变化，比例电磁铁的电磁力也随之变化，从而改变调压弹簧的压缩量，使顶开锥阀的压力随输入信号的变化而变化。若输入信号是连续的、按比例的或按一定程序变化的，则比例溢流阀所调节的系统压力也是连续的、按比例的或按一定的程序进行变化的。因此，比例溢流阀多用于系统的多级调压或实现连续的压力控制，把直动式比例溢流阀做

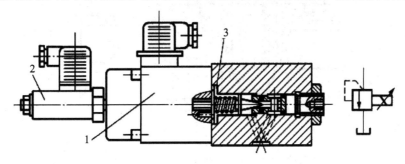

1—比例电磁铁；2—位移传感器；3—弹簧座

图 5-6　直动式电液比例溢流阀

先导阀与其他普通的压力阀的主阀相配,便可组成先导式比例溢流阀、比例顺序阀和比例减压阀。

二、电液比例换向阀

用比例电磁铁取代电磁换向阀中的普通电磁铁,便构成了直动式电液比例换向阀,如图5-7所示。由于使用了比例电磁铁,阀芯不仅可以换位,而且换位的行程可以连续地或按比例地变化,因而连接油口间的通流面积也可以连续地或按比例地变化,所以,比例换向阀不仅能控制执行元件的运动方向,而且能控制其速度。

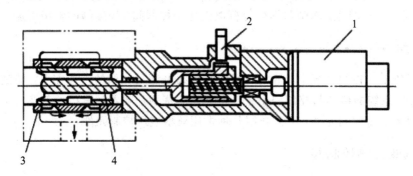

1—比例电磁铁;2—位移传感器;3—阀体;4—阀芯

图5-7　直动式电液比例换向阀

5.2.2　插装阀

插装阀不仅能实现常用液压阀的各种功能,而且与普通液压阀相比,具有主阀结构简单、通流能力大、体积小、重量轻、密封性能和动态性能好、易于集成、实现一阀多用等优点,因而在大流量系统中得到了广泛应用。

一、插装阀的结构原理与符号

插装阀如图5-8所示。它由控制盖板、插装单元(有发套、弹簧、阀芯及密封件组成)、

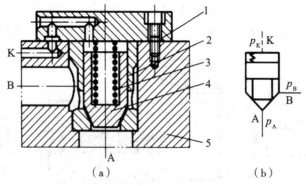

1—控制盖板;2—阀体;3—弹簧;4—阀芯;5—拆装块体

图5-8　插装阀

(a)结构图;(b)图形符号

插装块体和先导元件组成。由于这种阀的插装单元在回路中主要起控制通、断作用，故又称为二通插装阀。控制盖板将插装单元分装在插装块体内，并沟通先导阀和插装单元。通过主阀阀芯的开闭，可对主油路的通断起控制作用。使用不同的先导阀，可构成压力控制、方向控制或流量控制，并可组成复合控制。若将若干个不同控制功能的二通插装阀组装在一个或多个插装块体内便组成液压回路。

就工作原理而言，二通插装阀相当于一个液控单向阀。A 和 B 为主油路仅有的两个工作油口，K 为控制油口。改变控制油口的压力，即可控制 A、B 口的通断。当控制油口无液压作用时，阀芯下部的液压力超过弹簧力，阀芯被顶开，A 与 B 相通，至于液流的方向，根据 A、B 口的压力大小来定；反之，控制口有液压作用，$p_K \geqslant p_A$，$p_K \geqslant p_B$，才能保证 A 口与 B 口的关闭。这样，就起逻辑元件的"非"门作用，故也称为逻辑阀。

插装阀按控制油的来源可分为两类：第一类为外控式插装阀，控制油由单独动力源供给，其压力与 A 与 B 口的压力变化无关；第二类为内控式插装阀，控制油引自阀的 A 或 B 口，并分为阀芯带阻尼孔和不带阻尼孔两种，应用比较广泛。

二、方向控制插装阀

将插装式锥阀作为方向控制阀使用，有单向阀和换向阀两种。

1. 单向插装阀

单向插装阀如图 5-9 所示。将 K 口与 A 或 B 连通，即成为单向阀。连通方法不同，其导通方向也不同。前者 $p_A > p_B$，锥阀关闭，A 与 B 不通；$p_B > p_A$ 且达到开启压力时，锥阀打开，油从 B 流向 A。后者可类似分析，得出结论。

2. 液控单向插装阀

如果在控制盖板上接一个二位三通液动换向阀来变化 K 口的压力，即为液控单向插装阀，如图 5-10 所示。若 K′ 无液压作用，则处于图示位置，当 $p_A > p_B$ 时，A、B 导通，A 流向 B；当 $p_B > p_A$ 时，A、B 不通。若 K′ 处有液压作用，则二位三通液控阀换向，使 K 口接油箱，A 与 B 相通，油的流向视 A、B 口的压力大小而定。

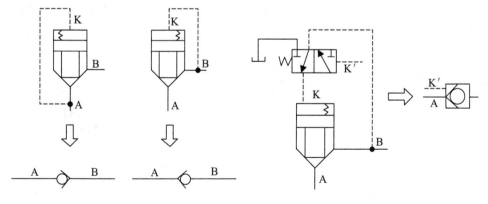

图 5-9　单向插装阀　　　　　图 5-10　液控单向插装阀

3. 二位二通插装阀

二位二通插装阀如图 5-11 所示。在图示状态下，锥阀开启，A 与 B 相通。若电磁换向阀通电换向，并且当 $p_A > p_B$ 时，锥阀关闭，A、B 油路切断，即为二位二通阀。

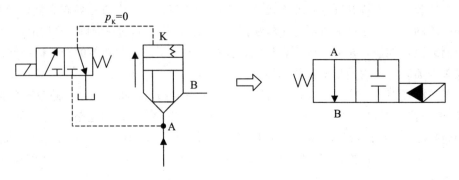

图 5-11 二位二通插装阀

4. 二位三通插装阀

二位三通插装阀如图 5-12 所示。在图示状态下，左面的锥阀打开，右面的锥阀关闭，即 A、O 相通，P、A 不通。当电磁阀通电时，P、A 相通，A、O 不通，即为二位三通阀。

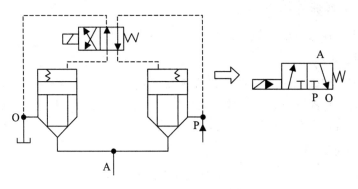

图 5-12 二位三通插装阀

5. 二位四通插装阀

二位四通插装阀如图 5-13 所示。在图示状态，左 1 及右 2 锥阀打开，实现 A、O 相通，P、B 相通。当电磁阀通电时，左 2 及右 1 锥阀打开，实现 A、P 相通，B、O 相通，即为二位四通阀。

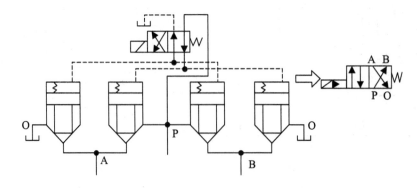

图 5-13 二位四通插装阀

三、压力控制插装阀

在插装阀的控制口配上不同的先导阀，便可得到各种不同类型的压力控制插装阀，如图 5-14 所示。图中，用直动式溢流阀作为先导阀来控制主阀做溢流阀。A 口压力油经阻尼小孔进入控制腔和先导阀，并将 B 口与油箱相通。这样锥阀的开启压力可由先导阀来调节，其原理与先导式溢流阀相同。在图 5-14(a)中，当 B 腔不接油箱而接负载时，即为顺序阀。

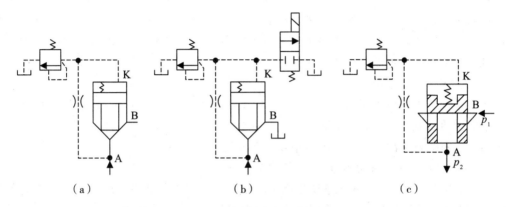

图 5-14　压力控制插装阀

(a) 作为顺序阀使用；(b) 作为卸荷阀使用；(c) 作为减压阀使用

在图 5-14(b)中，若二位二通电磁换向阀通电，则作为卸荷阀使用。图 5-14(c)所示为作为减压阀使用的原理图。其主阀芯采用常开的滑阀式阀芯，B 为进油口，A 为出油口，A 口压力油经阻尼小孔进入控制腔和先导阀。其工作原理与普通压力控制插装阀相同。

此外，若以比例溢流阀作为先导阀，代替图中的直动式溢流阀，这可构成二通插装式电液比例溢流阀。

5.3　蓄能器、过滤器的安装

▲ **教学安排**

1. 通过教师提供资料与学生自己查阅资料，让学生了解液压系统中蓄能器与过滤器的种类、用途。

2. 教师告知学生蓄能器与过滤器的安装要求，让学生在回路与系统的安装中掌握其安装要点与注意事项。

3. 教师讲解蓄能器与过滤器种类、结构、用途等知识。

▲ **知识支撑** ◆◇◆◇◆◇◆◇◆◇◆◇◆◇◆◇

5.3.1　蓄能器

液压系统中的辅助装置，如蓄能器、滤油器、油箱、热交换器、管件等，对系统的动态性能、工作稳定性、工作寿命、噪声和温升等都有直接影响。其中，油箱需根据系统要求自行设计，其他辅助装置则做成标准件，供设计时选用。

一、蓄能器功用和分类

1. 蓄能器的功用

蓄能器在液压系统中的应用很多，主要有辅助动力源、泄流补偿、应急动力源、系统保压及液压冲击吸收器等。

1）辅助动力源

如果液压系统在一个工作循环中，只在短时间内供应大量压力油液或实现周期性动作的液压系统，在系统不需大量油液时，可以把液压泵输出的多余压力油液储存在蓄能器内，到需要时再由蓄能器快速释放给系统。

2）系统保压与应急动力源

维持系统压力的原理是：在液压泵停止向系统提供油液的情况下，蓄能器能把储存的压力油液供给系统，补偿系统泄漏或充当应急能源，使系统在一段时间内维持系统压力，避免停电或系统发生故障时油源突然中断所造成的机件损坏。

3）减小液压冲击和压力脉动

当阀门突然开、闭时，液压系统中产生的压力冲击可由安装在产生冲击处的蓄能器来吸收，可使冲击压力得以缓解。将蓄能器安装在泵的出口处，可降低泵内的压力脉动。

2. 分类

蓄能器的结构主要有重力式、弹簧式和充气式三种类型。其中，常用的是充气式蓄能器。充气式蓄能器又包括气瓶式、活塞式和皮囊式三种，它们的结构简图和特点如表 5-2 所示。

表 5-2　蓄能器的结构简图和特点

名称		结构简图	特点和说明
弹簧式			① 利用弹簧的压缩和伸长来储存、释放压力能 ② 结构简单、反应灵敏，但容量小 ③ 供小容量、低压(1～1.2 MPa)回路缓冲之用，不适用于高压或高频的工作场合
充气式	气瓶式		① 利用气体的压缩和膨胀来储存、释放压力能(气体和油液在蓄能器中直接接触) ② 容量大，惯性小，反应灵敏，轮廓尺寸小，但气体容易混入油内，影响系统工作平稳性 ③ 只适用于大流量的中、低压回路

续表

名称	结构简图	特点和说明
充气式 活塞式		① 利用气体的压缩和膨胀来储存、释放压力能(气体和油液在蓄能器中由活塞隔开) ② 结构简单,工作可靠,安装容易,维护方便,但活塞惯性大,活塞和缸壁之间有摩擦,反应不够灵敏,密封要求较高 ③ 用来储存能量或供中、高压系统吸收压力脉动之用
皮囊式		① 利用气体的压缩和膨胀来储存、释放压力能(气体和油液在蓄能器中由皮囊隔开) ② 带弹簧的菌状进油阀使油液能进入蓄能器,但防止皮囊自油口被挤出,充气阀只在蓄能器工作前皮囊充气时打开,蓄能器工作时则关闭 ③ 结构尺寸小,重量轻,安装方便,维护容易,皮囊惯性小,反应灵敏,但皮囊和壳体制造都较难 ④ 折合型皮囊容量较大,可用来储存能量;波纹型皮囊适用于吸收冲击

二、使用和安装

蓄能器在液压回路中的安放位置随其功用而不同:吸收液压冲击或压力脉动时宜放在冲击源或脉动源近旁;补油保压时宜放在尽可能接近有关的执行元件处。使用蓄能器需注意以下几点:

(1) 充气式蓄能器中应使用惰性气体(一般为氮气),允许工作压力视蓄能器结构形式而定,例如,皮囊式蓄能器为 3.5～32 MPa。

(2) 不同的蓄能器各有其适用的工作范围,例如,皮囊式蓄能器的皮囊强度不高,不能承受很大的压力波动,且只能在 −20℃～70℃ 的温度范围内工作。

(3) 皮囊式蓄能器原则上应垂直安装(油口向下),只有在空间位置受限制时才允许倾斜或水平安装。

(4) 装在管路上的蓄能器须用支板或支架固定。

(5) 蓄能器与管路系统之间应安装截止阀,供充气、检修时使用。蓄能器与液压泵之间应安装单向阀,防止液压泵停车时蓄能器内储存的压力油液倒流。

三、蓄能器的常见故障及排除方法

蓄能器的常见故障及排除方法如表 5 - 3 所示。

表 5 - 3　蓄能器的常见故障及排除方法

故障现象	原　因	排除方法
皮囊式蓄能器压力下降严重,经常需要补气	① 充气单向阀在工作过程中受到振动,单向阀阀芯松动漏气 ② 阀芯锥面上拉有沟槽,或有污物导致漏气	① 充气阀的密封盖内垫入厚3 mm 的硬橡胶垫 ② 修磨密封锥面

续表

故障现象	原　因	排除方法
皮囊使用寿命短	质量差或混入污物；油温太高；安装不良；配管不合理	油口流速为 7 m/s，油温不能过高过低，往复频率为 1 次/10 秒
蓄能器不起作用	① 气阀漏气严重；皮囊内无氮气 ② 皮囊破损	① 检查气阀 ② 更换皮囊

5.3.2　过滤器

一、滤油器功用和性能要求

1. 功用

据统计，液压系统的故障约有 80% 以上是由于油液污染造成的。油液中的污染物会引起相对运动零件表面划伤，磨损或卡死运动件，堵塞节流小孔，使系统工作可靠性下降，寿命降低。为此，在适当位置安装过滤器可使油液保持清洁，保证液压系统正常工作。过滤器的作用是在于不断净化油液，将其污染程度控制在允许范围内。

2. 过滤精度

过滤精度是指过滤器滤去杂质的粒度大小，以其外观直径 d 的公称尺寸(μm)表示，粒度越小，精度越高。一般精度分为四个等级：粗($d \geqslant 100\ \mu$m)，普通($10\ \mu$m$\leqslant d < 100\ \mu$m)，精($5\ \mu$m$\leqslant d < 10\ \mu$m)，特精($1\ \mu$m$\leqslant d < 5\ \mu$m)。

通常要求过滤精度不大于运动零件配合间隙的一半或油膜厚度。系统压力越高，相对于运动表面的配合间隙越小，要求的过滤精度越高。因此，液压系统的过滤精度主要决定于系统的工作压力。实践证明，采用高精度过滤器，液压泵和液压马达的寿命可延长 4～10 倍，可基本消除油液污染、阀卡紧和堵塞故障，并可延长液压油和过滤器本身的寿命。不同的液压系统有不同的过滤精度要求，可参照表 5-4 选择。

表 5-4　各种液压系统的过滤精度

系统类别	润滑系统	传动系统			伺服系统
工作压力/MPa	0～2.5	≤14	14～21	≥32	≤21
过滤精度/μm	≤100	25～30	≤25	≤10	≤5
过滤器精度	粗	普通	普通	普通	精

3. 性能要求

（1）有足够的机械强度，在一定的压差作用下滤芯不会被破坏。

（2）有足够大的通油能力，压力损失小。一般过滤器的通油能力应大于实际流量的 2 倍，大于管路的最大流量。允许的压力降一般为 0.03～0.07 MPa。

（3）滤芯抗腐蚀性能好，能在规定的温度下长期工作。

（4）滤芯的更换、清洗及维护方便。

二、过滤器的类型

滤油器按其滤芯材料的过滤机制来分，有表面型滤油器、深度型滤油器和吸附型滤油器三种。具体分述如下：

（1）表面型滤油器：整个过滤作用是由一个几何面来实现的。过滤后的污染杂质被截留在滤芯元件靠油液上游的一面。在这里，滤芯材料具有均匀的标定小孔，可以滤除比小孔尺寸大的杂质。由于污染杂质积聚在滤芯表面上，因此它很容易被阻塞住。编网式滤芯、线隙式滤芯属于这种类型。

（2）深度型滤油器：这种滤芯材料为多孔可透性材料，内部具有曲折迂回的通道。大于表面孔径的杂质直接被截留在外表面，较小的污染杂质进入滤材内部，撞到通道壁上，由于吸附作用而得到滤除。滤材内部曲折的通道也有利于污染杂质的沉积。纸心、毛毡、烧结金属、陶瓷和各种纤维制品等属于这种类型。

（3）吸附型滤油器：这种滤芯材料把油液中的有关杂质吸附在其表面上。磁性滤油器属于此类。

常见的滤油器及其特点如表5－5所示。

表5－5　常见的滤油器及其特点

类型	名称及结构简图	特点说明
表面型		① 过滤精度与铜丝网层数及网孔大小有关。在压力管路上常用100、150、200目（每英寸长度上孔数）的铜丝网，在液压泵吸油管路上常采用20～40目铜丝网 ② 压力损失不超过0.004 MPa ③ 结构简单，通流能力大，清洗方便，但过滤精度低
		① 滤芯由绕在芯架上的一层金属线组成，依靠线间微小间隙来挡住油液中杂质的通过 ② 压力损失约为0.03～0.06 MPa ③ 结构简单，通流能力大，过滤精度高，但滤芯材料强度低，不易清洗 ④ 用于低压管道中，当用在液压泵吸油管上时，它的流量规格宜选得比泵大
深度型		① 结构与线隙式相同，但滤芯为平纹或波纹的酚醛树脂或木浆微孔滤纸制成的纸芯 ② 为了增大过滤面积，纸芯常制成折叠形，压力损失约为0.01～0.04 MPa ③ 过滤精度高，但堵塞后无法清洗，必须更换纸芯 ④ 通常用于精过滤
		① 滤芯由金属粉末烧结而成，利用金属颗粒间的微孔来挡住油中杂质通过。改变金属粉末的颗粒大小，就可以制出不同过滤精度的滤芯 ② 压力损失约为0.03～0.2 MPa ③ 过滤精度高，滤芯能承受高压，但金属颗粒易脱落，堵塞后不易清洗 ④ 适用于精过滤

三、选用和安装

1. 过滤器的选用

选择过滤器时，应根据液压系统的技术要求，按过滤精度、通流能力、工作压力、油液黏度、工作温度等条件选定其型号。应考虑以下因素：

（1）有足够的通油能力。过滤能力即一定压降下允许通过过滤器的最大流量。不同类型的过滤器可通过的流量值有一定的限制，需要时可查阅有关样本和手册。

（2）能承受一定的工作压力。过滤器壳体耐压能力应能承受其所在管路的工作压力。液压系统中的管路工作压力各有不同，应根据工作压力选取相应的过滤器。

（3）有足够的过滤精度。

（4）过滤器滤芯应易于清洗和更换。

（5）在一定的温度下，过滤器应有足够的耐久性。

2. 过滤器的安装

在液压系统中，过滤器的作用与其在管路中的安装位置有关。图 5 - 15 中画出了液压系统中过滤器各种可能的安装位置（如图中的数字序号所示），表 5 - 6 中列出了过滤器的安装位置、作用及其对过滤器的要求。

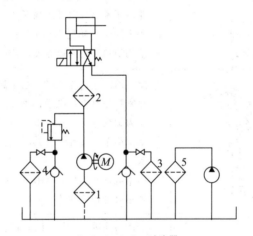

1、2、3、4、5—过滤器

图 5 - 15　过滤器的安装位置

表 5 - 6　过滤器的安装位置、作用及其对过滤器的要求

安装位置	作　用	对过滤器的要求
液压泵的吸油管路	过滤整个液压系统的油液，使系统中所有元件不受杂质颗粒的影响	将增大液压泵的吸油阻力，使液压泵的工作条件恶化，故应安装粗滤器，其通流能力应为液压泵流量的2倍
液压泵的压力油管上	保护除液压泵以外的其他液压元件	过滤器应具有一定强度，能承受系统工作压力和压力冲击，应具有安全阀装置，压降应小于 0.35 MPa

安装位置	作　用	对过滤器的要求
系统的回油路上	可去除流入油箱的油液中的污染物，为油泵提供清洁的油液	对过滤器的强度要求较低，并可具有较大的压降，为防止堵塞应并联一背压阀
系统的分支油路上	对部分油液进行过滤，不能完全保证液压元件的安全	滤油器的容量可较小，为液压泵流量的 20%～30%
系统外的专用滤油的油路上	可不间断地消除污染物及不受系统压力和流量波动的影响，可提高滤油效果	可采用流量较小的精过滤器

5.4　容积调速回路的安装

▲教学安排

1. 通过教师提供资料与学生自己查阅资料，让学生了解容积调速回路的用途。
2. 教师告知学生容积调速回路的安装要求，学生通过仿真安装回路理解其工作原理。
3. 教师讲解容积调速回路的工作原理及应用等知识。
4. 对照实物与图片，教师与学生分析容积调速回路的常见故障。

▲知识支撑 ◆◇◆◇◆◇◆◇◆◇◆◇◆◇◆◇◆

容积调速回路是通过改变回路中变量泵或变量马达的排量来实现调速的。在容积调速回路中，液压泵输出的液压油全部直接进入液压缸或液压马达，没有溢流损失和节流损失，且液压泵的工作压力随负载变化而变化，因此这种调速回路效率高，发热量少，适用于高速、大功率系统。

液压系统中的油路循环有开式回路和闭式回路两种。在开式回路中，液压泵从油箱中吸油，同时压送到液压执行件中去，执行机构的回油直接回到油箱，油箱容积大，油液能得到较充分冷却，但空气和污物易进入回路。闭式回路中，液压泵将油输出进入执行机构的进油腔，又从执行机构的回油腔吸油。闭式回路结构紧凑，只需很小的补油箱，但冷却条件差。为了补偿工作中油液的泄漏，一般设补油泵，补油泵的流量为主泵流量的 10%～15%。压力调节为 $3\times10^5\sim10\times10^5$ Pa。

容积调速回路通常有三种基本形式：变量泵和定量执行元件的容积调速回路；定量泵和变量马达的容积调速回路；变量泵和变量马达的容积调速回路。

5.4.1　变量泵和定量执行元件的容积调速回路

容积调速回路可由变量泵与液压缸或变量泵与定量马达组成。其回路的原理图如图 5-16 所示。图 5-16（a）为变量泵和液压缸所组成的开式容积调速回路。图 5-16（b）为变量泵和定量马达组成的闭式容积调速回路。

回路的工作原理是：图 5-16(a)中活塞 5 的运动速度由变量泵 1 调节，4 为安全阀，7 为换向阀，6 为背压阀。图 5-16(b)中采用变量泵 3 来调节液压马达 5 的转速，安全阀 4 用以防止过载，低压辅助泵 1 用以补油，其补油压力由低压溢流阀 6 来调节。

一、速度特性

当不考虑回路的容积效率时，执行机构的速度 n_m（或活塞的运动速度 v_m）与变量泵的排量 V_b 的关系为

$$n_m = n_b \frac{V_b}{V_m} \quad \text{或} \quad V_m = n_b \frac{V_b}{A} \tag{5-9}$$

式(5-9)表明：因马达的排量 V_m 和缸的有效工作面积 A 是不变的，当变量泵的转速 n_b 不变时，则马达的转速 n_m（或 v）与变量泵的排量 V_b 成正比，是一条通过坐标原点的直线，如图 5-16(c)中虚线所示。实际上回路的泄漏是不可避免的，在一定负载下，需要有一定流量才能启动及带动负载。所以其实际的 n_m（或 v_m）与 V_b 的关系如图 5-16(c)中实线所示。这种回路在低速下承载能力差，速度不稳定。

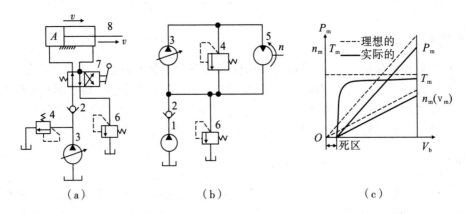

1—定量泵；2—单向阀；3—变量泵；4—安全阀；5—马达；6—溢流阀；7—二位四通手动换向阀；8—油缸

图 5-16　变量泵和定量执行元件的容积调速回路

(a) 开式回路；(b) 闭式回路；(c) 特性曲线

二、转矩与功率特性

当不考虑回路的损失时，液压马达的输出转矩 T_m（或缸的输出推力 F）为

$$T_m = \frac{V_m \Delta p}{2\pi} \quad \text{或} \quad F = A(p_b - p_0) \tag{5-10}$$

式(5-10)表明当泵的输出压力 p_b 和吸油路(也即马达或缸的排油)压力 p_0 不变时，马达的输出转矩 T_m 或缸的输出推力 F 理论上是恒定的，与变量泵的排量 V_b 无关。但实际上由于泄漏和机械摩擦等的影响，也存在一个"死区"，如图 5-16(c)所示。

此回路中执行机构的输出功率为

$$P_m = (p_b - p_0)q_b = (p_b - p_0)n_b V_b$$

或

$$P_m = n_m T_m = T_m n_b \frac{V_b}{V_m} \tag{5-11}$$

式(5-11)表明：马达或缸的输出功率 P_m 随变量泵的排量 V_b 的增减而线性地增减。其理论与实际的功率特性也如图 5-16(c) 所示。

三、调速范围

容积调速回路的调速范围，主要决定于变量泵的变量范围，其次是受回路的泄漏和负载的影响。采用变量叶片泵可达 10，变量柱塞泵可达 20。

综上所述，变量泵和定量液动机所组成的容积调速回路为恒转矩输出，可正反向实现无级调速，调速范围较大。适用于调速范围较大，要求恒扭矩输出的场合，如大型机床的主运动或进给系统中。

5.4.2　定量泵和变量马达的容积调速回路

定量泵和变量马达的容积调速回路如图 5-17 所示。此回路是由调节变量马达的排量 V_m 来实现调速的。图 5-17 (a) 为开式回路：由定量泵 1、变量马达 2、安全阀 3 和换向阀 4 组成。图 5-17 (b) 为闭式回路：1、2 分别为定量泵和变量马达，3 为安全阀，4 为低压溢流阀，5 为补油泵。

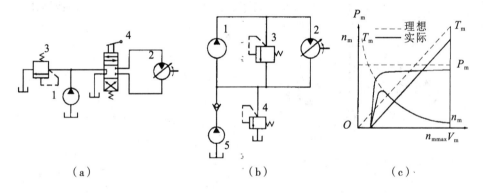

1、5—定量泵；2—变量马达；3—安全阀；4—溢流阀；6—换向阀

图 5-17　定量泵和变量马达的容积调速回路

(a) 开式回路；(b) 闭式回路；(c) 特性曲线

一、速度特性

在不考虑回路泄漏时，液压马达的转速 n_m 为

$$n_m = \frac{q_b}{V_m} \qquad (5-12)$$

式中，q_b 为定量泵的输出流量。

可见变量马达的转速 n_m 与其排量 V_m 成反比，当排量 V_m 最小时，马达的转速 n_m 最高。其理论与实际的特性曲线如图 5-17(c) 中虚、实线所示。

由上述分析和调速特性可知：此种用调节变量马达的排量的调速回路，如果用变量马达来换向，在换向的瞬间要经过"高转速—零转速—反向高转速"的突变过程，所以，不宜用变量马达来实现平稳换向。

二、转矩与功率特性

液压马达的输出转矩为

$$T_{\mathrm{m}} = \frac{V_{\mathrm{m}}(p_{\mathrm{b}} - p_0)}{2\pi} \qquad (5-13)$$

液压马达的输出功率为

$$P_{\mathrm{m}} = n_{\mathrm{m}} T_{\mathrm{m}} = q_{\mathrm{b}}(p_{\mathrm{b}} - p_0) \qquad (5-14)$$

式(5-14)表明：马达的输出转矩 T_{m} 与其排量 V_{m} 成正比；而马达的输出功率 p_{m} 与其排量 V_{m} 无关，若进油压力 p_{b} 与回油压力 p_0 不变时，$p_{\mathrm{m}} = C$，故此种回路属于恒功率调速。其转矩特性和功率特性如图 5-17(c)所示。

综上所述，定量泵变量马达容积调速回路，由于不能用改变马达的排量来实现平稳换向，调速范围比较小(一般为 3~4)，因而较少单独应用。

5.4.3 变量泵和变量马达的容积调速回路

变量泵和变量马达的容积调速回路是上述两种调速回路的组合，其调速特性也具有两者的特点。图 5-18 所示为其工作原理与调速的特性曲线。其为闭式容积调速回路。

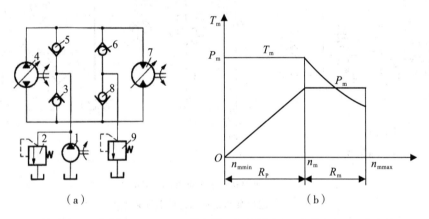

（a）　　　　　　　　　　　　　（b）

1—补油泵；2—溢流阀；3、5、6、8—单向阀；4—变量泵；7—变量马达；9—安全阀
图 5-18　变量泵和变量马达的容积调速回路
（a）工作原理；（b）特性曲线

一、工作原理

在图 5-18 中，调节变量泵 4 的排量 V_{b} 和变量马达 7 的排量 V_{m}，都可调节马达的转速 n_{m}；补油泵 1 通过单向阀 3 和 5 向低压腔补油，其补油压力由溢流阀 2 来调节；安全阀 9 用以防止正反两个方向的高压过载。在实际应用时，一般采用分段调速的方法。

第一阶段将变量马达的排量 V_{m} 调到最大值并使之恒定，然后调节变量泵的排量 V_{b} 从最小逐渐加大到最大值，则马达的转速 n_{m} 便从最小逐渐升高到相应的最大值(变量马达的输出转矩 T_{m} 不变，输出功率 P_{m} 逐渐加大)。这一阶段相当于变量泵和定量马达的容积调速回路。

第二阶段将已调到最大值的变量泵的排量 V_{b} 固定不变，然后调节变量马达的排量

V_m，从最大逐渐调到最小，此时马达的转速 n_m 便进一步逐渐升高到最高值（在此阶段中，马达的输出转矩 T_m 逐渐减小，而输出功率 P_m 不变）。这一阶段相当于定量泵和变量马达的容积调速回路。

上述分段调速的特性曲线如图 5 - 18(b)所示。这样，就可使马达的换向平稳，并且第一阶段为恒转矩调速，第二阶段为恒功率调速。这种容积调速回路的调速范围是变量泵调节范围和变量马达调节范围之乘积，所以其调速范围大（可达 100），并且有较高的效率。它适用于大功率的场合，如矿山机械、起重机械以及大型机床的主运动液压系统。

5.5　TQ230 全液压推土机行走液压系统的装配与调试

▲教学安排

1. 通过教师提供资料与学生自己查阅资料，让学生了解 TQ230 全液压推土机行走液压系统的工作原理与用途。

2. 教师告知学生 TQ230 全液压推土机行走液压系统的装配要求，学生通过装配 TQ230 全液压推土机行走液压系统理解其工作原理。

3. 教师讲解 TQ230 全液压推土机行走液压系统的工作原理。

4. 教师讲解液压系统日常维护与保养注意事项。

▲知识支撑 ◆◇◆◇◆◇◆◇◆◇◆◇◆◇◆◈

5.5.1　TQ230 全液压推土机液压系统分析

TQ230 全液压推土机行走液压系统的回路中，采用了双向变量泵和双向变量马达，补油泵 9 和溢流阀 5 使低压管路中具有一定压力，防止空气渗入和气穴现象出现，并将冷油送入回路促使热油回油箱带走回路中的热量。单向阀使补油泵能双向补油，两个安全阀 3 可双向起过载保护作用。该调速回路是由变量泵和变量马达组成的容积调速回路，由于泵与马达的排量均可改变，故增大了调速范围，扩大了马达输出转矩和功率的选择余地。该回路在调速时，先将马达的排量调到最大，使马达输出最大转矩，再由小到大改变泵的排量，直至最大值，马达转速随之升高，此时回路处于恒转矩输出状态；为进一步加大马达转速，可由大到小改变马达的排量，此时输出转矩随之降低，而泵则保持最大功率输出状态，这时回路处于恒功率输出状态。

该液压系统采用了闭式系统。闭式系统的优点为：补油系统具有补油功能，同时还能增加主泵进油口压力，防止大流量时产生气蚀；补油泵可冷却系统；由于存在背压且对称工作，其内部泄漏随压力变化很小，因而转数高，速度变化稳，噪声小；仅有少量的补油流量从油箱吸油，油箱小，便于吸油。

5.5.2　液压系统的日常检查与维护

一、液压系统的日常检查与定期检查

正确的维护与保养是液压系统可靠运行的根本，其日常、定期检查的项目和内容分别如表 5－7 和表 5－8 所示。

表 5－7　液压系统日常检查的项目和内容

检查时间	项目	内 容
在设备运行中监视工况	压力	系统压力是否稳定和在规定范围内
	噪声、振动	有无异常，当一般压力在 7 MPa 时，噪声≤75 dB（A）；当为 14 MPa 时，噪声≤90 dB(A)
	油温	是否在 35℃～55℃范围内，不得大于 60℃
	漏油	整个系统有无漏油
	电压	波动值不应超过额定电压的 5％～10％
在启动前检查	液位	是否正常
	行程开关和限位块	是否紧固
	手动、自动循环	是否正常
	电磁阀	是否处于原始状态

表 5－8　液压系统定期检查的项目和内容

项目	内 容
螺钉及管接头	定期紧固：10 MPa 以上，每月一次；10 MPa
过滤器、空气滤清器	定期检查：一般系统每月一次；铸造系统每半月一次
密封件	按环境温度、工作压力、密封件材质等具体规定
弹簧	按工作情况、元件质量等具体规定
压力表	按设备使用情况，规定检验周期
高压软管	根据使用工况，规定更换时间
液压元件	根据使用工况，规定对泵、阀、马达、缸等元件进行性能测量。尽可能采用直线测试办法测定其主要参数
有污染度检验	① 对已确定换油周期的设备，提前一周取样化验； ② 对新换油，经 1000 h 使用后，应取样化验； ③ 对精、大、稀等设备用油，经 600 h 取样； ④ 取油样需用专用容器，保证不受污染； ⑤ 取油样需在设备停止运转后，立即从油箱的中下部或放油口取油样，数量约为每次 300～500 mL
电控部分	按电器使用维修规定，定期检查维修

二、检修液压系统时的注意事项

（1）当系统工作时、停机未泄压时或未切断控制电源时，禁止对系统进行检修，防止发生人身伤亡事故。

（2）检修现场一定要保持清洁，拆除元件或松开管件前应清除其外表面污物，检修过程中要及时用清洁的护盖把所有暴露的通道口封好，防止污染物浸入系统，不允许在检修现场进行打磨，施工及焊接作业。

（3）检修或更换元器件时必须保持清洁，不得有砂粒、污垢、焊渣等，可以先漂洗一下，再进行安装。

（4）在更换密封件时，不允许用锐利的工具，注意不得碰伤密封件或工作表面。

（5）在拆卸、分解液压元件时，要注意零部件拆卸时的方向和顺序并妥善保存，不得丢失，不要将其精加工表面碰伤。在装配元件时，各零部件必须清洗干净。

（6）在安装元件时，拧紧力要均匀、适当，防止造成阀体变形，阀芯卡死或接合部位漏油。

（7）油箱内工作液的更换或补充，必须将新油通过高精度滤油车过滤后注入油箱。工作液牌号必须符合要求。

（8）不允许在蓄能器壳体上进行焊接和加工，维修不当可能造成严重事故。如发现问题应及时送回制造厂修理。

（9）检修完成后，需对检修部位进行确认。无误后，按液压系统调试一节内容进行调整，并观察检修部位，确认正常后，可投入运行。

三、液压系统使用注意事项

（1）油箱中的液压油液应经常保持正常液面。管路和液压缸的容积很大时，最初应放入足够数量的油液。在启动之后，由于油液进入管路和液压缸，液面会下降，甚至使过滤器露出液面，因此必须再补充一次油液，油箱上应设计液面计。

（2）合格的液压油是液压系统可靠运行的保证，液压油液应经常保持清洁，要定期更换液压油。一般来说，在连续运转、高温、高湿、灰尘多的地方，需要缩短换油的周期。表 5-9 给出了液压油的更换周期。

表 5-9　液压油的更换周期

油液品种	普通液压油	专用液压油	全损耗系统用油	汽轮机油	水包油乳化液	油包水乳化液	磷酸酯液压油
更换周期/月	12～18	＞12	6	12	2～3	12～18	＞12

（3）油温应适当。油箱的油温不能超过 60℃，一般液压机械在 35℃～60℃ 范围内工作比较合适。从维护的角度看，也应绝对避免油温过高。若油温有异常的上升时，应进行检查。

（4）回路里的空气应完全清除掉。若回路里进入了空气，因为气体的体积和压力成反比，所以随着载荷的变动，液压缸的运动要受到影响。另外空气又是造成油液变质和发热的重要原因，所以应特别注意下列事项：

① 为了防止回油管回油时带入空气，回油管必须插入油面以下。

② 入口过滤器堵塞后，吸入阻力大大增加，溶解在油中的空气分离出来，产生空蚀现象。

③ 吸入管和泵轴密封部分等各个低于大气压的地方应注意不要漏入空气。

④ 油箱的液面要尽量大些，吸入侧和回油侧要用隔板隔开，以达到消除气泡的目的。

⑤ 管路及液压缸的最高部分均要有放气孔，在启动时应放掉其中的空气。

（5）其他注意事项：

① 在液压泵启动和停止时，应使溢流阀卸荷。

② 溢流阀调定压力不得超过液压系统的最高压力。

③ 应尽量保持电磁阀的电压稳定，否则可能会导致线圈过热。

④ 易损零件，如密封圈等，应经常有备品，以便及时更换。

项 目 小 结

（1）通过拆装柱塞马达，理解其结构、原理，掌握柱塞马达的应用及特点，掌握液压马达的性能参数，液压马达与液压泵在结构上类似，原理上可逆，但大部分液压泵不能直接作液压马达使用。

（2）了解新型液压控制阀的结构、原理及应用，理解插装阀的结构、工作原理及应用。

（3）熟悉过滤器、蓄能器的种类、应用、基本结构及图形符号，理解其基本功能及在回路中的安装位置。

（4）通过安装容积调速回路，理解其工作原理、应用场合及常见故障；通过装配与调试 TQ230 全液压推土机行走液压系统，理解其工作原理及特点。

（5）容积调速回路是通过改变变量泵的排量或变量马达的排量实现的调速。容积调速回路有三种基本形式：变量泵和定量执行元件的容积调速回路；定量泵和变量马达的容积调速回路；变量泵与变量马达的容积调速回路。容积调速回路在调速时既没有能力损失又没有压力损失，回路效率较高；容积节流调速可改善低速稳定性，但是增加了压力损失，回路效率降低。

思考题与练习题

5-1　由于液压马达一般都要求正、反转，所以叶片式液压马达的叶片要（　　　）放置。

A. 轴向　　　　　　　　　　　　　B. 径向

C. 前倾　　　　　　　　　　　　　D. 后倾

5-2　在下列液压马达中，（　　）为低速马达。

A. 齿轮马达　　　　　　　　　　　B. 叶片马达

C. 轴向柱塞马达　　　　　　　　　D. 径向柱塞马达

5-3　假如你是一名液压装调工，当选用过滤器时，应考虑哪些因素？（　　）

A. 压力、通流能力、机械强度和其他功能。

B. 过滤精度、通流能力、机械强度和其他功能。

C. 流量、通流能力、机械强度和其他功能。

D. 速度、通流能力、机械强度和其他功能。

5-4　为了把油液中的铁屑等杂质吸附在滤油器上，常用（　　）。

A. 线隙式滤油器　　　　　　　　　B. 纸芯式滤油器

C. 烧结金属式滤油器　　　　　　　D. 磁性滤油器

5-5　当讨论皮囊式蓄能器的安装时，下面说法正确的是（　　）。

A. 原则上应油口向上垂直安装　　　B. 原则上应油口向下垂直安装

C. 原则上应水平安装　　　　　　　D. 一定要倾斜安装

5-6　容积调速回路中，（　　）的调速方式为恒转矩调节。

A. 变量泵-定量马达　　　　　　　B. 定量泵-变量马达

C. 变量泵-变量马达

5-7　液压马达与液压泵从能量转换观点上看是互逆的，因此所有的液压泵均可以用来做马达使用。（　　）

5-8　液压马达的调速范围用最高使用转速与最低稳定转速之比表示。（　　）

5-9　在选择过滤器时，精度越高越好。（　　）

5-10　过滤器允许的压力降一般为 0.03～0.07 MPa。（　　）

5-11　与开式回路相比，闭式回路的结构紧凑，只需很小的补油箱，但冷却条件差。（　　）

5-12　与节流调速回路相比，容积调速回路的效率低。（　　）

5-13　试简述 TQ230 全液压推土机行走液压系统的基本组成及工作原理。

5-14　简述液压马达和液压泵在结构、功能的区别，在工程实践中，它们能否相互替代使用？

5-15　简述液压马达主要性能参数：排量、流量、容积效率三者之间的关系。

5-16　简述常用新型控制阀类型、功能以及插装阀的工作的基本原理。

5-17　蓄能器的作用有哪些？

5-18　简述在液压系统设计过程中如何正确选用合适的过滤器？

5-19　什么是容积调速回路，常见的容积调速回路有哪些，各有何特点？

5-20　已知液压泵的输出压力 $p_P = 10$ MPa，泵的排量 $V_P = 10$ mL/r，泵的转速 $n_P = 1450$ r/min，容积效率 $\eta_{Pv} = 0.9$，机械效率 $\eta_{Pm} = 0.9$；液压马达的排量 $V_M = 10$ mL/r，容积

效率 $\eta_{Mv}=0.92$，机械效率 $\eta_{Mm}=0.9$，泵出口和马达进油管路间的压力损失为 0.5 MPa，其他损失不计。试求：

(1) 泵的输出功率；

(2) 驱动泵的电机功率；

(3) 马达的输出转矩；

(4) 马达的输出转速。

5-21 已知液压马达的排量 $V_M=250$ mL/r；入口压力为 9.8 MPa，出口压力为 0.49 MPa；此时的总效率 $\eta_M=0.9$，容积效率 $\eta_{Mv}=0.92$。当输入流量为 22 L/min 时，试求：

(1) 液压马达的输出转矩(N·m)；

(2) 液压马达的输出功率(kW)；

(3) 液压马达的转速(r/min)。

项目六　YT4543 型动力滑台液压系统的装配与调试

▲ 项目任务

1. 了解 YT4543 型动力滑台液压系统的工作过程，理解 YT4543 型动力滑台液压系统的工作原理。

2. 掌握叶片泵的结构、原理等知识，了解叶片泵的常见故障及排除方法。

3. 掌握节流阀与调速阀的结构、原理、应用、图形符号等知识，了解节流阀与调速阀的常见故障及排除方法。

4. 理解节流调速回路、快速运动回路与速度换接回路的工作原理及应用，了解其常见故障及排除方法。

5. 培养学生收集信息、评价信息的能力与社会适应能力、组织能力。

6. 能够规范组建本项目 YT4543 型动力滑台液压系统，其液压系统图如图6-1所示。

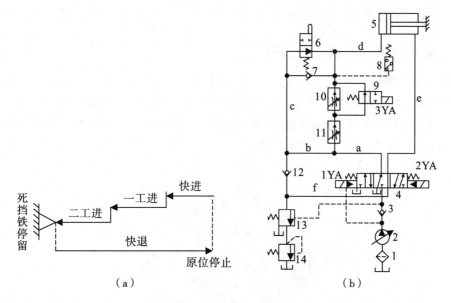

1—过滤器；2—限压式变量叶片泵；3、7、12—单向阀；4—三位五通电磁换向阀；5—油缸；6—行程阀；

8—压力继电器；9—二位二通电磁换向阀；10、11—调速阀；13—顺序阀；14—溢流阀

图 6-1　YT4543 型动力滑台液压系统图

（a）工作循环图；（b）液压系统图

6.1 叶片泵的拆装

▲教学安排

1. 通过教师提供资料与学生自己查阅资料，让学生了解叶片泵的用途。

2. 教师告知学生叶片泵的拆装要求与拆装要点，学生通过拆装叶片泵理解其结构与原理。

3. 教师讲解叶片泵的作用、工作原理、结构特点等知识。

4. 对照实物与图片，教师与学生分析叶片泵的常见故障。

▲知识支撑 ◆◆◆◆◆◆◆◆◆◆◆◆◆◆◆◆◆

叶片泵是机床、自动线液压系统中应用最广的一种泵，相对于齿轮泵来说，它输出流量均匀，脉动小，噪声低，但结构较复杂，对油液的污染比较敏感，主要用于速度平稳性要求较高的中低压系统。随着结构、工艺及材料的不断改进，叶片泵正向着中高压及高压方向发展。

按照工作原理，叶片泵按每转一周吸排油次数分为单作用式和双作用式两大类。双作用式与单作用式相比，其流量均匀性好，工作压力较高，但只能做成定量泵，而单作用叶片泵可以做成多种变量形式。

6.1.1 双作用叶片泵

一、双作用叶片泵的工作原理

双作用叶片泵的工作原理如图 6-2 所示。该泵主要由定子 1、转子 2、叶片 3 和配油盘（图中未画出）等组成。转子和定子中心重合，定子内表面近似为椭圆形，该椭圆形由两段长半径 R、两段短半径 r 和四段过渡曲线所组成。在转子上沿圆周均布的若干个槽内分别安装有叶片，这些叶片可沿槽做径向滑动。在配流盘上，对应于定子四段过渡曲线的位

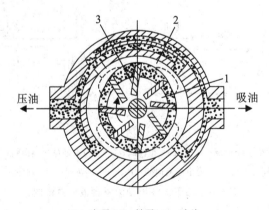

1—定子；2—转子；3—叶片

图 6-2 双作用叶片泵的工作原理

置开有四个腰形配流窗口，其中两个窗口与泵的吸油口连通，为吸油窗口；另外两个窗口与压油口连通，为压油窗口。

当转子转动时，叶片在离心力和由压油腔引至叶片根部的高压油作用下贴紧定子内表面，起密封作用，并在转子槽内作径向移动而压向定子内表面，由叶片、定子的内表面、转子的外表面和两侧配油盘间形成若干个密封空间。当转子按图示方向旋转时，处在小圆弧上的密封空间经过渡曲线而运动到大圆弧的过程中，叶片外伸，密封空间的容积增大，要吸入油液；从大圆弧经过渡曲线运动到小圆弧的过程中，叶片被定子内壁逐渐压进槽内，密封容积变小，将油液从压油口压出。转子每转一周，每个工作空间要完成两次吸油和压油，所以称之为双作用叶片泵。

双作用叶片泵由于有两个吸油腔和两个压油腔，并且各自的中心夹角是对称的，所以作用在转子上的油液压力相互平衡，因此双作用叶片泵又称为卸荷式叶片泵，为了要使径向力完全平衡，密封空间数（即叶片数）应当是偶数。

二、双作用叶片泵的结构特点

1. 配油盘

双作用叶片泵的配油盘如图 6-3 所示。在盘上有两个吸油窗口 2、4 和两个压油窗口 1、3，窗口之间为封油区，通常应使封油区对应的中心角 β 稍大于或等于两个叶片之间的夹角，否则会使吸油腔和压油腔连通，造成泄漏，当两个叶片间密封油液从吸油区过渡到封油区（长半径圆弧处）时，其压力基本上与吸油压力相同，但当转子再继续旋转一个微小角度时，该密封腔突然与压油腔相通，使其中油液压力突然升高，油液的体积突然收缩，压油腔中的油倒流进该腔，使液压泵的瞬时流量突然减小，引起液压泵的流量脉动、压力脉动和噪声，为此在配油盘的压油窗口靠叶片从封油区进入压油区的一边开有一个截面形状为三角形的三角槽（又称为眉毛槽），使两叶片之间的封闭油液在未进入压油区之前就通过该三角槽与压力油相连，其压力逐渐上升，因而缓减了流量和压力脉动，并降低了噪声。环形槽 5 与压油腔相通并与转子叶片槽底部相通，使叶片的底部作用有压力油。

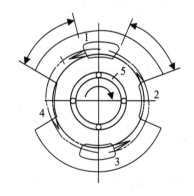

1、3—压油窗口；2、4—吸油窗口；5—环形槽

图 6-3　双作用叶片泵的配油盘

2. 定子曲线

定子曲线是由四段圆弧和四段过渡曲线组成的。过渡曲线应保证叶片贴紧在定子内表

面上，保证叶片在转子槽中径向运动时速度和加速度的变化均匀，使叶片对定子的内表面的冲击尽可能小。

3. 叶片的倾角

叶片在工作过程中，受离心力和叶片根部压力油的作用，使叶片和定子紧密接触。当叶片转至压油区时，定子内表面迫使叶片推向转子中心，它的工作情况和凸轮相似，叶片与定子内表面接触有一压力角为 β，且大小是变化的，其变化规律与叶片径向速度变化规律相同，即从零逐渐增加到最大，又从最大逐渐减小到零，因而在双作用叶片泵中，将叶片顺着转子回转方向前倾一个 θ 角，通常取 $\theta = 13°$。

三、双作用叶片泵的排量和流量

由图 6-3 可知，叶片每伸缩一次，每相邻叶片间油液的排出量等于大圆半径圆弧段的容积与小圆半径圆弧段的容积之差。若叶片数为 z，则双作用叶片泵每转排油量等于上述容积差的 $2z$ 倍。若忽略叶片本身所占的体积，则双作用叶片泵的排量即为环形体容积的 2 倍，即

$$V = 2\pi(R^2 - r^2)b \qquad (6-1)$$

泵的实际输出流量为

$$q = Vn\eta_v = 2\pi(R^2 - r^2)bn\eta_v \qquad (6-2)$$

式中，b 为叶片宽度；R 为定子长半径；r 为定子短半径。

四、提高双作用叶片泵压力的措施

随着液压技术的发展，双作用叶片泵的最高工作压力已达到 $20 \sim 30$ MPa，这是因为双作用叶片泵转子上的径向力基本上是平衡的，因此不像齿轮泵那样，工作压力的提高会受到径向承载能力的限制。但由于一般双作用叶片泵的叶片底部通压力油，就使得处于吸油区的叶片顶部和底部的液压作用力不平衡，叶片顶部以很大的压紧力抵在定子吸油区的内表面上，使磨损加剧，影响叶片泵的使用寿命，尤其是工作压力较高时，磨损更严重，为了解决定子和叶片的磨损，要采取措施减小在吸油区叶片对定子内表面的压紧力。常用的措施有以下几种：

（1）减小作用在叶片底部的油液压力。将泵的压油腔的油通过阻尼槽或内装式小减压阀通到吸油区的叶片底部，使叶片经过吸油腔时，叶片压向定子内表面的作用力不至于过大。

（2）减小叶片底部承受压力油作用的面积。叶片底部受压面积为叶片的宽度和叶片厚度的乘积，因此减小叶片的实际受力宽度和厚度，就可减小叶片受压面积。减小叶片实际受力宽度的结构如图 6-4(a)所示。这种结构中采用了复合式叶片（又称为子母叶片），叶片分成母叶片 1 与子叶片 2 两部分。通过配油盘使 K 腔总是接通压力油，引入母子叶片间的小腔 c 内，而母叶片底部 L 腔，则借助于虚线所示的油孔，始终与顶部油液压力相同。这样，无论叶片处在吸油区还是压油区，母叶片顶部和底部的压力油总是相等的，当叶片处在吸油腔时，只有 c 腔的高压油作用并压向定子内表面，减小了叶片和定子内表面间的作用力。图 6-4(b)所示为阶梯片结构。在这里，阶梯叶片和阶梯叶片槽之间的油室 d 始终

和压力油相通，而叶片 5 的底部和所在腔相通。这样，叶片 5 在 d 室内油液压力作用下压向定子 4 表面，由于作用面积减小，使其作用力不致太大，但这种结构的工艺性较差。

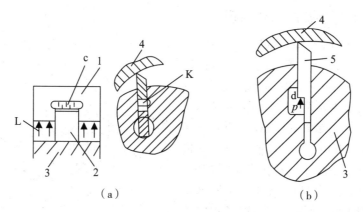

1—母叶片；2—子叶片；3—转子；4—定子；5—叶片

图 6-4　减小叶片作用面积的高压叶片泵叶片结构

(a) 减小叶片实际受力宽度的结构；(b) 阶梯片结构

（3）使叶片顶端和底部的液压作用力平衡。图 6-5(a) 所示为双叶片结构。其叶片槽中有两个可以做相对滑动的叶片 1 和 2，每个叶片都有一棱边与定子内表面接触，在叶片的顶部形成一个油腔 a，叶片底部油腔 b 始终与压油腔相通，并通过两叶片间的小孔 c 与油腔 a 相连通，因而使叶片顶端和底部的液压作用力得到平衡。适当选择叶片顶部棱边的宽度，可以使叶片对定子表面既有一定的压紧力，又不致使该力过大。为了使叶片运动灵活，对零件的制造精度将提出较高的要求。

图 6-5(b) 所示为装弹簧的叶片结构。这种结构的叶片较厚，顶部与底部有孔相通，叶片底部的油液是由叶片顶部经叶片的孔引入的，因此叶片上下油腔油液的作用力基本平衡，为使叶片紧贴定子内表面，保证密封，在叶片根部装有弹簧。

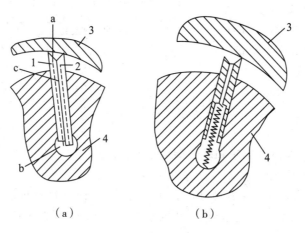

1、2—叶片；3—定子；4—转子

图 6-5　叶片液压力平衡的高压叶片泵叶片结构

(a) 双叶片结构；(b) 装弹簧的叶片结构

6.1.2　单作用叶片泵

一、单作用叶片泵的工作原理

　　单作用叶片泵的工作原理如图 6-6 所示。单作用叶片泵由转子 1、定子 2、叶片 3 和配流盘等组成。与双作用叶片泵显著不同的是，单作用叶片泵的定子内表面是圆柱面，定子和转子间有偏心量 e，叶片装在转子槽中，并可在槽内滑动，当转子回转时，由于离心力及叶片根部油液压力作用下，使叶片紧靠在定子内壁，这样在定子、转子、叶片和两侧配油盘间就形成若干个密封的工作空间。当转子按图示的方向旋转时，图右侧的叶片向外伸出，密封工作腔容积逐渐增大，产生真空，油液通过吸油口、

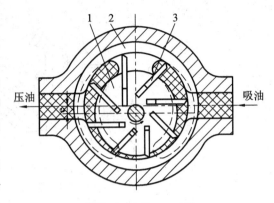

1—转子；2—定子；3—叶片

图 6-6　单作用叶片泵的工作原理

配流盘上的吸油窗口进入密封工作腔；而在图的左侧，叶片往里缩回，密封腔的容积逐渐缩小，将油液从压油口压出，这是压油腔，在吸油腔和压油腔之间，有一段封油区，把吸油腔和压油腔隔开。这种叶片泵在转子每转一周，每个工作空间完成一次吸油和压油，因此称为单作用叶片泵。转子不停地旋转，泵就不断地吸油和排油。由于转子上受有单方向的液压不平衡作用力，故又称为非平衡式泵。

二、单作用叶片泵的排量和流量

　　单作用叶片泵的排量为各工作容积在主轴旋转一周时所排出的液体的总和，其计算简图如图 6-7 所示。图中，两个叶片形成的一个工作容积 V 近似地等于扇形体积 V_1 和 V_2 之差。

　　单作用叶片泵的排量近似为

$$V = 2\pi beD \qquad (6-3)$$

　　泵的实际流量为

$$q = 2\pi beDn\eta_{\mathrm{v}} \qquad (6-4)$$

式中，b 为叶片宽度；e 为偏心距；D 为定子内径；n 为转速。

　　式(6-4)表明，若改变定子和转子间的偏心距 e 的大小，便可改变泵的流量，形成变量叶片泵。

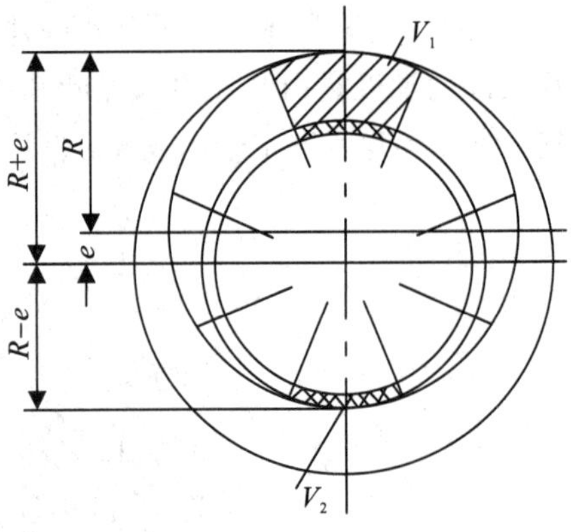

图 6-7　单作用叶片泵排量的计算简图

　　单作用叶片泵的流量也是有脉动的，分析表明，泵内叶片数越多，流量脉动率越小，此外，奇数叶片的泵的脉动率比偶数叶片的泵的脉动率小，所以单作用叶片泵的叶片数均为奇数，一般为 13 或 15 片。

三、单作用叶片泵的特点

　　(1) 改变定子和转子之间的偏心便可改变流量。在偏心反向时，吸油压油方向也相反。

（2）处在压油腔的叶片顶部受到压力油的作用，该作用要把叶片推入转子槽内。为了使叶片顶部可靠地和定子内表面相接触，压油腔一侧的叶片底部要通过特殊的沟槽和压油腔相通。吸油腔一侧的叶片底部要和吸油腔相通，这里的叶片仅靠离心力的作用顶在定子内表面上。

（3）由于转子受到不平衡的径向液压作用力，所以这种泵一般不宜用于高压场合。

（4）为了更有利于叶片在惯性力作用下向外伸出，而使叶片有一个与旋转方向相反的倾斜角，称后倾角，一般为 24°。

6.1.3　限压式变量叶片泵

一、限压式变量叶片泵的工作原理

限压式变量叶片泵是单作用叶片泵，根据前面介绍的单作用叶片泵的工作原理，改变定子和转子间的偏心距 e，就能改变泵的输出流量，限压式变量叶片泵能借助输出压力的大小自动改变偏心距 e 的大小来改变输出流量。当压力低于某一可调节的限定压力时，泵的输出流量最大；压力高于限定压力时，随着压力增加，泵的输出流量线性地减少，其工作原理如图 6-8 所示。泵的出口经通道 7 与活塞 6 相通。在泵未运转时，定子 2 在弹簧 9 的作用下，紧靠活塞 4，并使活塞 4 靠在螺钉 5 上。这时，定子和转子有一偏心量 e_0，调节螺钉 5 的位置，便可改变 e_0。当泵的出口压力 p 较低时，则作用在活塞 4 上的液压力也较小，若此液压力小于上端的弹簧作用力，当活塞的面积为 A、调压弹簧的刚度为 K_s、预压缩量为 x_0 时，有

$$pA < K_s x_0 \qquad\qquad (6-5)$$

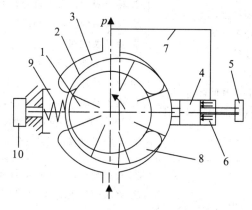

1—转子；2—定子；3—吸油窗口；4—活塞；5—螺钉；6—活塞腔；7—通道；8—压油窗口；
9—调压弹簧；10—调压螺钉
图 6-8　限压式变量叶片泵的工作原理

此时，定子相对于转子的偏心量最大，输出流量最大。随着外负载的增大，液压泵的出口压力 p 也将随之提高，当压力升至与弹簧力相平衡的控制压力 p_B 时，有

$$pA = K_s x_0 \qquad\qquad (6-6)$$

当压力进一步升高，使 $pA > K_s x_0$ 时，若不考虑定子移动时的摩擦力，液压作用力就要克服弹簧力推动定子向左移动，随之泵的偏心量减小，泵的输出流量也减小。p_B 也称为泵的限定压力，即泵处于最大流量时所能达到的最高压力，调节调压螺钉 10，可改变弹簧

的预压缩量 x_0，即可改变 p_B 的大小。

设定子的最大偏心量为 e_0，偏心量减小时，弹簧的附加压缩量为 x，则定子移动后的偏心量 e 为

$$e = e_0 - x \tag{6-7}$$

这时，定子上的受力平衡方程式为

$$pA = K_s(x_0 + x) \tag{6-8}$$

将式(6-6)、式(6-8)代入式(6-7)可得

$$e = e_0 - \frac{A(p - p_B)}{K_s} \tag{6-9}$$

其中，$p > p_B$，式(6-9)表示了泵的工作压力与偏心量的关系，由式可以看出，泵的工作压力愈高，偏心量就愈小，泵的输出流量也就愈小，并且当 $p = K_s(x_0 + e_0)/A$ 时，泵的输出流量为零，控制定子移动的作用力是将液压泵出口的压力油引到柱塞上，然后再加到定子上去，这种控制方式称为外反馈式。

二、叶片泵的常见故障及排除方法

叶片泵常见的故障有输出流量不足、压力不高、噪声和振动严重等。产生这些故障的原因及排除方法如表 6-1 所示。

表 6-1　叶片泵的常见故障及排除方法

故障现象	产　生　原　因	排　除　方　法
输油量不足，压力不高	① 连接处密封不严密，吸入空气 ② 个别叶片移动不灵活 ③ 叶片或转子装反 ④ 配油盘内孔磨损 ⑤ 转子叶片槽和叶片间隙过大 ⑥ 叶片与定子内环曲线接触不良 ⑦ 吸油不流畅	① 检查吸油口及连接处是否泄漏，紧固各连接处 ② 不灵活的叶片单独研配 ③ 重新装配纠正 ④ 严重磨损时应更换 ⑤ 单配叶片 ⑥ 定子磨损一般在吸油腔，对双作用叶片泵，可翻转180°，在对称位置重新加工定位孔 ⑦ 清洗过滤器，定期更换液压油，加足
噪声和振动严重	① 有空气侵入 ② 配流盘端面与内孔不垂直，或叶片本身垂直度不好 ③ 配流盘上的三角形节流槽太短 ④ 叶片倾角太小或高度不一致 ⑤ 转速过高 ⑥ 轴的密封面过紧 ⑦ 吸油不好，或油面过低	① 检查吸油管、油封及油面高度 ② 修磨配流盘端面和叶片侧面，使其垂直度在 $10~\mu m$ 之内 ③ 适当用锉刀修长 ④ 可将原 C0.5 倒角加大为 C1 或加工成圆弧形；修磨或更换叶片使其高度一致 ⑤ 适当降低转速 ⑥ 适当调整密封圈，使之松紧适度 ⑦ 清理吸油路，加油至油面要求高度

6.2　节流阀与调速阀的拆装

▲**教学安排**

　　1. 通过教师提供资料与学生自己查阅资料，让学生了解节流阀与调速阀的用途。

　　2. 教师告知学生节流阀与调速阀的拆装要求与拆装要点，学生通过拆装节流阀与调速阀理解其结构与原理。

　　3. 教师讲解节流阀与调速阀的作用、工作原理、结构特点等知识。

　　4. 对照实物与图片，教师与学生分析节流阀与调速阀的常见故障。

▲**知识支撑** ◆◆◆◆◆◆◆◆◆◆◆◆◆◆◆◆◆◆◆◆◆◆◆

　　液压系统中执行元件的有效面积一定时，其运动速度将取决于执行元件的流量。改变阀口过流面积来调节通过阀口的流量，进而控制执行元件运动速度的控制阀称为流量控制阀。流量控制阀主要有节流阀、调速阀、溢流节流阀和分流集流阀等。

6.2.1　节流阀的流量特性及节流口形式

一、节流阀的流量特性

　　节流阀的节流口通常有三种基本形式：薄壁小孔、短孔和细长小孔。无论采用何种形式，通过阀口的流量 q 及其前后压力差 Δp 的关系均可用 $q = CA\Delta p^m$ 来表示，三种节流口的流量特性曲线如图 6-9 所示。

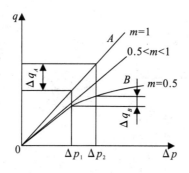

图 6-9　节流阀的流量特性曲线

　　1. 压差对流量的影响

　　节流阀两端压差 Δp 变化时，通过阀的流量要发生变化，三种结构形式的节流口中，通过薄壁小孔的流量受到压差改变的影响最小。

　　2. 温度对流量的影响

　　油温变化影响到油液黏度，对于细长小孔油温变化时，流量会随之改变；对于薄壁小孔黏度对流量几乎没有影响，故油温变化时，流量基本不变。

3. 孔口形状对流量的影响

由于油液中的杂质、油液氧化后析出的胶质等附在节流口而局部堵塞，使流量发生变化，当阀口开度较小时。这一影响更为突出，因此节流口的抗堵塞性能也是影响流量稳定性的重要因素，尤其会影响流量阀的最小稳定流量。一般节流口通流面积越大，节流通道越短和水力直径越大，越不容易堵塞。当然，油液的清洁度对此也有影响。一般流量控制阀的最小稳定流量为 0.05 L/min。

综上所述，为保证流量稳定，节流口的形式以薄壁小孔较为理想。

二、常用节流阀口形式

图 6-10 所示为几种常用的节流口形式。

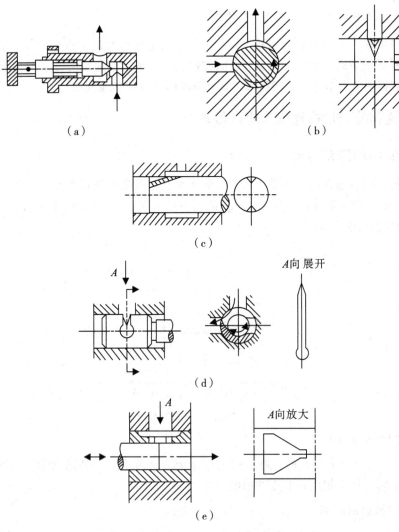

图 6-10 典型节流口的结构形式
(a) 针阀式节流口；(b) 偏心槽式节流口；(c) 轴向三角槽式节流口；
(d) 周向缝隙式节流口；(e) 轴向缝隙式节流口

图 6-10(a)、(b)、(c)所示的节流口，结构简单，制造方便，但容易堵塞，适用于对性能要求不高的场合；图 6-10(d)、(e)所示的节流口接近于薄壁小孔，流道短，不易堵塞，性能较好，多用于精度高，低速调速稳定性较高的机床和设备中。

液压传动系统对流量控制阀的基本要求有：

（1）较大的流量调节范围，并且流量调节要均匀。

（2）当阀前、后压力差发生变化时，通过阀的流量变化要小，以保证负载运动的稳定。

（3）油温变化对通过阀的流量影响要小。

（4）液流通过全开阀时的压力损失要小。

（5）当阀口关闭时，阀的泄漏量要小。

6.2.2　节流阀

一、节流阀的结构原理

图 6-11 所示为一种普通节流阀的结构图和图形符号。这种节流阀的节流通道呈轴向三角槽式。压力油从进油口 P_1 流入孔道和阀芯上端的三角槽，再从出油口 P_2 流出。调节手柄，可通过推杆使阀芯做轴向移动，以改变节流口的通流截面积来调节流量。阀芯在弹簧的作用下始终贴紧在推杆上，这种节流阀的进出油口可互换。

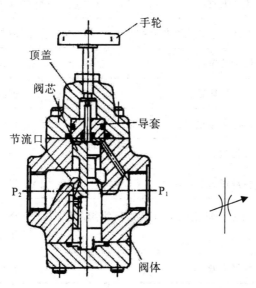

图 6-11　普通节流阀

（a）结构图；（b）图形符号

二、节流阀的应用

通常，节流阀与定量泵、溢流阀组合进行调试，如图 6-12 所示。此时，节流阀入口压力 p_1 由溢流阀调定，基本上保持恒定，节流阀出口压力 p_2 则取决于外负载。当外负载变化时，节流阀出口压力将随之变化，节流阀进口压差 $\Delta p = p_1 - p_2$ 也将发生变化，通过节流阀的流量也随之变化，从而影响执行元件速度的稳定性。因此，节流阀只适用于负载和温度变化不大或速度稳定性要求较低的液压系统。

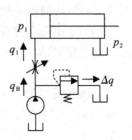

图 6 - 12　节流阀的应用

三、节流阀的常见故障及排除方法

节流阀常见的故障有调节失灵、流量不稳定、行程节流阀不能压下或不能复位等。产生这些故障的原因及排除方法如表 6 - 2 所示。

表 6 - 2　节流阀的常见故障及排除方法

故障现象	产 生 原 因	排 除 方 法
调节失灵	① 密封失效	① 拆建或更换密封
	② 弹簧失效	② 拆检或更换弹簧
	③ 油液污染致使阀芯卡死	③ 拆开并清洗法或换油
流量不稳定	① 锁紧装置松动	① 锁紧调节螺钉
	② 节流口堵塞	② 拆洗节流阀
	③ 内泄漏量过大	③ 拆检或更换阀芯与密封
	④ 油温过高	④ 降低油温
	⑤ 负载压力变化过大	⑤ 尽可能使负载不变化
行程节流阀不能压下或不能复位	① 阀芯卡阻或泄油口堵塞致使阀芯压力过大	① 拆检或更换阀芯，泄油口接油箱并降低泄油背压
	② 弹簧失效	② 检查更换弹簧

6.2.3　调速阀

一、调速阀的工作原理

调速阀是在节流阀前串联一定差减压阀而成的组合阀。节流阀用以调节调速阀的输出流量，减压阀能使节流阀前后的压力差 Δp 不随外界负载而变化，保持定值，从而使流量达到稳定。

图 6 - 13 为调速阀的工作原理图、职能符号、图形符号和特性曲线。

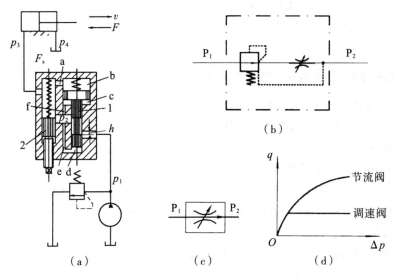

1—减压阀；2—节流阀

图 6 - 13　调速阀

(a) 工作原理图；(b) 职能符号；(c) 图形符号；(d) 特性曲线

液压泵的出口（调速阀的进口）压力 p_1 由溢流阀调整基本不变，而调速阀的出口压力 p_3 则由液压缸负载 F 决定。油液先经减压阀产生一次压力降，将压力降到 p_2，p_2 经通道 e、f 作用到减压阀的 d 腔和 c 腔；节流阀的出口压力 p_3 又经反馈通道 a 作用到减压阀的上腔 b，当减压阀的阀芯在弹簧力 F_s、油液压力 p_2 和 p_3 作用下处于某一平衡位置时（忽略摩擦力和液动力等），则有

$$p_2 A_1 + p_2 A_2 = p_3 A + F_s \qquad (6-10)$$

式中，A、A_1 和 A_2 分别为 b 腔、c 腔和 d 腔内压力油作用于阀芯的有效面积，并且 $A = A_1 + A_2$。

$$p_2 - p_3 = \Delta p = \frac{F_s}{A} \qquad (6-11)$$

因为弹簧刚度较低，并且在工作过程中减压阀阀芯位移很小，可以认为 F_s 基本保持不变。故节流阀两端压力差 $p_2 - p_3$ 也基本保持不变，这就保证了通过节流阀的流量基本稳定。

当调速阀出口处油液压力 p_3 因外负载增加而增大时，作用在减压阀阀芯上端的油压力随之增大，阀芯失去平衡而下移，减压阀开口变大，减压作用减弱，p_2 也随之升高，直到阀芯在新的位置上达到平衡为止。故当 p_3 增加时，p_2 也随之升高，维持其压力差 $\Delta p = p_2 - p_3$ 基本不变。当外负载减小时，情况相似。

当调速阀进口压力 p_1 增大时，由于一开始减压阀阀芯来不及运动，液阻没有变化，故 p_2 在这一瞬间也增加，阀芯 1 失去平衡而上移，使开口减小，液阻增大，又使 p_2 减小，故 $\Delta p = p_2 - p_3$ 仍保持不变。

总之，不管调速阀的进、出油口的油液压力如何变化，调速阀内的节流阀前后的压力差始终保持不变，从而保持流量稳定。

由图 6-13(d)可知，节流阀的流量随压力差变化较大，而调速阀在压力差大于一定值后，流量基本上维持恒定，但调速阀要正常工作，至少要求有 0.4～0.5 MPa 以上的压力差。

二、调速阀的常见故障与排除方法

在流量控制阀拆装过程中，除了要注意阀体和阀芯的配合间隙要合适、弹簧软硬要合适、密封可靠以及连接紧固等问题外，特别要注意阀体和阀芯的清洗，节流阀的节流口不能有污物，从而防止节流口的堵塞。如果是调速阀，还要注意减压阀中的阻尼小孔要畅通，否则会影响阀芯的动作灵敏程度。

设备使用前应检查系统中各调节手轮、手柄位置是否正常，电气开关和挡铁是否牢固可靠；设备使用后，如果较长时间内不再用，应将各手轮全部放松，防止弹簧产生永久变形，影响元件的性能。

调速阀的常见故障有调节失灵、流量不稳定等。产生这些故障的原因及排除方法如表 6-3 所示。

表 6-3　调速阀的常见故障及排除方法

故障现象	产　生　原　因	排　除　方　法
调节失灵	① 定差减压阀阀芯与阀套孔配合间隙太小或有毛刺，导致阀芯移动不灵活或卡死 ② 定差减压阀弹簧太软、弯曲或折断 ③ 油液过脏使阀芯卡死或节流阀孔口堵死 ④ 节流阀阀芯与阀孔配合间隙太大而造成较大泄漏 ⑤ 节流阀阀芯与阀孔间隙太小或变形而卡死 ⑥ 节流阀阀芯轴向孔堵塞 ⑦ 调节手轮的紧定螺钉松或脱落、调节轴螺纹被污物卡死	① 检查，修配间隙使阀芯移动灵活 ② 更换弹簧 ③ 拆卸清洗、过滤或换油 ④ 修磨阀孔，单配阀芯 ⑤ 清洗、配研保证间隙 ⑥ 拆卸清洗、过滤或换油 ⑦ 拆卸清洗，紧固紧定螺钉
流量不稳定	① 定差减压阀阀芯卡死 ② 定差减压阀阀套小孔时堵时通 ③ 定差减压阀弹簧弯曲、变形，端面与轴线不垂直或太硬 ④ 节流孔口处积有污物，造成时堵时通 ⑤ 温升过高 ⑥ 内外泄漏量太大 ⑦ 系统中有空气	① 清洗、修配，使阀芯移动灵活 ② 清洗小孔，过滤或换油 ③ 更换弹簧 ④ 清洗元件，过滤或换油 ⑤ 降低油温或选用高黏度指数油液 ⑥ 消除泄漏，更换新元件 ⑦ 将空气排净

6.2.4　溢流节流阀

溢流节流阀(旁通型调速阀)是一种压力补偿型节流阀。图 6-14 为其工作原理图、职能符号和图形符号。

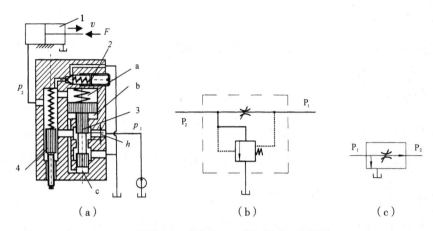

1—液压缸；2—安全阀；3—溢流阀；4—节流阀

图6-14　溢流节流阀

(a) 工作原理图；(b) 职能符号；(c) 图形符号

从液压泵输出的油液一部分从节流阀4进入液压缸左腔推动活塞向右运动，另一部分经溢流阀的溢流口流回油箱，溢流阀阀芯3的上端a腔同节流阀4上腔相通，其压力为p_2；腔b和下端腔c同溢流阀阀芯3前的油液相通，其压力即为泵的压力p_1，当液压缸活塞上的负载力F增大时，压力p_2升高，a腔的压力也升高，使阀芯3下移，关小溢流口，这样就使液压泵的供油压力p_1增加，从而使节流阀4的前、后压力差$p_1 - p_2$基本保持不变。这种溢流阀一般附带一个安全阀2，以避免系统过载。

溢流节流阀是通过p_1随p_2的变化来使流量基本上保持恒定的，它与调速阀虽都具有压力补偿的作用，但其组成调速系统时是有区别的，调速阀无论在执行元件的进油路上或回油路上，执行元件上负载变化时，泵出口处压力都由溢流阀保持不变，而溢流节流阀是通过p_1随p_2（负载的压力）的变化来使流量基本上保持恒定的。因而溢流节流阀具有功率损耗低，发热量小的优点。但是，溢流节流阀中流过的流量比调速阀大（一般是系统的全部流量），阀芯运动时阻力较大，弹簧较硬，其结果使节流阀前后压差Δp加大（需达到0.3～0.5 MPa），因此它的稳定性稍差。

6.3　调速回路的组建

▲教学安排

1. 通过教师提供资料与学生自己查阅资料，让学生了解调速回路、快速运动回路与速度换接回路的用途。

2. 教师告知学生调速回路、快速运动回路与速度换接回路的安装要求，学生通过安装回路理解其工作原理。

3. 教师讲解调速回路、快速运动回路与速度换接回路的工作原理及应用等知识。

4. 对照实物与图片，教师与学生分析调速回路与速度换接回路的常见故障。

⚠知识支撑 •◆•◆•◆•◆•◆•◆•◆•◆•◆•◆•◆•◆•

速度控制回路是研究液压系统的速度调节和变换问题，常用的速度控制回路有调速回路、快速回路、速度换接回路等。

6.3.1 调速回路

在不考虑油液压缩性和泄漏的情况下，液压缸的运动速度 v 由进入（或流出）液压缸的流量和有效作用面积决定，即 $v = \dfrac{q}{A}$；从液压马达的工作原理可知，液压马达的转速由输入液压马达的流量和马达的排量决定，即 $n = \dfrac{q}{V_m}$。

要想调节液压缸的运动速度或液压马达的转速，可通过改变输入流量，或改变液压马达的排量方法来实现。因此，调速回路主要有以下三种方式：

(1) 节流调速回路：由定量泵供油，用流量阀调节进入或流出执行机构的流量来实现调速。

(2) 容积调速回路：通过调节变量泵或变量马达的排量来调速。

(3) 容积节流调速回路：采用变量泵和流量控制阀相配合的调速方法，又称为联合调速。

一、节流调速回路

节流调速回路是通过调节流量控制阀的通流截面积大小来改变进行执行机构的流量，从而实现运动速度的调节回路。流量控制阀有节流阀和调速阀两种。

1. 采用节流阀的节流调速回路

根据节流阀在回路中的位置不同，分为进油节流调速、回油节流调速及旁路节流调速三种调速回路。

1) 进油节流调速回路

进油节流调速回路如图 6-15 所示。节流阀串接在液压缸的进油路上，泵的供油压力由溢流阀调定。调节节流阀的开口面积，便可改变进入液压缸的流量，即可调节液压缸的运动速度，泵的多余流量经溢流阀流回油箱。

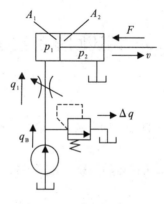

图 6-15 进油节流调速回路

(1) 速度-负载特性。进油节流调速回路的速度-负载特性曲线如图 6-16 所示。速度随负载变化的程度称为速度刚性，体现在速度-负载特性曲线的斜率上。特性曲线上某点处的斜率越小，速度刚性就越大，说明回路在该处速度受负载变化的影响就越小，即该点的速度稳定性好。另外，各曲线在速度为零时，都汇交到同一负载点上，说明该回路的承受能力不受节流阀通流截面变化的影响。

（2）回路特点。进油节流调速回路由定量泵供油，流量恒定。一部分流量通过节流阀进入液压缸；另一部分流量通过溢流阀流回油箱。所以这种回路的功率损失由两部分组成，即溢流损失和节流损失。该回路适用于轻载、低速、负载变化不大和对速度稳定性要求不高的小功率液压系统。

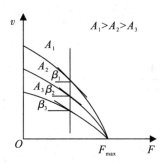

图6-16　进油节流调速回路的速度负载特性曲线

2）回油节流调速回路

回油节流调速回路如图6-17所示。节流阀串接在液压缸的回油路上，泵的供油压力由溢流阀调定。调节节流阀的开口面积，便可改变液压缸回油腔的流量，也就控制了进入液压缸的流量，即可调节液压缸的运动速度，泵的多余流量经溢流阀流回油箱。

（1）速度-负载特性。回油节流调速回路的速度-负载特性曲线如图6-18所示。其与进口节流调速回路的特性完全相同。

（2）回路特点。与进油节流调速回路相比较，回油节流调速回路中的节流阀能使液压缸回油腔形成一定的背压，因而它能承受负值负载（与液压缸运动方向相同的负载力），并且流经节流阀而发热的油液，可直接流回油箱冷却。

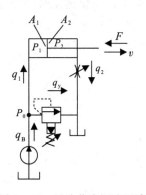
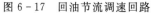
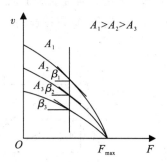

图6-17　回油节流调速回路　　　图6-18　回油节流调速回路的速度-负载特性曲线

3）旁路节流调速回路

旁路节流调速回路如图6-19(a)所示。将节流阀安放在与执行元件并联的支路上，用它来调节从支路流回油箱的流量，以控制进入液压缸的流量来达到调速的目的。回路中溢流阀起安全阀作用，泵的工作压力不是恒定的，它随负载发生变化。

（1）速度-负载特性。旁路节流调速回路的速度-负载特性曲线如图 6－19(b)所示。由曲线分析可以看出，当负载调定时，液压缸运动速度随节流阀通流面积的增大而减小，当节流阀通流面积调定后，液压缸运动速度随负载的增大而减小。

（2）回路特点。旁路节流调速回路的最大承载能力随节流阀通流面积的增大而减小，即该回路低速时承载能力很差，调速范围也小。同时，该回路最大承载能力还受溢流阀的安全压力值的限定。

旁路节流调速回路只有节流损失而无溢流阀的溢流损失，故效率较高。这种回路适用于重载、高速且对速度稳定性要求不高的大功率液压系统。

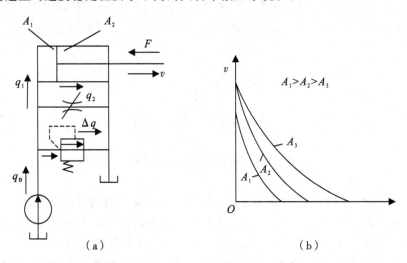

（a） （b）

图 6－19 旁路节流调速回路

（a）旁路节流调速回路；（b）旁路节流调速回路的速度-负载特性曲线

2. 采用调速阀的节流调速回路

采用节流阀的节流调速回路，节流阀两端的压差和缸速随负载变化而变化，故速度平稳性差。若用调速阀代替节流阀，则由于调速阀本身能在负载变化的条件下保证节流阀进、出油口间压差基本不变，通过的流量也基本不变，因而回路的速度-负载特性将得到改善。调速阀进、回油路的速度-负载特性曲线如图 6－20 所示，但功率损失将会增大。

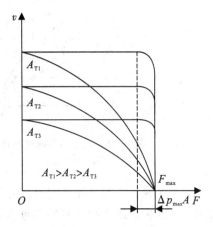

图 6－20 采用调速阀的节流调速回路的速度-负载特性曲线

二、容积节流调速回路

容积节流调速回路是由变量泵和节流阀或调速阀组合而成的一种调速回路。它保留了容积调速回路无溢流损失、效率高和发热少的长处，同时它的负载特性与单纯的容积调速相比得到提高和改善。

常用的容积节流调速回路有：限压式变量泵与调速阀等组成的容积节流调速回路；限压式变量泵与节流阀等组成的容积节流调速回路。

图 6-21 所示为限压式变量泵与调速阀组成的容积节流调速回路的工作原理图和工作特性图。在图示位置，活塞 4 快速向右运动，变量泵 1 按快速运动要求调节其输出流量 q_{max}，同时调节限压式变量泵的压力（表示为 p_p）调节螺钉，使泵的限定压力 p_c 大于快速运动所需压力（图6-20(b) 中 AB 段）。当换向阀 3 通电，泵输出的压力油经调速阀 2 进入油缸 6，其回油经背压阀 5 回油箱。调节调速阀 2 的流量 q_1 就可调节活塞的运动速度 v，由于 $q_1 < q_B$，泵的供油压力升高，泵的流量便自动减小到 $q_B \approx q_1$ 为止。

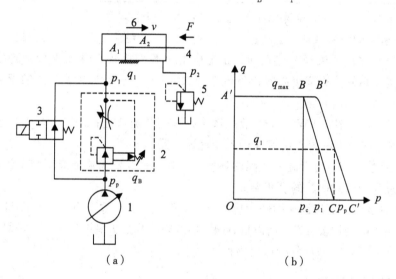

1—变量泵；2—调速阀；3—二位二通电磁换向阀；4—活塞；5—背压阀；6—油缸

图 6-21　限压式变量泵与调速阀组成的容积节流调速回路

(a) 工作原理图；(b) 工作特性图

这种调速回路的运动稳定性、速度负载特性、承载能力和调速范围均与采用调速阀的节流调速回路相同。限压式变量泵与调速阀等组成的容积节流调速回路，具有效率较高、调速较稳定、结构较简单等优点。目前已广泛应用于负载变化不大的中、小功率组合机床的液压系统中。

三、调速回路的比较和选用

(1) 调速回路的比较如表 6-4 所示。

表 6－4　调速回路的比较

主要性能	回路类	节流调速回路				容积调速回路	容积节流调速回路	
		用节流阀		用调速阀			限压式	稳流式
		进回油	旁路	进回油	旁路			
机械特性	速度稳定性	较差	差	好		较好	好	
	承载能力	较好	较差	好		较好	好	
调速范围		较大	小	较大		大	较大	
功率特性	效率	低	较高	低	较高	最高	较高	高
	发热	大	较小	大	较小	最小	较小	小
适用范围		小功率、轻载的中、低压系统				大功率、重载的、高速的中、高压系统	中、小功率的中压系统	

（2）调速回路的选用。调速回路的选用主要考虑以下问题：

① 执行机构的负载性质、运动速度、速度稳定性等要求：负载小，并且工作中负载变化也小的系统可采用节流阀节流调速；在工作中负载变化较大且要求低速稳定性好的系统，宜采用调速阀的节流调速或容积节流调速；负载大、运动速度高、油的温升要求小的系统，宜采用容积调速回路。

一般来说，功率在 3 kW 以下的液压系统宜采用节流调速；3～5 kW 范围宜采用容积节流调速；功率在 5 kW 以上的宜采用容积调速回路。

② 工作环境要求：处于温度较高的环境下工作，并且要求整个液压装置体积小、重量轻的情况，宜采用闭式回路的容积调速。

③ 经济性要求：节流调速回路的成本低，功率损失大，效率也低；容积调速回路因变量泵、变量马达的结构较复杂，所以价钱高，但其效率高、功率损失小；而容积节流调速则介于两者之间。所以需综合分析选用哪种回路。

6.3.2　快速运动回路

在工作部件的工作循环中，往往只有部分工作时间要求有较高的速度。例如，机床的"快进—工进—快退"的自动工作循环。在快进和快退时，负载轻，要求压力低，流量大；在工作进给时，负载大，速度低，要求压力高，流量小。在这种情况下，若用一个定量泵向系统供油，则慢速运动时将液压泵输出的大部分流量从溢流阀回油箱，造成较大功率损失，并使油温升高。为了克服低速运动时出现的问题，又满足快速运动的要求，可在系统中设置快速运动回路。

一、液压缸差动连接的快速运动回路

液压缸差动连接的快速运动回路如图 6－22 所示。当换向阀 3 左端的电磁铁通电时，阀 3 左位进入系统，液压泵 1 输出的压力油同缸右腔的油经 3 左位、5 下位(此时外控顺序阀 7 关闭)也进入缸 4 的左腔，进入液压缸 4 的左腔，实现了差动连接，使活塞快速向右运

动。当快速运动结束，工作部件上的挡铁压下机动换向阀 5 时，泵的压力升高，阀 7 打开，液压缸 4 右腔的回油只能经调速阀 6 流回油箱，这时是工作进给。当换向阀 3 右端的电磁铁通电时，活塞向左快速退回（非差动连接）。采用差动连接的快速回路方法简单，较经济，但快、慢速度的换接不够平稳。必须注意的是，差动油路的换向阀和油管通道应按差动时的流量选择，不然流动液阻过大，会使液压泵的部分油从溢流阀流回油箱，速度减慢，甚至不起差动作用。

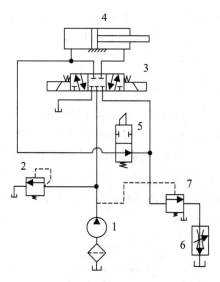

1—液压泵；2—溢流阀；3—三位五通电磁换向阀；4—油缸；5—二位二通机动换向阀；6—调速阀；7—顺序阀

图 6 - 22　液压缸差动连接的快速运动回路

二、双泵供油的快速运动回路

双泵供油的快速运动回路如图 6 - 23 所示。

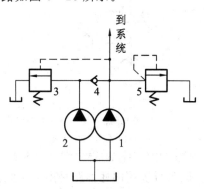

1—高压小流量泵；2—低压大流量泵；3—卸荷阀；4—单向阀；5—溢流阀

图 6 - 23　双泵供油的快速运动回路

在图 6 - 23 中，1 为高压小流量泵，用以实现工作进给运动。2 为低压大流量泵，用以实现快速运动。在快速运动时，液压泵 2 输出的油经单向阀 4 和液压泵 1 输出的油共同向系统供油。在工作进给时，系统压力升高，打开液控顺序阀（卸荷阀）3 使液压泵 2 卸荷，此时单向阀 4 关闭，由液压泵 1 单独向系统供油。溢流阀 5 控制液压泵 1 的供油压力是根据系统所需最大工作压力来调节的，而卸荷阀 3 使液压泵 2 在快速运动时供油，在工作进给时则卸荷，因此它的调整压力应比快速运动时系统所需的压力要高，但比溢流阀5的调整压力低。

双泵供油的快速运动回路效率高，功率利用合理，快慢换接平稳，常用在执行元件快进和工进速度相差较大的场合，特别是在组合机床液压系统中得到了广泛的应用。

6.3.3　速度换接回路

速度换接回路用来实现运动速度的变换，即在原来设计或调节好的几种运动速度中，从一种速度换成另一种速度。对这种回路的要求是速度换接要平稳，即不允许在速度变换的过程中有前冲（速度突然增加）现象。

一、快速运动和工作进给运动的换接回路

图6-24是用单向行程节流阀换接快速运动（简称快进）和工作进给运动（简称工进）的速度换接回路。在图示位置，液压缸3右腔的回油可经行程阀4和换向阀2流回油箱，使活塞快速向右运动。当快速运动到达所需位置时，活塞上挡铁压下行程阀4，将其通路关闭，这时液压缸3右腔的回油就必须经过节流阀6流回油箱，活塞的运动转换为工作进给运动（简称工进）。当操纵换向阀2使活塞换向后，压力油可经换向阀2和单向阀5进入液压缸3右腔，使活塞快速向左退回。

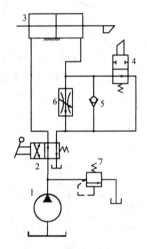

1—液压泵；2—换向阀；3—液压缸；4—行程阀；

5—单向阀；6—调速阀

图6-24　用单向行程节流阀的速度换接回路

在这种速度换接回路中，因为行程阀的通油路是由液压缸活塞的行程控制阀芯移动而逐渐关闭的，所以换接时的位置精度高，冲出量小，运动速度的变换也比较平稳。这种回路在机床液压系统中应用较多，它的缺点是行程阀的安装位置受一定限制（要由挡铁压下），所以有时管路连接稍复杂。行程阀也可以用电磁换向阀来代替，这时电磁阀的安装位置不受限制（挡铁只需要压下行程开关），但其换接精度及速度变换的平稳性较差。

图6-25是利用液压缸自身结构实现的速度换接回路。在图示位置时，活塞快速向右移动，液压缸右腔的回油经管路和换向阀流回油箱。当活塞运动到将管路封闭后，液压缸右腔的回油必须经调速阀2流回油箱，活塞则由快速运动变换为工作进给运动。

　　这种速度换接回路方法简单，换接较可靠，但速度换接的位置不能调整，工作行程也不能过长以免活塞过宽，所以仅适用于工作情况固定的场合。这种回路也常用于活塞运动到达端部时的缓冲制动回路。

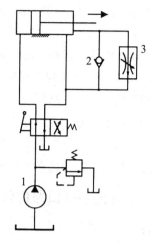

二、两种工作进给速度的换接回路

　　对于某些自动机床、注塑机等，需要在自动工作循环中变换两种以上的工作进给速度，这时需要采用两种（或多种）工作进给速度的换接回路。

1—液压泵；2—单向阀；3—调速阀

图 6-25　利用液压缸自身结构实现的速度换接回路

　　图 6-26 是两个调速阀并联以实现两种工作进给速度的换接回路。在图 6-26(a)中，液压泵输出的压力油经调速阀 3 和电磁阀 5 进入液压缸。当需要第二种工作进给速度时，电磁阀 5 通电，其右位接入回路，液压泵输出的压力油经调速阀 4 和电磁阀 5 进入液压缸。这种回路中两个调速阀的节流口可以单独调节，互不影响，即第一种工作进给速度和第二种工作进给速度互相间没有什么限制。但一个调速阀工作时，另一个调速阀中没有油液通过，它的减压阀则处于完全打开的位置，在速度换接开始的瞬间不能起减压作用，容易出现部件突然前冲的现象。

　　图 6-26(b)为另一种调速阀并联的速度换接回路。在这个回路中，两个调速阀始终处于工作状态，在由一种工作进给速度转换为另一种工作进给速度时，不会出现工作部件突然前冲现象，因而工作可靠。但是液压系统在工作中总有一定量的油液通过不起调速作用的那个调速阀流回油箱，造成能量损失，使系统发热。

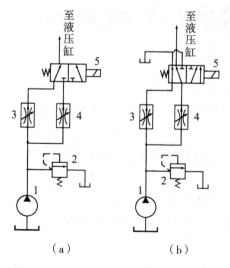

1—液压泵；2—溢流阀；3、4—调速阀；5—电磁换向阀

图 6-26　两个调速阀并联的速度换接回路

　　（a）典型并联式速度换接回路 1；

　　（b）典型并联式速度换接回路 2

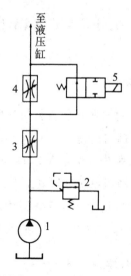

1—液压泵；2—溢流阀；3、4—调速阀；

5—电磁换向阀

图 6-27　两个调速阀串联的速度换接回路

图 6-27 是两个调速阀串联的速度换接回路。图中，液压泵输出的压力油经调速阀 3 和电磁阀 5 进入液压缸，这时的流量由调速阀 3 控制。当需要第二种工作进给速度时，阀 5 通电，其右位接入回路，则液压泵输出的压力油先经调速阀 3，再经调速阀 4 进入液压缸，这时的流量应由调速阀 4 控制，所以这种两个调速阀串联式回路中调速阀 4 的节流口应调得比调速阀 3 小，否则调速阀 4 速度换接回路将不起作用。这种回路在工作时调速阀 3 一直工作，它限制着进入液压缸或调速阀 4 的流量，因此在速度换接时不会使液压缸产生前冲现象，换接平稳性较好。在调速阀 4 工作时，油液需经两个调速阀，故能量损失较大。系统发热也较大，但却比图 6-26(b) 所示的回路要小。

三、速度换接回路的常见故障和排除方法

速度换接回路的常见故障和排除方法如表 6-5 所示。

表 6-5　速度换接回路的常见故障和排除方法

故障现象	产 生 原 因	排 除 方 法
调速阀调定后速度不稳定	① 在调速阀串联的二次进给回路中，二位二通电磁阀阀芯动作不灵敏 ② 在调速阀并联的二次进给回路中，调速阀阀芯卡死	① 拆下清洗或更换二位二通电磁阀 ② 拆下修研调速阀阀芯并清洗调速阀使其阀芯移动灵活
速度换接时，工作机构突然前冲	① 溢流阀阀芯移动不灵活 ② 液压泵压力波动大 ③ 电磁阀阀芯移动错位	① 清洗修研溢流阀使其移动灵活 ② 检查修复液压泵 ③ 检查并修复电磁阀到位

6.4　YT4543 型动力滑台液压系统的装配与调试

▲ 教学安排

1. 通过教师提供资料与学生自己查阅资料，让学生了解 YT4543 型动力滑台液压系统的工作原理与用途。

2. 教师告知学生 YT4543 型动力滑台液压系统的装配要求，学生通过装配 YT4543 型动力滑台液压系统理解其工作原理。

3. 教师讲解 YT4543 型动力滑台液压系统的工作原理和装配工艺。

4. 教师讲解 YT4543 型动力滑台液压系统的日常维护、检查和故障诊断。

▲ 知识支撑 ◆◆◆◆◆◆◆◆◆◆◆◆◆◆◆◆◆◆

一、液压系统的工作原理

YT4543 型动力滑台液压系统工作循环时的动作原理如表 6-6 所示，其中，一般约定

用"＋"表示电磁铁通电或行程阀压下，用"－"表示电磁铁断电或行程阀原位。

表 6－6　YT4543 型动力滑台液压系统工作循环时的动作原理

元件 动作	1YA	2YA	3YA	PS	行程阀 6
快进	＋	－	－	－	导通
一工进	＋	－	－	－	切断
二工进	＋	－	＋	－	切断
死挡铁停留	＋	－	＋	＋	切断
快退	－	＋	－	－	切断、导通
原位停止	－	－	－	－	导通

1. 快速进给

按下启动按钮，电磁铁 1YA 通电，电磁阀 4 左位起作用，这时系统中油液通路情况为：

进油路：过滤器 1—变量泵 2—单向阀 3—阀 4 左位—a—行程阀 6—液压缸无杆腔。

回油路：液压缸右腔—e—阀 4 的左位—f—单向阀 12—行程阀 6—液压缸左腔（形成差动连接）。

2. 一次工作进给

当滑台快进到达预定位置时，挡铁压下行程阀 6，切断快进油路，电磁铁 1YA 继续通电，换向阀 4 的工作状态不变，压力油经调速阀 11、电磁阀 9，使调速阀前的系统压力升高，液控顺序阀 13 打开，单向阀 12 关闭，使液压缸右腔的油液经液控顺序阀 13 和背压阀 14 流回油箱，动力滑台实现一次工作进给运动，其油路为：

进油路：过滤器 1—变量泵 2—单向阀 3—阀 4 左位—a—调速阀 11—电磁阀 9 的左位—d—液压缸无杆腔。

回油路：液压缸右腔—e—阀 4 的左位—f—顺序阀 13—背压阀 14—油箱。

3. 二次工作进给

第一次工作进给结束时，挡铁压下行程开关，发出信号，使电磁铁 3YA 通电，压力油必须经串联的调速阀 11、10 才能进入液压缸左腔。二次进给的速度由调速阀 10 来调节，故阀 10 的开口量小于阀 11，所以进给速度再次降低，其他各阀的状态与油路情况同一次进给相同。

4. 死挡铁停留

动力滑台二次工作进给终了，碰上死挡铁时停止不动，同时系统压力进一步升高，在变量泵 2 保压卸荷的同时，压力继电器动作，发出信号给时间继电器，停留时间长短由时间继电器控制，并由时间继电器发出信号使动力滑台返回。

5. 快速返回

时间继电器延时发出信号，电磁铁 1YA，3YA 断电，2YA 通电，电磁阀 4 右位起作用，这时系统中油液通路情况为：

进油路：过滤器 1—变量泵 2—单向阀 3—阀 4 右位—液压缸有杆腔。

回油路：液压缸左腔—单向阀 7—c—b—a—阀 4 的右位—油箱。

6. 原位停止

当动力滑台退回到原位时，挡铁压下行程开关，发出信号，使 2YA 断电，换向阀处于中位，液压缸左右两腔封闭，动力滑台停止运动。变量泵 2 输出的油液经单向阀 3 流回油箱，液压泵卸荷。

二、液压系统的特点

由上述分析可知，动力滑台液压系统主要由以下基本回路组成：限压式变量泵和调速阀组成的容积式调速回路、差动连接快速回路、电液动换向阀的换向回路。行程阀和电磁阀的速度换接回路、串接调速阀的二次进给调速回路。这些回路的选用决定了系统的主要性能，其特点如下：

（1）采用了限压式变量叶片泵—调速阀—背压阀式的容积节流调速回路，能保证稳定的进给速度、较好的速度刚度和较大的调速范围。

（2）系统采用了限压式变量泵和差动连接式液压缸来实现快进，功率利用比较合理。当动力滑台停止运动时，换向阀使液压泵和低压卸荷，减少能量损失和发热。

（3）采用行程阀和液控顺序阀实现快进和工进的换接，比采用电磁阀的电路简化，而且动作可靠，换接平稳精度高。两个工进之间的换接则由于两者速度都较低，采用电磁阀完全能保证换接精度。

（4）采用两个调速阀的串接来实现两次工进，使换接速度平稳、冲击小。

项 目 小 结

（1）通过拆装叶片泵，理解其结构、原理，掌握叶片泵的应用及特点。叶片泵结构紧凑、外形尺寸小、运转平稳，但结构较为复杂。叶片泵按其排量是否可变分为定量叶片泵和变量叶片泵两类。转子转一周工作容积完成一次吸油和压油，为单作用式叶片泵；完成两次吸油和压油，为双作用式叶片泵。

（2）流量控制阀主要有节流阀和调速阀两种，通过拆装节流阀和调速阀，理解其结构、原理、图像符号及应用。节流阀通过改变节流口大小来控制油液流量，以改变执行元件的速度。当负载变化较大时，因节流口前后压差较大，会影响速度的稳定性，故采用减压阀和节流阀串联构成调速阀，以达到准确地调节和稳定流量的目的。

（3）速度控制回路主要包括调速回路、快速运动回路、速度换接回路。在诸多液压系统基本回路中，调速回路往往是核心，调速回路包括节流调速回路、容积调速回路及容积节流调速回路三种。节流调速回路存在负载变化导致速度变化的问题，一般采用调速阀解决此问题，节流调速回路的缺点是功率损失大，效率低，只适用于功率较小的液压系统。

（4）常用的快速回路有：液压缸差动连接回路、双泵供油回路、采用蓄能器的快速回路。液压缸差动连接快速回路结构比较简单，应用较多。双泵供油快速回路在快进比工进速度大很多倍的情况下，能明显减少功率损失，提高效率。采用蓄能器的快速回路主要用于短期需要大流量的场合。

（5）通过安装节流调速回路、速度换接回路，理解其工作原理、应用场合及常见故障。通过装配与调试 YT4543 型动力滑台液压系统，理解其工作原理及特点。

思考题与练习题

6-1　（　　）叶片泵运转时，不平衡径向力相抵消，受力情况较好。

A. 单作用　　　　　　　　　　　　B. 双作用

C. 单向　　　　　　　　　　　　　D. 双向

6-2　对于双作用叶片泵，如果配油窗口的间距角小于两叶片间的夹角，会导致（　　）。

A. 由于加工安装误差，难以在工艺上实现

B. 不能保证吸、压油腔之间的密封，使泵的容积效率太低

C. 不能保证泵连续、平稳的运动

6-3　（　　）不是引起叶片泵压力不高的原因。

A. 叶片或转子装反　　　　　　　　B. 个别叶片移动不灵活

C. 配流盘内孔磨损　　　　　　　　D. 转速过高

6-4　（　　）不是引起叶片泵噪声和振动严重的原因。

A. 有空气侵入　　　　　　　　　　B. 配流盘上的三角形节流槽太短

C. 叶片倾角太小　　　　　　　　　D. 叶片倾角太大

6-5　假如你是一名设计助理，会选（　　）作为节流口的形式。

A. 短孔　　　　　　　　　　　　　B. 细长小孔

C. 薄壁小孔　　　　　　　　　　　D. 不确定

6-6　为保证当负载变化时，节流阀的前后压力差不变，使通过节流阀的流量基本不变，往往将节流阀与（　　）串联组成调速阀。

A. 减压阀　　　　　　　　　　　　B. 定差减压阀

C. 溢流阀　　　　　　　　　　　　D. 差压式溢流阀

6-7　旁通型调速阀是由（　　）和节流阀并联而成。

A. 溢流阀　　　　　　　　　　　　B. 定差减压阀

C. 顺序阀　　　　　　　　　　　　D. 压力继电器

6-8　油液污染致节流阀阀芯卡阻，可导致（　　）。

A. 流量不稳定　　　　　　　　　　B. 调节失灵

C. 节流口堵塞　　　　　　　　　　D. 弹簧失效

6-9　在如图 6-28 所示的液压原理图中，当 2YA 得电，并且当（　　　）时，形成差动连接。

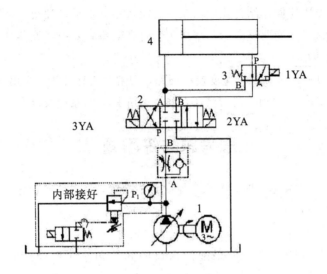

1—液压泵；2、3—换向阀；4—液压缸

图 6-28　题 6-9 图

A.1YA 得电　　　　　　　　　　　　　B.1YA 断电

C.3YA 得电　　　　　　　　　　　　　D.3YA 断电

6-10　单作用叶片泵的叶片数越多，流量脉动率越小，此外，奇数叶片的泵比偶数叶片的泵的脉动率小。（　　　）

6-11　单作用叶片泵的叶片倾斜方向与旋转方向相反，称为后倾角。（　　　）

6-12　通过节流阀的流量与节流阀的通流截面面积成正比，与阀两端的压力差大小无关。（　　　）

6-13　调速阀具有调节流量与稳定流量的作用。（　　　）

6-14　用行程阀和调速阀配合可以实现速度换接回路。（　　　）

6-15　可以通过采用双泵供油的方式实现快速运动回路。（　　　）

6-16　试简述 YT4543 型动力滑台液压系统基本组成及工作原理。

6-17　比较双作用叶片泵与单作用叶片泵，在结构和工作原理方面的异同。

6-18　在实际工作中，叶片泵能否反转？为什么？分析单作用与双作用叶片泵的优缺点及应用场合。

6-19　试说明限压式变量叶片泵的流量压力特性曲线物理意义。限定压力和最大流量如何调节，泵的流量压力特性曲线将如何变化？

6-20　某变量叶片泵的转子外径 $d=83$ mm，定子内径 $D=89$ mm，叶片宽度 $b=30$ mm。试求：

（1）当泵的排量 $V=16$ mL/r 时，定子与转子间的偏心距有多大？

（2）泵最大可能排量是多少？

6-21　某液压泵的输出油压 $p=10$ MPa，转速 $n=1450$ r/min，排量 $V=200$ mL/r，

容积效率 $\eta_v = 0.95$，总效率 $\eta = 0.9$，求泵的输出功率和电动机驱动功率。

6-22　某液压系统中，液压缸需要的最大流量为 $3.6 \times 10^{-4}\ m^3/s$，液压缸驱动最大负载时的工作压力为 $3\ MPa$，试选择合适的液压泵。

6-23　图 6-29 所示的液压系统是采用蓄能器实现快速运动的回路，试回答下列问题：

（1）液控顺序阀 3 何时开启，何时关闭？

（2）单向阀 2 的作用是什么？

（3）分析活塞向右运动时的进油路线和回油路线。

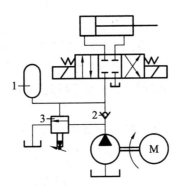

1—蓄能器；2—单向阀；3—顺序阀

图 6-29　题 6-23 图

6-24　在如图 6-30 所示的液压系统中，可以实现"快进—工进—快退—停止"的工作循环要求。

（1）指出图中标有序号的液压元件的名称；

（2）列出电磁铁动作顺序表，如表 6-7 所示。（注：通电为"+"，失电为"-"。）

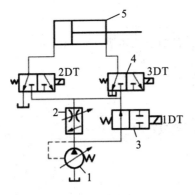

1—液压泵；2—调速阀；3、4—换向阀；5—液压缸

图 6-30　题 6-24 图

表 6-7　电磁铁动作顺序表

动作＼电磁铁	1DT	2DT	3DT
快进			
工进			
快退			
停止			

项目七　典型液压系统分析与液压系统设计计算

▲项目任务

1. 了解组合机床等典型液压系统的任务、工作循环、应具备的性能和满足的要求。
2. 学会查阅液压系统图中的所有液压元件及其连接关系，分析它们的作用。
3. 能分析中等复杂的液压油路，了解典型液压系统的应用。
4. 根据系统所使用的基本回路的性能，对系统进行综合分析，归纳总结出整个系统的特点。
5. 初步了解液压系统设计方案的确定和液压系统原理图的拟定。
6. 能完成液压系统主要参数计算和元件选择。

▲教学安排

1. 学生提前了解并阅读组合机床等典型液压系统工作原理图。
2. 组织学生到实习工厂现场参观立式组合机床、M1432A 型万能外圆磨床加工典型零件，仔细讲解机床工作过程。
3. 讲解、分析立式组合机床液压系统、M1432A 型万能外圆磨床液压系统的工作原理。
4. 讲解并分析液压系统设计计算的步骤和要求。
5. 举例分析讲解如何设计液压系统。
6. 通过设计练习让学生掌握液压系统分析、设计的方法、步骤。

▲知识支撑 ◆◆◆◆◆◆◆◆◆◆◆◆◆◆◆◆

7.1　典型液压系统分析

7.1.1　组合机床液压系统

组合机床液压系统主要由通用滑台和辅助部分（如定位、夹紧）组成。动力滑台本身不带传动装置，可根据加工需要安装不同用途的主轴箱，以完成钻、扩、铰、镗、刮端面、铣削及攻丝等工序。

图 7-1 所示为带有液压夹紧的他驱式动力滑台的液压系统的原理图。这个系统采用限压式变量泵供油，并配有二位二通电磁阀卸荷，变量泵与进油路的调速阀组成容积节流调速回路，用电液换向阀控制液压系统的主油路换向，用行程阀实现快进和工进的速度换

接。它可实现多种工作循环，下面以"定位→夹紧→快进→工进→二工进→死挡铁停留→快退→原位停止→松开工件"的自动工作循环为例，说明液压系统的工作原理。

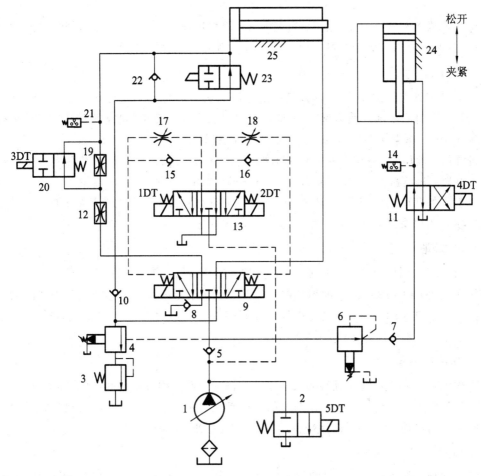

1—液压泵；2、11、20—换向阀；3—背压阀；4—顺序阀；6—减压阀；5、7、10、22—单向阀；
8、9、13、15、16、17、18—电液换向阀；12、19—节流阀；14、21—压力继电器；
23—行程阀、24、25—液压缸

图 7-1　他驱式动力滑台的液压系统的原理图

1. 夹紧工件

夹紧油路一般所需压力要求小于主油路，故在夹紧油路上装有减压阀 6，以减低夹紧缸的压力。按下启动按钮，泵启动并使电磁铁 4DT 通电，夹紧缸 24 松开以便安装并定位工件。当工件定好位以后，发出信号使电磁铁 4DT 断电，夹紧缸活塞夹紧工作。其油路：液压泵 1→单向阀 5→减压阀 6→单向阀 7→换向阀 11→左位夹紧缸上腔，夹紧缸下腔的回油→换向阀 11 左位回油箱。于是夹紧缸活塞下移夹紧工件。单向阀 7 用以保压。

2. 进给缸快进前进

当工件夹紧后，油压升高压力继电器 14 发出信号使 1DT 通电，电磁换向阀 13 和液动换向阀 9 均处于左位。其油路为：

进油路：液压泵 1→单向阀 5→液动阀 9→左位行程阀 23 右位→进给缸 25 左腔；

回油路：进给缸 25 右腔→液动阀 9 左位→单向阀 10→行程阀 23 右位→进给缸 25 左腔。

于是形成差动连接，液压缸 25 快速前进。因快速前进时负载小，压力低，故顺序阀 4 打不开（其调节压力应大于快进压力），变量泵以调节好的最大流量向系统供油。

3. 一工进

当滑台快进到达预定位置（即刀具趋近工件位置），挡铁压下行程阀 23，于是调速阀 12 接入油路，压力油必须经调速阀 12 才能进入进给缸左腔，负载增大，泵的压力升高，打开液控顺序阀 4，单向阀 10 被高压油封死，此时油路为：

进油路：液压泵 1→单向阀 5→换向阀 9 左位→调速阀 12→换向阀 20 右位→进给缸 25 左腔回油路：进给缸 25 右腔→换向阀 9 左位→顺序阀 4→背压阀 3→油箱。

一工进的速度由调速阀 12 调节。由于此压力升高到大于限压式变量泵的限定压力，泵的流量便自动减小到与调速阀的节流量相适应。

4. 二工进

当第一工进到位时，滑台上的另一挡铁压下行程开关，使电磁铁 3DT 通电，于是阀 20 左位接入油路，由泵来的压力油须经调速阀 12 和 19 才能进入 25 的左腔。其他各阀的状态和油路与一工进相同。二工进速度由调速阀 19 来调节，但阀 19 的调节流量必须小于阀 12 的调节流量；否则调速阀 19 将不起作用。

5. 死挡铁停留

当被加工工件为不通孔且轴向尺寸要求严格或需刮端面等情况时，则要求实现死挡铁停留。当滑台二工进到位碰上预先调好的死挡铁，活塞不能再前进，停留在死挡铁处，停留时间用压力继电器 21 和时间继电器（装在电路上）来调节和控制。

6. 快速退回

滑台在死挡铁上停留后，泵的供油压力进一步升高，当压力升高到压力继电器 21 的预调动作压力时（这时压力继电器入口压力等于泵的出口压力，其压力增值主要决定于调速阀 19 的压力差），压力继电器 21 发出信号，使 1DT 断电，2DT 通电，换向阀 13 和 9 均处于右位。这时油路为：

进油路：液压泵 1→单向阀 5→换向阀 9 右位→进给缸 25 右腔。

回油路：进给缸 25 左腔→单向阀 22→换向阀 9 右位→单向阀 8→油箱。

于是液压缸 25 便快速左退。由于快速时负载压力小（小于泵的限定压力），限压式变量泵便自动以最大调节流量向系统供油。由于进给缸为差动缸，所以快退速度基本等于快进速度。

7. 进给缸停止且夹紧缸松开工件

当进给缸左退到原位，挡铁碰到行程开关发出信号，使 2DT、3DT 断电，同时使 4DT 通电，于是进给缸停止，夹紧缸松开工件。当工件松开后，夹紧缸活塞上挡铁碰到行程开关，使 5DT 通电，液压泵卸荷，一个工作循环结束。当下一个工件安装定位好后，则又使 4DT、5DT 均断电，重复上述步骤。

8. 液压系统的特点

本系统采用的是限压式变量泵和调速阀组成的容积节流调速系统,把调速阀装在进油路上,而在回油路上加背压阀。这样就获得了较好的低速稳定性、较大的调速范围和较高的效率。而且当滑台需死挡铁停留时,用压力继电器发出信号实现快退比较方便。

采用限压式变量泵并在快进时采用差动连接,不仅使快进速度和快退速度相同(差动缸),而且比不采用差动连接的流量可减小一半,其能量得到合理利用,系统效率进一步得到提高。

采用电液换向阀使换向时间可调,改善和提高了换向性能。采用行程阀和液控顺序阀来实现快进与工进的转换,比采用电磁阀的电路简化,而且使速度转换动作可靠,转换精度也较高。此外,用两个调速阀串联来实现两次工进,使转换速度平稳而无冲击。

夹紧油路中串接减压阀,不仅可使其压力低于主油路压力,而且可根据工件夹紧力的需要来调节并稳定其压力;当主系统快速运动时,即使主油路压力低于减压阀所调压力,因为有单向阀 7 的存在,夹紧系统也能维持其压力(保压)。夹紧油路中采用二位四通阀 11,它的常态位置是夹紧工件,这样即使在加工过程中临时停电,也不至于使工件松开,保证了操作安全可靠。

本系统可较方便地实现多种动作循环。例如,可实现多次工进和多级工进。工作进给速度的调速范围可达 6.6～660 mm/min,而快进速度可达 7 m/min。所以它具有较大的通用性。

此外,本系统采用二位二通阀卸荷,比用限压式变量泵在高压小流量下卸荷方式的功率消耗要小。

7.1.2　M1432A 型万能外圆磨床液压系统

1. 机床液压系统的功能

M1432A 型万能外圆磨床主要用于磨削 IT5～IT7 精度的圆柱形或圆锥形外圆和内孔,表面粗糙度在 $Ra1.25～0.08$ 之间。该机床液压系统具有以下功能:

(1) 能实现工作台的自动往复运动,并能在 0.05～4 m/min 之间无级调速,工作台换向平稳,启动、制动迅速,换向精度高。

(2) 在装卸工件和测量工件时,为缩短辅助时间,砂轮架具有快速进、退动作,为避免惯性冲击,控制砂轮架快速进、退的液压缸设置有缓冲装置。

(3) 为方便装卸工件,尾架顶尖的伸缩采用液压传动。

(4) 工作台可做微量抖动:切入磨削或当加工工件略大于砂轮宽度时,为了提高生产率和改善表面粗糙度,工作台可做短距离(1～3 mm)、频繁往复运动(100～150 次/min)。

(5) 传动系统具有必要的联锁动作:

① 工作台的液动与手动联锁,以免液动时带动手轮旋转引起工伤事故。

② 砂轮架快速前进时,可保证尾架顶尖不后退,以免加工时工件脱落。

③ 当磨内孔时,为使砂轮不后退,传动系统中设置有与砂轮架快速后退联锁的机构,以免撞坏工件或砂轮。

④ 当砂轮架快进时,头架带动工件转动,冷却泵启动;当砂轮架快退时,头架与冷却

泵电机停转。

2. 机床液压系统的工作原理

图 7 - 2 为 M1432A 型万能外圆磨床液压系统的原理图。其工作原理有以下几个方面：

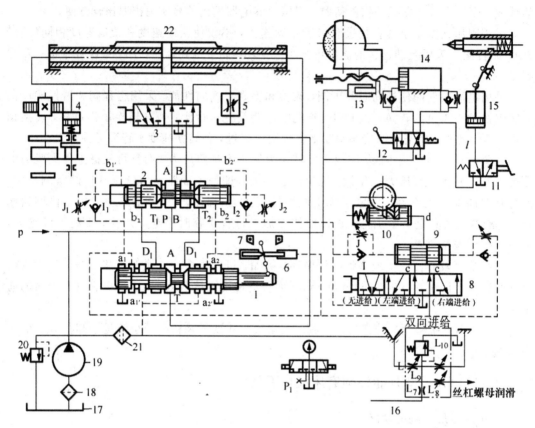

1—先导阀；2—换向阀；3—开停阀；4—互锁缸；5—节流阀；6—抖动缸；7—挡块；8—选择阀；9—进给阀；
10—进给缸；11—尾架换向阀；12—快动阀；13—闸缸；14—快动缸；15—尾架缸；16—润滑稳定器；
17—油箱；18—粗过滤器；19—油泵；20—溢流阀；21—精过滤器；22—工作台进给缸

图 7 - 2　M1432A 型万能外圆磨床液压系统的原理图

1）工作台的往复运动

（1）工作台右行：如图 7 - 2 所示状态，先导阀、换向阀阀芯均处于右端，开停阀处于右位。其主油路为：

进油路：液压泵 19→换向阀 2 右位（P→A）→液压缸 2 右腔。

回油路：液压缸 9 左腔→换向阀 2 右位（B→T_2）→先导阀 1 右位→开停阀 3 右位→节流阀 5→油箱。液压油推液压缸带动工作台向右运动，其运动速度由节流阀来调节。

（2）工作台左行：当工作台右行到预定位置，工作台上左边的挡块 7 与先导阀 1 的阀芯相连接的杠杆，使先导阀芯左移，开始工作台的换向过程。先导阀阀芯左移过程中，其阀芯中段制动锥 A 的右边逐渐将回油路上通向节流阀 5 的通道（D_2→T）关小，使工作台逐渐减速制动，实现预制动；当先导阀阀芯继续向左移动到先导阀芯右部环形槽，使 a_2 点与高压油路 $a_{2'}$ 相通，先导阀芯左部环槽使 a_1→$a_{1'}$ 接通油箱时，控制油路被切换。这时借助于抖动缸推动先导阀向左快速移动（快跳）。其油路是：

　　进油路：泵 19→精滤油器 21→先导阀 1 左位$(a_{2'} \to a_2)$→抖动缸 6 左端。

　　回油路：抖动缸 6 右端→先导阀 1 左位$(a_1 \to a_{1'})$→油箱。

　　因为抖动缸的直径很小，上述流量很小的压力油足以使之快速右移，并通过杠杆使先导阀芯快跳到左端，从而使通过先导阀到达换向阀右端的控制压力油路迅速打通，同时又使换向阀左端的回油路也迅速打通(畅通)。

　　这时的控制油路是：

　　进油路：泵 19→精滤油器 21→先导阀 1 左位$(a_{2'} \to a_2)$→单向阀 I_2→换向阀 2 右端。

　　回油路：换向阀 2 左端回油路在换向阀芯左移过程中有三种变换。

　　首先：换向阀 2 左端 $b_{1'}$→先导阀 1 左位$(a_1 \to a_{1'})$→油箱。换向阀芯因回油畅通而迅速左移，实现第一次快跳。当换向阀芯 1 快跳到制动锥 C 的右侧关小主回油路 $(B \to T_2)$ 通道，工作台便迅速制动(终制动)。换向阀芯继续迅速左移到中部台阶处于阀体中间沉割槽的中心处时，液压缸两腔都通压力油，工作台便停止运动。

　　换向阀芯在控制压力油作用下继续左移，换向阀芯左端回油路改为：换向阀 2 左端→节流阀 J_1→先导阀 1 左位→油箱。这时换向阀芯按节流阀(停留阀)J_1 调节的速度左移由于换向阀体中心沉割槽的宽度大于中部台阶的宽度，所以阀芯慢速左移的一定时间内，液压缸两腔继续保持互通，使工作台在端点保持短暂的停留。其停留时间在 $0 \sim 5$ s 内由节流阀 J_1、J_2 调节。

　　最后当换向阀芯慢速左移到左部环形槽与油路$(b_1 \to b_{1'})$相通时，换向阀左端控制油的回油路又变为换向阀 2 左端→油路 b_1→换向阀 2 左部环形槽→油路 $b_{1'}$→先导阀 1 左位→油箱。这时由于换向阀左端回油路畅通，换向阀芯实现第二次快跳，使主油路迅速切换，工作台则迅速反向启动(左行)。这时的主油路是：

　　进油路：泵 19→换向阀 2 左位$(P \to B)$→液压缸 22 左腔。

　　回油路：液压缸 22 右腔→换向阀 2 左位 $(A \to T_1)$→先导阀 1 左位$(D_1 \to T)$→开停阀 3 右位→节流阀 5→油箱。

　　当工作台左行到位时，工作台上的挡铁又碰到杠杆，推动先导阀右移，重复上述换向过程。实现工作台的自动换向。

　　2) 工作台液动与手动的互锁

　　工作台液动与手动的互锁是由互锁缸 4 来完成的。当开停阀 3 处于图 7-2 所示位置时，互锁缸 4 的活塞在压力油的作用下压缩弹簧并推动齿轮 Z_1 和 Z_2 脱开，这样，当工作台液动(往复运动)时，手轮不会转动。

　　当开停阀 3 处于左位时，互锁缸 4 通油箱，活塞在弹簧力的作用下带着齿轮 Z_2 移动，Z_2 与 Z_1 啮合，工作台就可用手摇机构摇动。

　　3) 砂轮架的快速进、退运动

　　砂轮架的快速进、退运动是由手动二位四通换向阀 12(快动阀)来操纵，由快动缸 14 来实现的。在图 7-2 所示位置时，快动阀右位接入系统，压力油经快动阀 12 右位进入快动缸 14 右腔，砂轮架快进到前端位置，快进终点是靠活塞与缸体端盖相接触来保证其重复定位精度；当快动缸 14 左位接入系统时，砂轮架快速后退到最后端位置。为防止砂轮架在快速运动到达前后终点处产生冲击，在快动缸 14 两端设缓冲装置，并设有抵住砂轮架的闸缸 13，用以消除丝杠和螺母间的间隙。

手动换向阀12（快动阀）的下面装有一个自动启、闭头架电动机和冷却电动机的行程开关和一个与内圆磨具联锁的电磁铁（图上均未画出）。当手动换向阀12（快动阀）处于右位使砂轮架处于快进时，手动阀的手柄压下行程开关，使头架电动机和冷却电动机启动。当翻下内圆磨具进行内孔磨削时，内圆磨具压另一行程开关，使联锁电磁铁通电吸合，将快动阀锁住在左位（砂轮架在退的位置），以防止误动作，保证安全。

4）砂轮架的周期进给运动

砂轮架的周期进给运动是由选择阀8、进给阀9、进给缸10通过棘爪、棘轮、齿轮、丝杠来完成的。选择阀8根据加工需要可以使砂轮架在工件左端或右端时进给，也可在工件两端都进给（双向进给），也可以不进给，共四个位置可供选择。

图7-2所示为双向进给、周期进给油路：压力油从 a_1 点→J_4→进给阀9右端；进给阀9左端→I_3→a_2→先导阀1→油箱。进给缸10→d→进给阀9→c_1→选择阀8→a_2→先导阀1→油箱，进给缸柱塞在弹簧力的作用下复位。当工作台开始换向时，先导阀换位（左移）使 a_2 点变高压、a_1 点变为低压（回油箱）；此时周期进给油路为：压力油从 a_2 点→J_3→进给阀9左端；进给阀9右端→I_4→a_1 点→先导阀1→油箱，使进给阀右移；与此同时，压力油经 a_2 点→选择阀8→c_1→进给阀9→d→进给缸10，推进给缸柱塞左移，柱塞上的棘爪拨棘轮转动一个角度，通过齿轮等推砂轮架进给一次。在进给阀活塞继续右移时堵住 c_1 而打通 c_2，这时进给缸右端→d→进给阀→c_2→选择阀→a_1→先导阀 $a_{1'}$→油箱，进给缸在弹簧力的作用下再次复位。当工作台再次换向，再周期进给一次。若将选择阀转到其他位置，如右端进给，则工作台只有在换向到右端才进给一次，其进给过程不再赘述。从上述周期进给过程可知，每进给一次是由一股压力油（压力脉冲）推进给缸柱塞上的棘爪拨棘轮转一角度。调节进给阀两端的节流阀 J_3、J_4 就可调节压力脉冲的时期长短，从而调节进给量的大小。

5）尾架顶尖的松开与夹紧

尾架顶尖只有在砂轮架处于后退位置时才允许松开。为方便操作，采用脚踏式二位三通阀11（尾架阀）来操纵，由尾架缸15来实现。由图可知，只有当快动阀12处于左位、砂轮架处于后退位置，脚踏尾架阀处于右位时，才能有压力油通过尾架阀进入尾架缸推杠杆拨尾顶尖松开工件。当快动阀12处于右位（砂轮架处于前端位置）时，油路L为低压（回油箱），这时尾架换向阀11也无压力油进入尾架缸14，顶尖也就不会推出。尾顶尖的夹紧是靠弹簧力的。

6）抖动缸的功用

抖动缸6的功用有两个：一是帮助先导阀1实现换向过程中的快跳；二是当工作台需要做频繁短距离换向时实现工作台的抖动。

当砂轮做切入磨削或磨削短圆槽时，为提高磨削表面质量和磨削效率，需要工作台短距离、频繁往复换向—抖动。这时将换向挡铁调得很近或夹住换向杠杆，当工作台向左或向右移动时，挡铁带杠杆使先导阀阀芯向右或向左移动一个很小的距离，使先导阀1的控制进油路和回油路仅有一个很小的开口。通过此很小开口的压力油不可能使换向阀阀芯快速移动，这时，因为抖动缸柱塞直径很小，所通过的压力油足以使抖动缸快速移动。抖动缸的快速移动推动杠带先导阀快速移动（换向），迅速打开控制油路的进、回油口，使换向阀也迅速换向，从而使工作台做短距离、频繁往复换向—抖动。

3. 机床液压系统的特点

由于机床加工工艺的要求，M1432A 型万能外圆磨床液压系统是机床液压系统中要求较高、较复杂的一种。其主要特点是：

（1）系统采用了节流阀回油节流调速回路，功率损失较小。

（2）工作台采用了活塞杆固定式双杆液压缸，保证了左、右往复运动的速度一致，并使机床占地面积不大。

（3）系统在结构上采用了将开停阀、先导阀、换向阀、节流阀、抖动缸等组合一体的操纵箱。既使结构紧凑、管路减短、操纵方便，又便于制造和装配修理。此操纵箱属行程制动换向回路，具有较高的换向位置精度和换向平稳性。

7.2 液压系统设计计算

液压传动系统（以下简称液压系统）的设计是机器整体设计的一个组成部分。它的任务是根据整机的用途、特点和要求，明确整机对液压系统设计的要求；进行工况分析，确定液压系统的主要参数；拟定出合理的液压系统原理图；计算和选择液压元件的规格；验算液压系统的性能；绘制工作图和编制技术文件。

液压系统的设计与主机的设计是紧密联系的，二者往往同时进行。所设计的液压系统首先应符合主机的拖动、循环要求，其次还应满足结构组成简单、工作安全可靠、操纵维护方便、经济性好等条件。下面介绍液压系统的设计步骤：

（1）确定对液压系统的工作要求，进行工况分析。在开始设计液压系统时，首先必须明确设计任务的各项要求，主要有以下几个方面：

① 液压系统的动作和性能要求，如运动方式、行程和速度范围、负载条件、运动平稳性和精度、工作循环和动作周期、同步或互锁要求以及工作可靠性等。

② 液压系统的工作环境要求，如环境温度、湿度、外界情况以及安装空间等。

③ 其他方面的要求，如液压装置的重量、外观造型、外观尺寸及经济性等。

工况分析是指对液压执行元件的工作情况进行分析，即进行运动分析和动力分析。分析的目的是查明每个执行元件在各自工作过程中的流量、压力和功率的变化规律，并将此规律用图表、曲线等表示出来，作为拟定液压系统方案、确定系统主要参数（压力和流量）的依据。

（2）拟定液压系统原理图。液压系统原理图按照所要求的运动特点来拟定。首先分别选择和拟定基本回路，在基本回路的基础上再增设其他辅助回路，从而组成完整的液压系统。在拟定液压系统原理图时，可参考现有的同类产品进行分析、比较，以求合理完善。拟定液压系统原理图时，应注意以下几个问题：

① 为保证实现工作循环，在进行基本回路组合时，要防止相互干扰。

② 在满足工作循环和生产率的条件下，液压回路应力求简单、可靠，避免存在多余的回路。

③ 注意提高系统的工作效率，采取措施防止液压冲击和系统发热。

④ 应尽量采用有互换性的标准件，以利于降低成本，缩短设计和制造周期。

（3）计算和选择液压元件。液压元件的选择主要是通过计算它们的主要参数（如压力和流量)来确定的。一般先计算工作负载,再根据工作负载和工作要求的速度计算液压缸的主要尺寸、工作压力和流量或液压马达的排量,然后计算液压泵的压力、流量和所需功率,最后选择电动机、控制元件和辅助元件等。

(4) 对液压系统的性能进行验算。在确定了各个液压元件之后,还要对液压系统的性能进行验算。验算内容一般包括系统的压力损失、发热温升、运动平稳性和泄漏量等。

(5) 液压装置的结构设计、绘制工作图及编制技术文件。液压装置的结构形式有集中式和分散式两种:

① 集中式结构是将液压系统的动力源、控制调节装置等独立于机器之外,单独设置一个液压泵站。这种结构形式的优点是安装维修方便,液压泵站的振动、发热都与机器本体隔开;缺点是液压泵站增加了占地面积。

② 分散式结构是将机床液压系统的动力源、控制调节装置分散在机器各处。这种结构形式的优点是结构紧凑,占地面积小,易于回收泄漏油。缺点是安装维修复杂,动力源的振动、发热都会对机器的工作产生不利影响。

根据拟定的液压系统原理图绘制正式工作图。正式工作图应包括:

① 液压泵的型号、压力、流量、转速以及变量泵的调节范围。

② 执行元件的运转速度、输出的最大扭矩或推力、工作压力以及工作行程等。

③ 所有执行元件及辅助设备的型号及性能参数。

④ 管路元件的规格与型号。

⑤ 操作说明。

在绘图时,各元件的方向和位置尽量与实际装配时一致。液压系统的正式工作图绘制完毕后,还要绘制液压系统装配图,作为施工的依据。在装配图上应表示出各液压元件的位置和固定方式,油管的规格和分布位置,各种管接头的形式和规格等。设计时应考虑到安装、使用、调整和检修方便,并使管路阻力尽量减小。

对于自行设计的非标准液压元件,必须绘出装配图和零件图。编制出的技术文件包括零部件目录表,标准件、通用件和外购件总表,试车要求,技术说明书等。

上述设计步骤只说明了一般的设计过程。在实际工作中,这些步骤并不是固定不变的,有些步骤往往可以省略或合并,有时需要穿插进行。对于较复杂液压系统的设计,有时需经过多次反复比较,才能最后确定。

7.3 液压系统设计举例

本节通过一个典型液压系统的设计实例,说明液压系统设计的基本方法。设计任务是设计一台钻、镗两用组合机床的液压系统。要求是:液压系统完成"快进—工进—死挡铁停留—快退—原位停止"的工作循环,并完成工件的定位与夹紧。机床的快进速度为 5 m/min,快退速度与快进速度相等。工进要求是能在 $20\sim100$ mm/min 范围内无级调速。最大行程为 500 mm,工进行程为 300 mm。最大切削力为 12 000 N,运动部件自重为 20 000 N。导轨水平放置。工件所需夹紧力不得超过 6500 N,最小不低于 4000 N。夹紧缸的行程为

50 mm，由松开到夹紧的时间 $\Delta t_1 = 1$ s，启动换向时间 $\Delta t_2 = 0.2$ s。

7.3.1　工况分析

1. 运动参数分析

根据主机要求画出动作循环图，如图 7-3 所示。然后根据动作循环图和速度要求画出速度 v 与行程 s 的工况图，如图 7-4 所示。

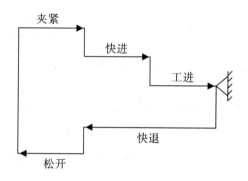

图 7-3　动作循环图

2. 动力参数分析

1）计算各阶段的负载

（1）启动和加速阶段的负载 F_q。从静止到快速的启动时间很短，故以加速过程进行计算，但摩擦阻力仍按静摩擦阻力考虑。

$$F_q = F_j + F_g + F_m$$

式中：F_j——静摩擦阻力，计算时，其摩擦系数可取 $0.16 \sim 0.2$；

F_g——惯性阻力，可按牛顿第二定律求出，有

$$F_g = m\alpha = \frac{G\Delta v}{g\Delta t_2} = \frac{20000 \times 5/60}{9.81 \times 0.2} \approx 849.47 \text{ N}$$

F_m——密封产生的阻力。按经验可取 $F_m = 0.1 F_q$，所以

$$F_q = F_j + F_g + F_m = 0.16 \times 20000 + 849.47 + 0.1 F_q$$

故

$$F_q = \frac{3200 + 849.47}{0.9} \approx 4499.41 \text{ N}$$

（2）快速阶段的负载 F_K 为

$$F_K = F_{dm} + F_m$$

式中：F_{dm}——动摩擦阻力，取其摩擦系数为 0.1；

F_m——密封阻力，取 $F_m = 0.1 F_K$，所以

$$F_K = F_{dm} + F_m = 0.1 \times 20\,000 + 0.1 F_K$$

故

$$F_K = \frac{2000}{0.9} \approx 2222.22 \text{ N}$$

（3）工进阶段的负载 F_{gj} 为

$$F_{gj} = F_{dm} + F_{qx} + F_m$$

式中：F_{dm} ——动摩擦阻力，取其摩擦系数为 0.1；

　　　F_{qx} ——切削力；

　　　F_m ——密封阻力，取 $F_m = 0.1 F_{gj}$，所以

$$F_{gj} = F_{dm} + F_{qx} + F_m = 0.1 \times 20\,000 + 12\,000 + 0.1 F_{gj}$$

故

$$F_{gj} = \frac{2000 + 12\,000}{0.9} \approx 15\,555.56 \text{ N}$$

其余制动负载及快退负载等也可按上面类似的方法计算，这里不再一一计算。

2）绘制工况图

根据上述计算得出的负载，可初步绘制出负载 F 与行程 s 的工况图，如图 7-4 所示。

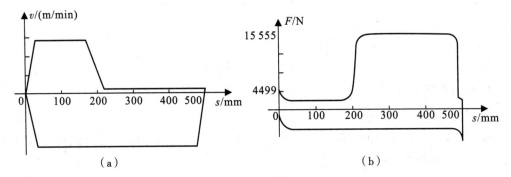

图 7-4　速度与行程工况图

(a)速度工况图；(b)行程工况图

7.3.2　计算液压缸尺寸和所需流量

1. 工作压力的确定

工作压力可根据负载来确定。现按液压手册有关要求，取工作压力 $P = 3$ MPa。

2. 计算液压缸尺寸

（1）液压缸工作的示意图如图 7-5 所示。液压缸的有效工作面积 A_1 为

$$A_1 = \frac{F}{P} = \frac{15\,555.56}{3 \times 10^6} \approx 5185.19 \times 10^{-6} \text{ m}^2 \approx 5185 \text{ mm}^2$$

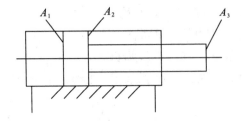

图 7-5　液压缸工作的示意图

液压缸内径为

$$D = \sqrt{\frac{4A_1}{\pi}} = \sqrt{\frac{4 \times 5185}{3.14}} \approx 81.27 \text{ mm}$$

根据液压缸内径尺寸确定的有关要求，取标准值 $D = 80$ mm。

（2）活塞杆直径。要求快进与快退的速度相等，故用差动连接的方式。所以取 $d = 0.7D = 56$ mm，再取标准值为 $d = 55$ mm。

（3）缸径、杆径取标准值后的有效工作面积。无杆腔有效工作面积为

$$A_1 = \frac{\pi}{4}D^2 = \frac{3.14}{4} \times 80^2 \approx 5024 \text{ mm}^2$$

活塞杆面积为

$$A_3 = \frac{\pi}{4}d^2 = \frac{3.14}{4} \times 55^2 \approx 2375 \text{ mm}^2$$

有杆腔有效工作面积为

$$A_2 = A_1 - A_3 = 5024 - 2375 = 2649 \text{ mm}^2$$

3. 确定液压缸所需的流量

快进流量 q_{kj} 为

$$q_{kj} = A_3 v_K = 2375 \times 10^{-6} \times 5 \approx 12 \times 10^{-3} \text{ m}^3/\text{min} = 12 \text{ L/min}$$

快退流量 q_{kt} 为

$$q_{kt} = A_2 v_K = 2649 \times 10^{-6} \times 5 \approx 13 \times 10^{-3} \text{ m}^3/\text{min} = 13 \text{ L/min}$$

工进流量 q_{gj} 为

$$q_{gj} = A_1 v_g = 5024 \times 10^{-6} \times 0.1 \approx 0.5 \times 10^{-3} \text{ m}^3/\text{min} = 0.5 \text{ L/min}$$

4. 夹紧缸的有效面积、工作压力和流量的确定

（1）确定夹紧缸的工作压力。根据最大夹紧力，参考液压手册相关内容，取工作压力 $P_j = 1.8$ MPa。

（2）计算夹紧缸有效面积、缸径、杆径。夹紧缸有效面积 A_j 为

$$A_j = \frac{F_j}{P_j} = \frac{6500}{1.8 \times 10^6} \approx 3611.11 \times 10^{-6} \text{ m}^2 \approx 3611 \text{ mm}^2$$

夹紧缸直径 D_j 为

$$D_j = \sqrt{\frac{4A_j}{\pi}} = \sqrt{\frac{4 \times 3611}{3.14}} \approx 67.82 \text{ mm}$$

取标准值为 $D_j = 70$ mm，则夹紧缸有效面积为

$$A_j = \frac{\pi}{4}D_j^2 = \frac{3.14}{4} \times 70^2 = 3846.5 \text{ mm}^2$$

活塞杆直径 d_j 为

$$d_j = 0.5D_j = 35 \text{ mm}$$

夹紧缸在最小夹紧力时的工作压力为

$$p_{jmin} = \frac{F_j}{A_j} = \frac{4000}{3846.5 \times 10^{-6}} \approx 1.04 \times 10^6 \text{ Pa} \approx 1 \text{ MPa}$$

（3）计算夹紧缸的流量 q_j 为

$$q_j = A_j v_j = A_j \times \frac{50 \times 10^{-3}}{\Delta t_1} = 3846.5 \times 10^{-6} \times \frac{50 \times 10^{-3}}{1}$$

$$\approx 0.19 \times 10^{-3}\,\mathrm{m^3/s} = 11.4\,\mathrm{L/min}$$

7.3.3 确定液压系统方案及拟定原理图

1. 确定执行元件的类型

（1）工作缸：根据本设计的特点要求，选用无杆腔面积两倍于有杆腔面积的差动液压缸。

（2）夹紧缸：由于结构上的原因并为了有较大的有效工作面积，采用单杆液压缸。

2. 换向方式确定

为了便于工作台在任意位置停止，使调整方便，所以采用三位换向阀。为了便于组成差动连接，应采用三位五通换向阀。考虑本设计机器工作位置的调整方便性和采用液压夹紧的具体情况，采用 Y 型机能的三位五通换向阀。

3. 调速方式的选择

在组合机床的液压系统中，进给速度的控制一般采用节流阀或调速阀。根据钻、镗类专机工作时对低速性能和速度负载都有一定要求的特点，采用调速阀进行调速。为了便于实现压力控制，采用进油节流调速。同时为了保证低速进给时的平稳性并避免钻通孔终了时出现前冲现象，在回油路上设有背压阀。

4. 快进转工进的控制方式的选择

为了保证转换平稳、可靠、精度高，可采用行程控制阀。

5. 终点转换控制方式的选择

根据镗削时停留和控制轴向尺寸的工艺要求，本机采用行程开关和压力继电器加死挡铁控制。

6. 实现快速运动的供油部分设计

因为快进、快退和工进的速度相差很大，为了减少功率损耗，采用双联泵驱动（也可采用变量泵）。工进时中压小流量泵供油，并控制液控卸荷阀，使低压大流量泵卸荷；快进时两泵同时供油。

7. 夹紧回路的确定

由于夹紧回路所需压力低于进给系统压力，所以在供油路上串接一个减压阀，此外，为了防止主系统压力下降时（如快进和快退）影响夹紧系统的压力，所以在减压阀后串接一个单向阀。夹紧缸只有两种工作状态，故采用二位阀控制。这里采用二位五通带钢球定位的电磁换向阀。

为了实现夹紧后才能让滑台开始快进的顺序动作，并保证进给系统工作时夹紧系统的压力始终不低于所需的最小夹紧压力，故在夹紧回路上安装一个压力继电器。当压力继电器动作时，滑台进给；当夹紧压力降到压力继电器复位值时，换向阀回到中位，进给停止。

根据以上分析，绘制出组合机床的液压系统的原理图，如图 7-6 所示。

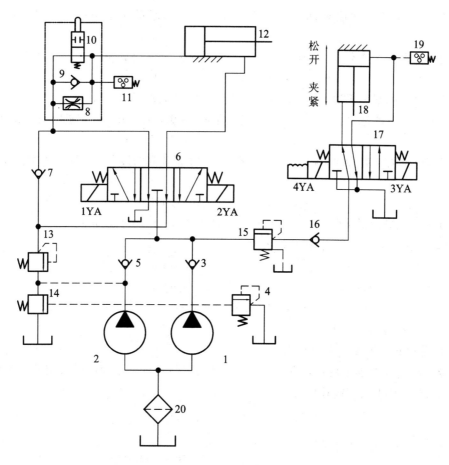

1、2—液压泵；3、5、7、9、16—单向阀；4—溢流阀；6、10、17—换向阀；8—调速阀；11、19—压力继电器；

12、18—液压缸；13、14—顺序阀；15—减压阀；20—过滤器

图 7-6　组合机床的液压系统的原理图

7.3.4　选择液压元件和确定辅助装置

1. 选择液压泵

1）泵的工作压力的确定

泵的工作压力可按缸的工作压力加上管路和元件的压力损失来确定，所以要等到求出系统压力损失后，才能最后确定。采用调速阀调速，初算时可取 $\sum \Delta p = 0.5 \sim 1.2$ MPa，考虑背压，现取 $\sum \Delta p = 1$ MPa。泵的工作压力 p_b 初定为

$$p_b = p + \sum \Delta p = 3 + 1 = 4 \text{ MPa}$$

式中：p——液压缸的工作压力；

　　$\sum \Delta p$——系统的压力损失。

2）泵的流量的确定

（1）快速进退时泵的流量。由于液压缸采用差动连接方式，而有杆腔有效面积 A_2 大于

活塞杆面积 A_3，故在速度相同的情况下，快退所需的流量大于快进的流量，故按快退考虑。

快退时缸所需的流量 $q_{kt} = 13$ L/min，故快退时泵应供油量为

$$q_{ktb} = Kq_{kt} = 1.1 \times 13 = 14.3 \text{ L/min}$$

式中，K 为系统的泄漏系数，一般取 $K = 1.1 \sim 1.3$，此处取 1.1。

（2）工进时泵的流量。工进时缸所需的流量 $q_{gj} = 0.5$ L/min，故工进时泵应供流量为

$$q_{gjb} = Kq_{gj} = 1.1 \times 0.5 = 0.55 \text{ L/min}$$

考虑到节流调速系统中溢流阀的性能特点，需加上溢流阀的最小溢流量（一般取 3 L/min），所以

$$q_{gjb} = 0.55 + 3 = 3.55 \text{ L/min}$$

根据组合机床的具体情况，从产品样本中选用 YB-4/10 型双联叶片泵。此泵在快进、快退时（低压状态下双泵供油）提供的流量为

$$q_{max} = 4 + 10 = 14 \text{ L/min} \approx q_{ktb}$$

在工进时（高压状态下小流量的泵供油）提供的流量为

$$q_{min} = 4 \text{ L/min} > q_{gjb}$$

故所选泵符合系统要求。

3）验算快进、快退的实际速度

当泵的流量规格确定后，应验算快进、快退的实际速度，与设计要求相差太大则要重新计算。快进、快退的实际速度为

$$v_{kj} = \frac{q_{max}}{A_3} = \frac{14 \times 10^{-3}}{2375 \times 10^{-6}} \approx 5.9 \text{ m/min}$$

$$v_{kt} = \frac{q_{max}}{A_2} = \frac{14 \times 10^{-3}}{2649 \times 10^{-6}} \approx 5.3 \text{ m/min}$$

2. 选择阀类元件

各类阀可按通过该阀的最大流量和实际工作压力选取。阀的调整压力值必须在确定了管路的压力损失和阀的压力损失后才能确定，阀的具体选取可参考各种产品样本手册。限于篇幅，此处略。

3. 确定油管尺寸

1）油管内径的确定

油管内径可按下式计算

$$d = \sqrt{\frac{4q}{\pi v}}$$

泵的最大流量为 14 L/min，但在系统快进时，部分油管的流量可达 28 L/min，取 v 为 4 m/s，则

$$d = \sqrt{\frac{4 \times 28 \times 10^{-3}}{3.14 \times 4 \times 60}} \approx 1.2 \times 10^{-2} \text{ m} = 12 \text{ mm}$$

2）按标准选取油管

可按标准选取内径 $d = 12$ mm、壁厚为 1 mm 的紫铜管。安装方便处也可选用内径 $d = 12$ mm、外径 $D = 18$ mm 的无缝钢管。

4. 确定油箱容量

本设计为中压系统，油箱有效容量可按泵每分钟内公称流量的 5～7 倍来确定。
油箱的有效容量为

$$V = 5 \times q_b = 5 \times 14 = 70 \text{ L}$$

7.3.5　计算压力损失和压力阀的调整值

按本书中有关计算公式计算压力损失，此处略。按压力损失和工作需要可确定各压力阀的调整值，此处略。

7.3.6　计算液压泵需要的电动机功率

1. 工进时所需的功率

工进时泵 1 的调整压力为 4.3 MPa，流量为 4 L/min。当泵 2 卸荷时，其卸荷压力可视为零。对于叶片泵，取其效率 $\eta = 0.75$，所以工进时所需电动机功率为

$$P = \frac{p_{b1} q_{b1}}{\eta} = \frac{4.3 \times 10^6 \times 4 \times 10^{-3}}{0.75 \times 60} \approx 0.38 \times 10^3 \text{ W} = 0.38 \text{ kW}$$

2. 快进、快退时所需的功率

由于快进、快退时流量相同，而快进时的工作压力大于快退时的工作压力，故功率可按快进时计算。系统的压力为 3 MPa（液控顺序阀的调整压力），流量为 14 L/min，其功率为

$$P = \frac{p_{b2} q_{b2}}{\eta} = \frac{3 \times 10^6 \times 14 \times 10^{-3}}{0.75 \times 60} \approx 0.93 \times 10^3 \text{ W} = 0.93 \text{ kW}$$

3. 确定电动机功率

由于快速运动所需电动机功率大于工作进给所需电动机功率，故可按快速运动所需的功率来选取电动机。现按标准选用电动机功率为 1.1 kW，具体型号可参考相关手册。

项 目 小 结

（1）以典型液压系统为例，在结合前面项目任务的基础上，应用所学的液压阀、液压基本回路，学会阅读液压传动系统的基本方法和步骤，学会分析系统的构成和工作原理及功能实现的途径。

（2）阅读液压传动系统图的一般步骤是：从工作循环图入手，结合电磁阀动作顺序表，读懂执行元件每个循环动作的油路通断情况，分析清每个阀和其他元件的作用，以理解整个液压系统的功能特点。

（3）了解液压系统设计的基本步骤，会根据系统的设计要求，选择液压元件、进行工况分析，确定主要负载，合理确定液压系统的压力、速度和流量等主要参数。拟定系统原理图，并进行元件的计算和系统性能验算；再绘制工作图和编制技术文件。

思考题与练习题

7-1. 试设计一台专用铣床的液压系统。已知最大切削阻力为 9×10^3 N，切削过程要求实现"快进—工进—快退—原位停止"的自动循环。采用液压缸驱动，工作台的快进速度为 4.5 m/min，进给速度范围为 $60 \sim 1000$ mm/min，要求无级调速，最大有效行程为 400 mm，工作台往复运动的加速、减速时间为 0.05 s，工作台自重为 3×10^3 N，工件及夹具最大重量为 10^3 N，采用平导轨，工作行程为 200 mm。

项目八　BYVM650L 数控加工中心气动换刀系统装配与调试

△ **项目任务**

1. 了解 BYVM650L 数控加工中心气动换刀系统的工作过程，理解气动换刀系统的工作原理。

2. 掌握气动系统的组成，气源装置的工作原理及组成，气动执行元件的类型、原理及应用。

3. 掌握气动控制元件的类型、原理、功能和应用。

4. 理解气动基本回路及常用回路的工作原理及应用。

5. 培养学生气压系统的分析能力与应用能力。

6. 能够规范组建本项目数控加工中心气动换刀系统，其原理图如图 8-1 所示。

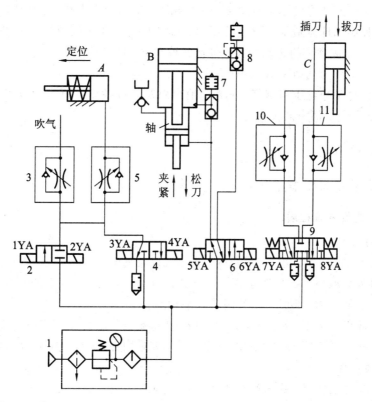

1—气动三联件；2—二位二通双电控电磁换向阀；3、5、10、11—单向节流阀；4—二位三通双电控电磁换向阀；
6—二位五通双电控电磁换向阀；7—梭阀；8—快速排气阀；9—三位五通双电控电磁换向阀

图 8-1　数控加工中心气动换刀系统的原理图

8.1　气源装置及其辅件

▲ 教学安排

1. 通过教师提供资料与学生自己查阅资料，让学生了解叶片泵的用途。

2. 教师告知学生气源装置及其辅件的用途及功能，学生通过动画、视频等理解其结构与原理。

3. 教师讲解气源装置及其辅件的作用、工作原理、结构特点等知识。

▲ 知识支撑 ◆◆◇◆◇◆◇◆◇◆◇◆◇◆◇◆◇◆◇◇

与液压系统相同，气动系统主要是由能源装置、执行元件、控制元件、辅助元件这四大部分组成的。

（1）气源装置将原动机（如电动机）供给的机械能转变为气体的压力能，为各类气动设备提供足够清洁和干燥且具有一定压力和足够流量的压缩空气，其主体部分是空气压缩机。

（2）气动执行元件将气体压力能转变为机械能，输出给工作部件，如气缸、气马达等。

（3）气动控制元件控制压缩空气的压力、流量和流动方向以及执行元件的工作程序，以便使执行元件完成预定的运动规律。包括各种阀类，在气动系统内还经常应用具有逻辑功能的控制元件，称为气动逻辑元件。

（4）辅助元件是净化压缩空气、润滑、消声以及连接各元件所需的装置，如各种过滤器、干燥器、油污器、消声器及管件等。

8.1.1　气源装置

一、气动系统与压缩空气

1. 空气的主要物理性质

1）空气的组成

空气主要是由氮、氧、氩、二氧化碳，水蒸气以及其他一些气体等混合组成的。把含有水蒸气的空气称为湿空气，不含有水蒸气的空气称为干空气。大气中的空气基本上都是湿空气，且在距地面 20 km 以内，空气组成几乎相同。

湿空气中含有水蒸气，会使气动元件生锈，严重影响气动元件的使用寿命。空气中含水量的多少极大地影响着气动系统的稳定性和寿命，要采用各种措施防止将水分带入系统。

2）空气的密度

单位体积空气的质量，称为空气的密度 $\rho(\text{kg/m}^3)$，空气的密度与压力和温度有关。

3）空气的黏性

空气在流动过程中产生的内摩擦阻力的性质称为空气的黏性，用黏度表示其大小。空气的黏度受压力的影响很小，一般可忽略不计，空气的黏度随温度的升高而略有增加。空气黏度随温度变化的规律与液体黏度随温度变化的规律相反。

4）压缩性和膨胀性

气体与液体和固体相比具有明显的压缩性和膨胀性。空气的体积较易随压力和温度的变化而变化。气体体积在外界作用下容易产生变化，气体的可压缩性导致气压传动系统刚度差，定位精度低。气体体积随温度和压力的变化规律遵循气体状态方程。

2. 气动系统对空气质量的要求

气动系统是流体传动的一种，因此气动系统首先要求压缩空气具有一定的压力和足够的流量，用以承受相应的负载和产生相应的运动。

在压缩空气的压力和流量满足要求的同时，气动系统还要求压缩空气中不能带有水分。由于压缩空气中还会带有不少污染物，如灰尘、铁屑等固定颗粒杂质，这些杂质的存在可能会造成管道的堵塞等故障，要求压缩空气具有一定的清洁度和干燥度。

二、气源装置的组成和布置

气源装置为气动系统提供满足一定质量要求的压缩空气，是气动系统的重要组成部分。气动系统对压缩空气的主要要求：具有一定压力和流量，并具有一定的净化程度。

气源装置由以下四部分组成：气压发生装置——空气压缩机，净化、储存压缩空气的装置和设备，管道系统，气动三大件。

压缩空气站的设备组成和布置示意图如图 8-2 所示。在图 8-2 中，原动机（一般是电动机）带动空气压缩机 1 旋转，经吸气口再经过过滤器将空气吸入，压缩后输出为压缩空气。压缩机输出的空气进入冷却器 2，使压缩空气的温度由 140℃～170℃降至 40℃～50℃，空气中的油气和水汽凝结成油滴和水滴，然后进入油水分离器 3 中，使大部分油、水和杂质从气体中分离出来，将得到初步净化的气体送入储气罐 4 中（一次净化）。对于使用要求不高的气压系统，即可用储气罐 4 直接供气。对于仪表和用气质量要求高的工业用气，则必须进行二次和多次净化处理，即经过处理的压缩空气进入干燥桶 5 进一步除去气体中的残留水分和油污。在净化系统中干燥器甲和乙交替使用，其中，闲置的一个利用加热器 8 吹入的热空气进行再生，以备替换使用。四通阀 9 用于转换两个干燥器的工作状态。过滤器 6 的作用是进一步清除压缩空气中的杂质和油气。经过处理的气体进入储气罐 7，供气动设备和仪表使用。

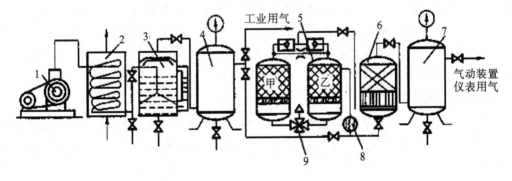

1—空气压缩机；2—冷却器；3—油水分离器；4、7—储气罐；5—干燥器；6—过滤器；8—加热器；9—四通阀

图 8-2　压缩空气站的设备组成和布置示意图

气源装置的主体是空气压缩机。一般规定，当空气压缩机的排气量小于 6 m³/min 时，空气压缩机直接安装在主机旁；当空气压缩机的排气量大于或等于 6 m³/min 时，就应独

立设置空气压缩站，作为整个工厂或空间的统一气源。图8-2所示为一般空气压缩站的设备组成和布置示意图。

三、空气压缩机

空气压缩机是将机械能转换成气体压力能的装置，是压缩空气的气压发生装置。空气压缩机的种类很多，可按工作原理、输出压力高低、输出流量大小以及结构形式、性能参数等进行分类。在气压传动中，一般多采用容积式空气压缩机。容积式空气压缩机是通过运动部件的位移，将一定容积的气体顺序地吸入和排出封闭空间以提高静压力的压缩机。按工作腔和运动部件形状，容积式空气压缩机可分为往复式和回转式两大类。前者的运动部件进行往复运动，后者的运动部件做单方向回转运动。往复式压缩机的压缩元件是一个活塞，在气缸内做往复运动，以此来改变压缩腔内部容积。

1. 活塞式空气压缩机的工作原理

图8-3所示为活塞式空气压缩机的工作原理。图中，曲柄8做回转运动，通过连杆7、活塞杆4带动活塞3做直线往复运动。

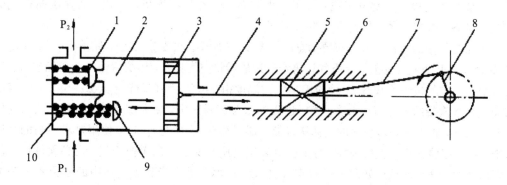

1—排气阀；2—气缸；3—活塞；4—活塞杆；5—十字头滑块；6—滑道；7—连杆；8—曲柄；9—吸气阀；10—弹簧

图8-3　活塞式空气压缩机的工作原理

当活塞3向右运动时，气缸内容积增大而形成局部真空，吸气阀9打开，空气在大气压作用下由吸气阀9进入气缸，此过程称为吸气过程；当活塞3向左运动时，吸气阀9关闭，随着活塞的左移，缸内空气受到压缩而使压力升高，在压力足够高时，排气阀1即被打开，压缩空气进入排气管内，此过程为排气过程。图中仅表示了一个活塞、一个缸的空气压缩机，大多数空气压缩机是多缸、多活塞的组合。

2. 空气压缩机的选用

首先应该按空气压缩机的特性要求，选择空气压缩机的类型，再根据气动系统所需要的工作压力和流量两个参数，确定空气压缩机的输出压力和吸入流量，最终选取空气压缩机的型号。

1）输出压力的选择

气源压力应比气动系统中的最高工作压力高出20%左右，并以此压力选择空气压缩机的输出压力，因为要考虑供气系统管道的压力损失。若气动系统中某气动装置的工作压力要求较低，则可采用减压阀减压的方式供气。

目前，气体传动系统的最大工作压力一般为 0.5～0.8 MPa，因此多选用额定排气压力为 0.7～1 MPa 的低压空气压缩机。特殊需要时也可选用中压(1～10 MPa)或高压(大于 8～200 MPa)空气压缩机。

2) 输出流量的选择

为各气动装置对压缩空气需要的理论最大耗气量与管路系统等的泄漏量之和，同时还需要考虑一定的备用供气余量。

8.1.2 气动辅助元件

气动系统中除了动力元件、执行元件和控制元件以外的都属于辅助元件，如压缩空气的净化与储存装置、干燥器、冷却器、过滤器、消声器、油雾器等。

一、压缩空气的净化与储存装置

由空气压缩机产生的压缩空气能满足气动系统对压力和流量的要求，但其温度高达 170℃ 且含有大量的水分、汽化的润滑油和粉尘等杂质，因此必须经过降温、干燥、净化等一系列处理，以提高压缩空气质量。一般的气源净化装置包括后冷却器、油水分离器、储气罐、干燥器等。

1. 后冷却器

后冷却器将空气压缩机排出具有 140℃～170℃ 的压缩空气降至 40℃～50℃，压缩空气中的油雾和水分亦凝析出来。冷却方式有水冷和气冷式两种。

图 8-4 所示为后冷却器的结构及其图形符号。图 8-4(a)为蛇管式，图 8-4(b)为列管式。蛇管式采用压缩空气在管内流动，冷却水在管外流动的冷却方式，结构简单，应用广泛。

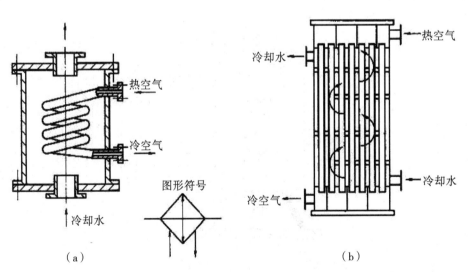

图 8-4 后冷却器的结构及其图形符号
(a)蛇管式；(b)列管式

2. 油水分离器

油水分离器安装在后冷却器出口，主要利用回转离心、撞击、水浴等方法使水滴、油滴及其他杂质颗粒从压缩空气中分离出来。油水分离器的结构形式有环形回转式、撞击折回式、离心旋转式、水浴式等。图8-5为撞击折回并回转式油水分离器的结构及其图形符号。

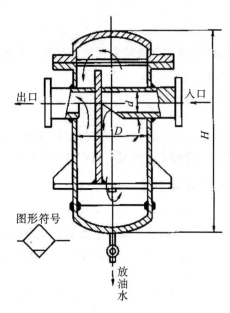

图8-5　撞击折回并回转式油水分离器的结构及其图形符号

3. 储气罐

储气罐的主要作用是储存一定数量的压缩空气，减少气流脉动，减弱气流脉动引起的管道振动，进一步分离压缩空气的水分和油分。储气罐一般采用焊接结构，以立式居多。储气罐的结构及其图形符号如图8-6所示。

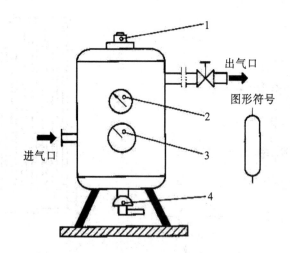

1—安全阀；2—压力表；3—检修盖；4—排水阀
图8-6　储气罐的结构及其图形符号

4. 干燥器

干燥器的作用是进一步除去压缩空气中含有的水分、油分、颗粒杂质等，使压缩空气干燥，用于对气源质量要求较高的气动装置、气动仪表等。压缩空气的干燥方法主要有冷却法和吸附法。图 8 - 7 所示为吸附式干燥器的结构及其图形符号。

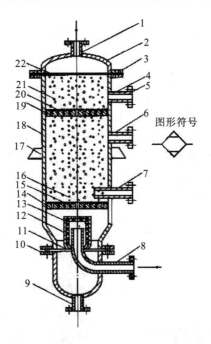

1—湿空气进气管；2—顶盖；3、5、10—法兰；4、6—再升空气排气管；7—再升空气进气管；

8—干燥空气输出管；9—排水管；11、22—密封垫；12、15、20—钢丝过滤网；13—毛毡；

14—下栅板；16、21—吸附剂层；17—支承板；18—筒体；19—上栅板

图 8 - 7 吸附式干燥器的结构及其图形符号

5. 空气过滤器

空气过滤器的作用是进一步滤除压缩空气中的杂质。空气过滤器与减压阀、油雾器一起称为气动三联件，是气动系统不可缺少的辅助元件。图 8 - 8 所示为普通空气过滤器的结构及其图形符号。

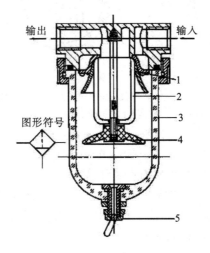

1—旋风叶子；2—滤芯；3—存水杯；4—挡水板；5—手动排水阀

图 8 - 8 空气过滤器的结构及其图形符号

二、油雾器

油雾器是一种特殊的注油装置，其作用是以压缩空气为动力，将润滑油雾喷射雾化后混合于压缩空气中，随压缩空气进入需要润滑的部位，如气缸活塞与缸体、阀芯与阀体等。这种注油方法具有润滑均匀、稳定，耗油量少和不需要大的储油设备等优点。

图 8-9 所示为普通型油雾器。压缩空气从输入口 1 进入后，通过小孔 3 进入特殊单向阀（由阀座 5、钢球 12 和弹簧 13 组成，其工作情况如图 8-9(c) 所示）阀座的腔内，如图 8-9(d) 所示，在钢球 12 上、下表面形成压力差，此压力差被弹簧 13 的部分弹簧力所平衡，而使钢球处于中间位置，因而压缩空气就进入储油杯 6 的上腔 A，油面受压，压力油经吸油管 10 将单向阀 9 的钢球托起，钢球上部管道有一个边长小于钢球直径的四方孔，使钢球不能将上部管道封死，压力油能不断地流入视油器 8 内，到达喷嘴小孔 2 中，被主通道中的气流从小孔 2 中引射出来，雾化后从输出口 4 输出。视油器上部的节流阀 7 用以调节滴油量。

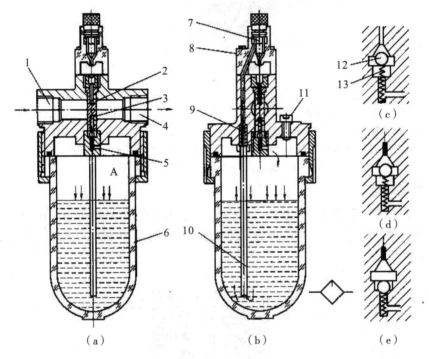

1—输入口；2、3—小孔；4—输出口；5—阀座；6—储油杯；7—节流阀；8—视油器；
9—单向阀；10—吸油管；11—油塞；12—钢球；13—弹簧

图 8-9 普通型油雾器

(a) 油雾器结构；(b) 图形符号；(c) 不工作时；(d) 进气工作时；(e) 不停气加油时

普通型油雾器能在进气状态下加油，这时只要拧松油塞 11 后，A 腔与大气相通而压力下降，同时输入的压缩空气将钢球 12 压在阀座 5 上，切断压缩空气进入 A 腔的通道，如图 8-9(e) 所示。由于吸油管中单向阀 9 的作用，压缩空气也不会从吸油管倒灌到储油杯中，所以就可以在不停气状态下向油塞 11 加油。

油雾器一般安装在分水滤气器、减压阀之后，尽可能靠近换向阀，应避免把油雾器安装在换向阀和气缸之间，以免造成浪费；需注意不要将油雾器进、出口接反；储油杯垂直设置，不可倒置或倾斜。

三、气动三联件

气动系统中一般将分水滤气器、减压阀和油雾器组合在一起称为气动三联件，又称为气动三大件。

气动三联件的正确安装顺序（如图 8-10 所示）是：从气源开始。按照气动设备进气的方向，依次是分水过滤器、减压阀和油雾器。油雾器的出口接气动设备的进气口，分水过滤器的进口接气源地出口，减压阀安装在两者之间。

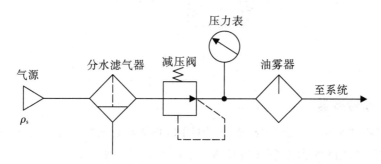

图 8-10　气动三联件的正确安装顺序

三联件是气动系统中每台气动设备或分系统进气口不可缺少的气源装置，是一般气动元件和气动系统用气质量的最后保证。其组成规格需由气动系统具体的用气需求确定，可以少于三大件，只用一件或两件，也可以多于三件。如有些品牌的电磁阀和气缸能够实现无油润滑，便不需要使用油雾器。空气过滤器和减压阀组合在一起可以称为气动二联件。还可以将空气过滤器和减压阀集成在一起，便成为过滤减压阀。有些场合不允许压缩空气中存在油雾，则需要使用油雾分离器将压缩空气中的油雾过滤掉。总之，这几个元件可以根据需要进行选择，并可以将它们组合起来使用。

四、消声器

与液压系统不同，在普通气动系统中，用后的空气可直接排入大气，不必考虑回收管道问题，只需要统一规划布置供气管道。

在气压传动系统中，当气缸、气阀等元件工作时，排气速度较高，气体体积急剧膨胀，会产生刺耳的噪声。噪声的强弱随排气的速度、排量和空气通道的形状而变化。排气的速度和功率越大，噪声也越大，一般可达 100～120 dB，为了降低噪声，一般应在气动装置的排气口处安装消声器。消声器是通过阻尼或增加排气面积来降低排气速度和功率，从而降低噪声的。

常用的消声器有吸收型、膨胀干涉型和膨胀干涉吸收型三种。图 8-11 所示为吸收型消声器。这种消声器主要靠吸声材料消声，消声罩为多孔的吸声材料，是用聚苯乙烯颗粒或铜珠烧结而成的。当有压气体通过消声罩时，气流受阻，声波被吸收一部分并转化为热能，从而降低了噪声强度。吸收型消声器结构简单，具有良好的消除中、高频噪声的功能，可降低噪声约 20 dB，在气动系统中应用广泛。

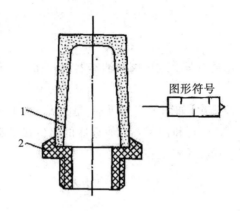

图形符号

1—连接件；2—消声罩
图 8 - 11　吸收型消声器

五、气-液转换器

气动系统中常采用气-液阻尼缸或使用液压缸作为执行元件，以求获得较平稳的速度，这就需要一种把气信号转换成液压信号的装置，即气-液转换器。

气-液转换器主要有两种，其中一种是直接作用式，图 8 - 12 所示为气-液直接作用式转换器。当压缩空气由上部输入管道后，经过管道末端的缓冲装置使其作用在液压油面上，因此液压油就以压缩空气相同的压力由转换器主体下部的排油孔输出到液压缸，使其动作。气-液转换器的储油量应不小于液压缸最大有效容积的 1.5 倍。

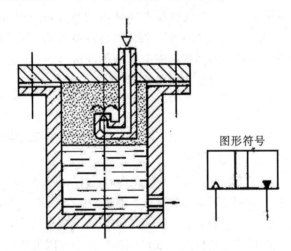

图形符号

图 8 - 12　气-液直接作用式转换器

六、管道连接件

管道连接件包括管子和各种管接头。其分述如下：

（1）管子可分为硬管和软管。一些固定不动的、不需要经常装拆的地方使用硬管；连接运动部件、希望装拆方便的管路用软管。常用的是紫铜管和尼龙管。

（2）管接头分为卡套式、扩口螺纹式、卡箍式、插入快换式等。

8.2　气动执行元件的拆装

▲ **教学安排**

1. 通过教师提供资料与学生自己查阅资料，让学生了解气动执行元件的用途。
2. 教师告知学生气缸的拆装要求与拆装要点，学生通过拆装气缸理解其结构与原理。
3. 教师讲解气缸的作用、工作原理、结构特点等知识。
4. 对照实物与图片，教师与学生分析气缸的常见故障。

▲ **知识支撑** ◆·◆·◆·◆·◆·◆·◆·◆·◆·◆·◆·◆·◆·◆·◆

气动执行元件是将压缩空气的压力能转化为机械能的能量转换装置。它驱动运动机构做直线往复、摆动或回转运动，输出为力或转矩。气动执行元件包括气缸和气动马达。

8.2.1　气缸

一、气缸的分类

气缸是气动系统的执行元件之一，用于输出直线运动和位移，应用十分广泛。根据使用条件不同，其结构、形状有多种形式，分类方法也很多。常用的分类方法如下：

（1）按结构分类：气缸分为活塞式、膜片式和柱塞式。

（2）按尺寸分类：气缸分为微型气缸（缸径为 2.5～6 mm）、小型气缸（缸径为 8～25 mm）、中型气缸（缸径为 32～320 mm）和大型气缸（缸径大于 320 mm）。

（3）按压缩空气对活塞作用力的方向分类：气缸分为单作用气缸和双作用气缸两种。

（4）按功能分类：气缸分为普通气缸、气-液阻尼气缸、膜片式气缸、冲击气缸、缓冲气缸和摆动气缸等。

（5）按气缸的安装形式分类：气缸分为固定式气缸、轴销式气缸和回转式气缸。

（6）按气缸的位置检测方式分类：气缸分为限位开关气缸和磁性开关气缸。

二、常用气缸

1. 普通气缸

普通气缸主要指活塞式单作用气缸和双作用气缸，用于无特殊使用要求的场合，如一般的驱动、定位、夹紧装置的驱动等。普通气缸的种类及结构形式与液压缸基本相同。目前最常选用的是标准气缸，其结构和参数都已系列化、标准化、通用化。QGA 系列为无缓冲普通气缸，QGB 系列为有缓冲普通气缸。

1）双作用气缸

双作用气缸活塞的往复运动均由压缩空气来推动。单活塞杆双作用气缸的结构如图 8-13所示。它的工作原理是：当从无杆腔端的气口输入压缩空气时，若作用在活塞上的力克服了运动摩擦力及负载等各种反作用力，则气压力推动活塞前进，而有杆腔内的空气经出气口排入大气，使活塞杆伸出。同样，当有杆腔端的气口输入压缩空气，其气压力克服无杆腔的反作用力及摩擦力时，活塞杆退回至初始位置。通过无杆腔和有杆腔交替进气和排气，实现活塞的伸出和退回，气缸做往复直线运动。由于两个腔的有效工作面积不同，所以在供气压力和流量相同的情况下，活塞做往复运动输出的力和速度都不相等。其输出的力和速度的计算与同类型的液压缸完全相同。活塞式气缸也有两个活塞杆的结构和无杆的结构。

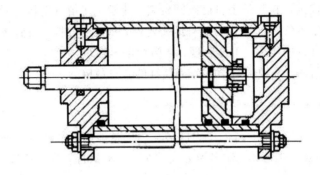

图 8-13　单活塞杆双作用气缸的结构

2）单作用气缸

单作用气缸是指气缸仅有一个方向的运动是气压传动，推动活塞运动，而返回时要靠外力，如弹簧力、膜片张力和自重力等。图 8-14 所示为单作用气缸的工作原理。

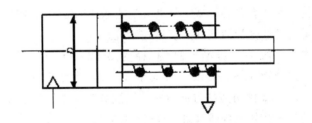

图 8-14　单作用气缸的工作原理

单作用方式常用于小型气缸，在气缸的一端装有使活塞杆复位的弹簧，另一端的缸盖上开有气口。因为用弹簧和膜片等复位，在此起背压作用，压缩空气的能量不能全部用于作有用功，有一部分能量需要用来克服弹簧或膜片的弹力，所以活塞杆推力减小。弹簧或膜片的安装又会占有一定的空间，故活塞的有效行程缩短。单作用气缸只有一个进气口，只是在发生动作的方向上需要压缩空气，故可节约一半压缩空气，一般多用于行程短且对输出力和运动速度要求不高的场合（用于夹紧、退料、阻挡、压入、举起和进给等操作）。

2. 气-液阻尼气缸

普通气缸工作时，由于气体的可压缩性，当外部载荷变化较大时，会产生"爬行"或"自走"现象，使气缸工作不稳定。为了使活塞运动平稳，普遍采用了气-液阻尼气缸。

气-液阻尼气缸是由气缸和液压缸组合而成的，它以压缩空气为能源，利用油液的不可压缩性和流量可控性来获得活塞的平稳运动并调节活塞的运动速度。与普通气缸相比，它传动平稳、停位精确、噪声小；与液压缸相比，它不需要液压源，油的污染小，经济性好。由于气-液阻尼气缸同时具有气动和液压的优点，因而得到了越来越广泛的应用。

图 8-15 所示为串联式气-液阻尼气缸的工作原理。它将液压缸和气缸串联成一个整体，两个活塞固定在一根活塞杆上。若压缩空气自 A 口进入气缸左腔，气缸克服外载荷并推动活塞向右运动，此时液压缸右腔排油，止回阀关闭，油液只能经节流阀缓慢流入液压缸左腔，对整个活塞的运动起阻尼作用。调节节流阀的通道面积，就能达到调节活塞运动速度的目的。反之，当压缩空气经换向阀从气缸 B 口进入时。液压缸左腔排油，此时止回阀开启，无阻尼作用，活塞快速向左运动。

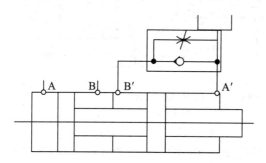

图 8-15　串联式气-液阻尼气缸的工作原理

这种气-液阻尼气缸一般是将双活塞杆腔作为液压缸的，因为这样可使液压缸两腔的排油量相等。此时一般只需用油杯就可补充因液压缸泄露而减少的油量。

3. 伸缩气缸

图 8-16 所示为伸缩气缸的结构示意图。其特点是行程长、径向尺寸较大而轴向尺寸较小，推力和速度随工作行程的变化而变化。

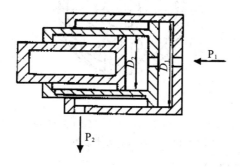

图 8-16　伸缩气缸的结构示意图

4. 回转式气缸

回转式气缸的工作原理如图 8-17 所示。它由导气头体、缸体、活塞杆、活塞等组成。这种气缸的缸体连同缸盖及导气头芯 6 可被携带回转，活塞 4 及活塞杆 1 只能做往复直线运动，导气头体 9 外接管路，固定不动。回转式气缸主要用于机床夹具和线材卷曲等装置。

5. 摆动气缸(摆动气马达)

摆动气缸是将压缩空气的压力能转变成气缸输出轴的有限回转机械能的一种气缸。它多作用安装位置受到限制或转动角度小于 360°的回转部件，如夹具的回转、阀门的开启、转塔车床上的塔刀架的转位以及自动生产线上物料的转位等场合。

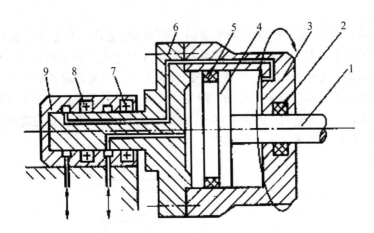

1—活塞杆；2、5—密封装置；3—缸体；4—活塞；6—缸盖及导气头芯；

7、8—轴承；9—导气头体

图 8-17　回转式气缸的工作原理

图 8-18 所示为单片叶摆动气缸的工作原理。定子 3 与缸体固定在一起，叶子 1 和转子 2（输出轴）连接在一起。当左腔进气，转子顺时针转动；反之，转子逆时针转动。这种气缸的耗气量一般都较大，其输出转矩和角速度与摆动液压缸相同，故不再重复。

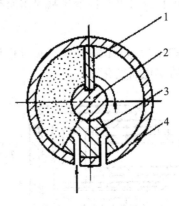

1—叶片；2—转子；3—定子；4—缸体

图 8-18　单片叶摆动气缸的工作原理

三、气缸的选择和使用

（1）根据工作任务对机构运动的要求，选择气缸的结构形式及安装方式。在满足工作机构要求的前提下，应尽可能选择现有气缸产品，以缩短设计周期并降低成本。

（2）根据外载荷的大小确定气缸输出力（推理或拉力）的大小。根据工作任务的要求确定活塞的行程。活塞行程的长度与使用的场合和机构的行程有关，但一般不适用满行程。有些场合，如用于夹紧机构等，还需要按计算行程多加 10～20 mm 的行程。

（3）活塞的运动速度主要取决于气缸进气管的内径。若要求活塞高速运动，则应选用大内径管；对于行程中途载荷有变动的情况，为得到缓慢而平稳的运动速度，可选用带节流装置的气-液阻尼气缸。当要求行程终点无冲击时，则应选用带缓冲装置的气缸。为了调节气缸速度，可采用以下节流调速方式；当气缸水平安装、用于输出推力时，推荐用排气节流；当气缸垂直安装、用于举升重物时，推荐用进气节流。

（4）安装形式由安装位置、使用目的等因素决定。在一般场合下，多用固定式安装气缸。在需要连续回转（如车床、磨床等）时，应选用回转式气缸。在要求活塞杆既做直线运动，又做较大的圆弧摆动时，应选用轴销式气缸。仅需要在 360°或 180°之内做往复旋转时，可选用相应的摆动气缸。在有特殊要求时，应选用有相应功能的特殊气缸。

8.2.2　气动马达

气动马达是把压缩空气的压力能转换成旋转机械能的装置。气动马达输出转矩和转速，驱动执行机构做旋转运动，其作用相当于电动机或液压马达。

一、气动马达的分类和工作原理

在气动传动中使用广泛的是叶片式、活塞式和薄膜式气动马达。

1. 叶片式气动马达

叶片式气动马达的工作原理如图 8-19 所示。叶片装在偏心转子的径向槽内。压缩空气从 A 口进入，立即喷向叶片 1 和 4，作用在叶片的外伸部分，通过叶片带动转子逆时针旋转，输出旋转的机械能，做完功的气体（废气）从 C 口排出，残余气体从 B 口排出（二次排气）。若进、排气口互换，转子反转，则输出反向的转速和转矩。

转子转动的离心力和叶片底部的气压力、弹簧力使得叶片紧密地抵在气动马达的内壁上，以保证密封，提高容积效率。

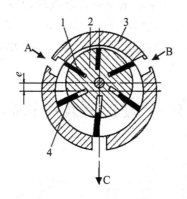

1、4—叶片；2—转子；3—定子

图 8-19　叶片式气动马达的工作原理

2. 活塞式气动马达

活塞式气动马达的工作原理如图 8-20 所示。压缩空气经进气口进入分配阀后再进入气缸，推动活塞及连杆组件运动，再使曲柄旋转，同时带动固定在曲轴上的分配阀同步转动，使压缩空气随着分配阀角度位置的改变而进入不同的缸内，依次推动各个活塞运动，由各活塞及连杆带动曲轴连续运转。与此同时，与进气缸相对应的气缸则处于排气状态。

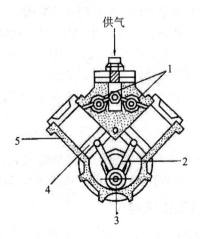

1—分配阀；2—连杆；3—曲轴；4—活塞；5—气缸

图 8 - 20　活塞式气动马达的工作原理

二、气动马达的优点

气动马达与和它起同样作用的电动机相比，其特点是壳体轻、输送方便；又因为其工作介质是空气，所以不必担心引起火灾；气动马达过载时能自动停转，而与供给压力保持平衡状态。

气动马达与液压马达相比，工作安全，具有防爆性能，并且不受高温及振动的影响；可长期满载工作，而温升较小；功率范围及转速范围均较宽，功率小至几百瓦，大至几万瓦；转速可从每分钟几转到上万转；具有较高的启动转矩，能带载启动；结构简单、操纵方便、维修容易，成本低。但是，其速度稳定性差、输出功率小、效率低、耗气量大、噪声大、容易产生振动。

8.3　气动控制元件的拆装

▲ 教学安排

1. 通过教师提供资料与学生自己查阅资料，让学生了解方向控制阀、压力控制阀、流量控制阀的用途。

2. 教师告知学生方向控制阀、压力控制阀、流量控制阀的拆装要求，学生通过拆装元件理解其工作原理。

3. 教师讲解方向控制阀、压力控制阀、流量控制阀的工作原理及应用等知识。

▲ 知识支撑 ◆◆◆◆◆◆◆◆◆◆◆◆◆◆◆◆◆◆

在气压传动系统中，气动控制元件是控制和调节压缩空气的压力、流量和方向的各类控制阀，其作用是保证气动执行元件按设计的程序正常进行工作，主要有方向控制阀、压力控制阀和流量控制阀等几大类。

8.3.1　方向控制阀

方向控制阀是控制压缩空气的流动方向和气路的通断、以控制执行元件启动、停止及运动方向的气动控制元件。按其功用可分为单向型方向控制阀和换向型方向控制阀。

一、单向型方向控制阀

1. 单向阀

单向阀是控制气体只能沿着一个方向流动，反向不能流动的阀，其功能和符号与液压单向阀相似。密封性是单向阀的重要性能，气动系统工作压力较低，因此气动单向阀密封多采用平面弹性结构，液压单向阀一般采用锥面或球面密封，这是气动单向阀和液压单向阀在结构上的不同之处。气动单向阀的结构及其图形符号如图 8-21 所示。

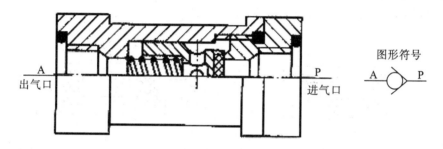

图 8-21　气动单向阀的结构及其图形符号

2. 或门型梭阀

或门型梭阀简称梭阀，如图 8-22 所示。在气压传动系统中，当两个通路 P_1、P_2 均与通路 A 相同，而不允许 P_1 和 P_2 相同时，就要采用梭阀。梭阀相当于共用一个阀芯而无弹簧的两个单向阀的组合，其作用相当于逻辑元件中的"或门"，在气动系统中应用较广。

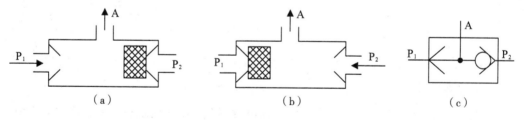

图 8-22　梭阀
(a) 左边进气；(b) 右边进气；(c) 图形符号

梭阀有两个进气口 P_1、P_2 和一个输出口 A。在图 8-22 中，只要 P_1 或 P_2 有压缩空气输入，A 口就有压缩空气输出，呈现逻辑或的关系。当 P_1 口进气时，推动阀芯右移，使 P_2 口堵塞，压缩空气从 A 口输出，如图 8-22(a) 所示；当 P_2 口进气时，推动阀芯左移，使 P_1 口堵塞，A 口仍有压缩空气输出，如图 8-22(b) 所示；当 P_1、P_2 口都有压缩空气输出时，哪个口堵塞按先后顺序和压力的大小而定。若压力不同，则高压口的通路打开，压力加入，低压口的通路关闭，A 口输出高压；若压力相同，则先加入的气压推动阀芯移动封住对方的阀口，先通入的空气从 A 口输出。图 8-22(c) 所示为梭阀的图形符号。

3. 与门型梭阀

与门型梭阀相当于两个单向阀的组合，又称为双压阀，如图 8-23 所示。双压阀有两个输入口 P_1 和 P_2，一个输出口 A。P_1 口进气、P_2 口通大气时，阀芯右移，P_1 口和 A 口间通路关闭，A 口没有输出，如图 8-23(a) 所示；P_2 口进气、P_1 口通大气时，阀芯左移，P_2 口和 A 口间通路关闭，A 口没有输出，如图 8-23(b) 所示；当 P_1、P_2 口都有输入且压力不等时，气压高的一侧将阀芯推至对方一侧并将其阀口封闭，气压低的一侧才与 A 口相通，使 A 口有输出，如图 8-23(c) 所示；当 P_1、P_2 口都有输出且压力相等时，哪个口的输入气体输出取决于上一个通气状态，需要具体情况具体分析。图 8-23(d) 所示为与门型梭阀的图形符号。

双压阀的特点是：只有当两个输入口都有输入时，A 口才有输出，呈现出逻辑与的关系，在气动回路中起逻辑与门的作用。

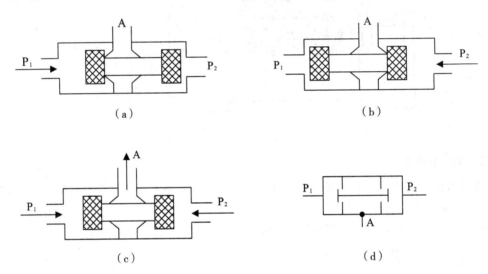

图 8-23　与门型梭阀

(a) P_1 口进气、P_2 口通大气；(b) P_2 口进气、P_1 口通大气；(c) P_1、P_2 口都有输入；(d) 图形符号

4. 快速排气阀

快速排气阀又称为快排阀，是为了使气缸快速排气、加快气缸运动而设置的，一般安装在换向阀和气缸之间，使气缸的排气不需要通过换向阀而快速完成，从而加快了气缸往复运动的速度。膜片式快速排气阀如图 8-24 所示。

图 8-24(a) 所示为膜片式快速排气阀的结构。当 P 口进气时，推动膜片向下变形，打开 P 与 A 的通路，关闭 O 口，A 有气体输出；当 A 口进气，P 口通大气时，气体推动膜片向上复位，关闭 P 口，A 口气体经 O 口快速排出。

图 8-24(b) 所示为膜片式快速排气阀的图形符号。它的符号与梭阀的符号非常相似，区别就在于快速排气阀符号上有一个 O 口通大气，并且 O 口和输出口 A 之间多了一条控制气路(虚线表示)，在梭阀的符号上则没有输出口和输入口之间的控制通道。

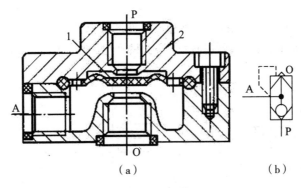

1—膜片；2—阀体

图 8-24　膜片式快速排气阀

(a) 结构图；(b) 图形符号

二、换向型方向控制阀

换向型方向控制阀简称换向阀。其作用是改变气体通道，使气体流动方向发生变化，从而改变气动执行元件的运动方向。气动换向阀种类繁多，其分类方法和大部分的结构、原理与同类型液压换向阀相同。

气动换向阀按操纵方法分为气压控制阀、电磁控制阀、机械控制阀和人力控制阀等。

1. 气压控制阀

气压控制阀是利用压缩空气的压力推动阀芯移动，使换向阀换向，从而实现气路换向或通断。气压控制阀适用于易燃、易爆、潮湿、灰尘多的场合，操作安全可靠。气压控制阀按其控制方式不同可分为加压控制、预压控制和差压控制三种。

加压控制是指所加的控制信号逐渐上升，当气压增加到阀芯的动作压力时，主阀便换向；预压控制是指所加的气控信号逐渐减小，当减小到某一压力值时，主阀换向；差压控制是使主阀芯在两端压力差的作用下换向。

1) 单气控加压式换向阀

单气控加压式换向阀是利用空气的压力与弹簧力相平衡的原理来进行控制的。二位三通单气控加压式换向阀如图 8-25 所示。图 8-25(a) 所示为没有控制信号 K 时的状态。阀芯在弹簧及 P 腔压力作用下位于上端，阀处于排气状态，P 与 A 不通，A 与 O 通，A 口向外排气。图 8-25(b) 所示为有控制信号 K 时的状态。当输入控制信号 K 时，主阀芯下移，打开阀口使 P 与 A 不通，A 口有气体输出。图 8-25(c) 所示为二位三通单气控加压式换向阀的图形符号。

2) 双气控滑阀式换向阀

双气控滑阀式换向阀的滑阀阀芯两边都可作用压缩空气，其工作原理如图 8-26 所示。

(1) 当有气控信号 K_1，没有气控信号 K_2 时，阀芯处于左位，使 P 与 A 相通，B 与 T_2 相通，如图 8-26(a) 所示。此时即使切断气控信号 K_1，只要气控信号 K_2 不出现，阀芯就不会换位。

（2）当有气控信号 K_2 时，气控信号 K_1 消失，阀芯处于右位，使 P 与 B 相通，A 与 T_1 相通，如图 8 - 26(b)所示。此时即使切断气控信号 K_2，只要气控信号 K_1 不出现，阀芯就不会换位。

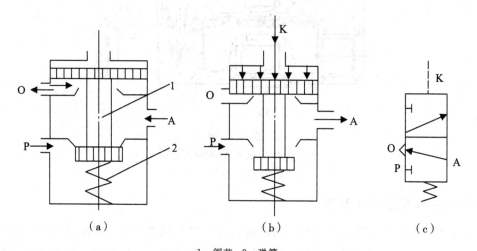

1—阀芯；2—弹簧

图 8 - 25　二位三通单气控加压式换向阀

（a）没有控制信号 K；（b）有控制信号 K；（c）图形符号

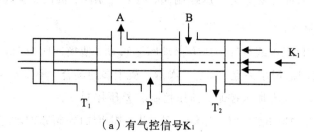

（a）有气控信号K_1

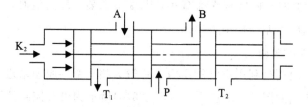

（b）有气控信号K_2

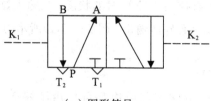

（c）图形符号

图 8 - 26　双气控滑阀式换向阀的工作原理

（a）有气控信号 K_1；（b）有气控信号 K_2；（c）图形符号

显然，双气控滑阀式换向阀两侧的控制信号一次只能作用于一边，否则将出现失误动作。这种阀具有记忆功能，即控制信号消失后，阀仍能保持在信号消失前的工作状态。

2. 电磁控制阀

电磁控制阀是利用电磁力的作用推动阀芯换向，从而改变气流方向的气动换向阀。按动作方式可分为直动式和先导式两大类。

1）直动式电磁换向阀

利用电磁力直接推动阀杆（阀芯）换向，根据操纵线圈的数目分类有单线圈电磁换向阀和双线圈电磁换向阀，即分为单电控和双电控两种。图 8-27 所示为单电控直动式电磁换向阀的工作原理。当电磁线圈未通电时，P、A 断开，T、P 接通。

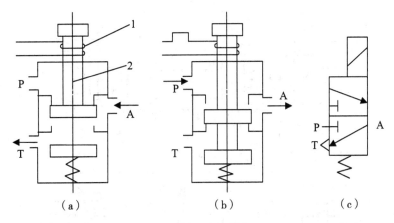

1—电磁线圈；2—阀芯

图 8-27　单电控直动式电磁换向阀的工作原理

(a) 断电状态；(b) 通电状态；(c) 图形符号

电磁力通过阀杆推动阀芯向下移动，使 P、A 接通，P、T 断开。这种阀的阀芯移动靠电磁铁，复位靠弹簧，换向冲击较大，故一般制成小型阀。若将阀中的复位弹簧改成电磁铁，就成为双电磁铁直动式电磁换向阀。

图 8-28 所示为双电控直动式电磁换向阀的工作原理。当电磁铁 1 通电、电磁铁 3 断电时，阀芯 2 被推至右侧，A 口有输出，B 口排气。当电磁铁 1 断电、阀芯位置不动时，仍为 A 口有输出，B 口排气，即阀具有记忆功能。当电磁铁 1 断电后，直到电磁铁 3 通电时，阀的输出状态保持不变。使用时两电磁铁不能同时通电。

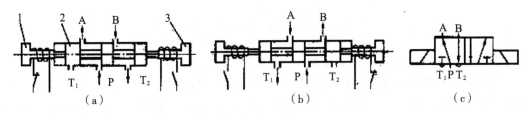

1、3—电磁铁；2—阀芯

图 8-28　双电控直动式电磁换向阀的工作原理

(a) 电磁铁 1 通电状态；(b) 电磁铁 3 通电状态；(c) 图形符号

直动式电磁换向阀的特点是结构紧凑、换向频率高。但用交流电磁铁时,若阀杆卡死就易烧坏线圈,并且阀杆的行程受电磁铁吸合行程控制。同时,由于用电磁铁直接推动阀芯移动,所以当阀通径较大时,用直动式结构所需的电磁铁体积和电力消耗都必然加大,为克服此弱点可采用先导式结构。

2)先导式电磁换向阀

先导式电磁换向阀是由直动电磁换向阀和气控换向阀组成的。直动式电磁换向阀作为先导阀,利用它输出的先导气体压力来操纵气控主阀的换位。

图8-29所示为先导式电磁换向阀的工作原理。图中控制的主阀为二位阀,也可以为三位阀。先导阀的气源可以从主阀导入,也可以从外部导入。

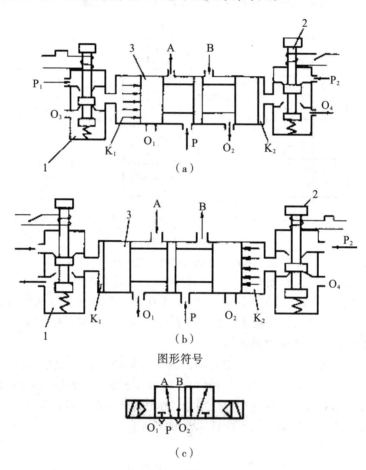

图形符号

1、2—先导式电磁换向阀;3—主阀

图8-29 先导式电磁换向阀的工作原理

(a)先导式电磁换向阀1通电状态;(b)先导式电磁换向阀2通电状态;(c)图形符号

当先导式电磁换向阀1的线圈通电时,主阀3的K_1腔进气,K_2腔排气,使主阀阀芯右移动。此时P与A相通,B与O_2相通,如图8-29(a)所示;当先导式电磁换向阀2通电时,主阀3的K_2腔进气,K_1腔排气,使主阀阀芯向右移动。此时P与B相通,A与O_1相通,如图8-29(b)所示。

先导式双电控电磁阀换向阀具有记忆功能,即通电换向,断电保持原状态。在应用中要注意两侧的电磁铁不能同时通电。

8.3.2　压力控制阀

气动系统不同于液压系统，一般每一个液压系统都自带液压源(液压泵)，而在气动系统中，一般来说，由空气压缩机先将空气压缩，储存在储气罐内，然后经管路输送给各个气动装置使用。而储气罐的空气压力往往比各台设备实际所需要的压力高，同时其压力波动也较大，因此需要用减压阀(调压阀)将其压力减到每台装置所需的压力，并使减压后的压力稳定在所需压力值上。

所有气动回路或储气罐为了安全起见，当压力超过允许压力值时，需要自动向外排气，这种压力控制阀称为安全阀(溢流阀)。

有些气动回路需要依靠回路中的压力变化控制两个执行元件的顺序动作，所用的阀就是顺序阀。顺序阀与单向阀的组合成为单向顺序阀。

综上所述，气动压力控制阀主要包括减压阀、安全阀和顺序阀三类。

一、减压阀

减压阀是气动系统中必不可少的一种调压元件，其主要作用就是调压和减压，把来自气源的较高输入压力减至设备或分支系统所需的较低的输出压力。它可以调节并保持输出力的稳定，使输出压力不受系统流量、负载和压力值波动的影响。

减压阀的调压方式有直动式和先导式两种，直动式是借助弹簧力直接调整压力，而先导式则用预先调整好的气压来代替直动式调压弹簧进行调压。一般先导式减压阀的流量特性比直动式的好。

图 8-30 所示为 QTY 型直动式减压阀的结构图和图形符号。当阀处于工作状态时，调节手柄 1，压缩调压弹簧 2/3 及膜片 5 使阀芯 8 下移，进气阀口 10 被打开，气流从左端输入，经进气阀口 10 节流减压后从右端输出。输出气流的一部分，由阻尼孔 7 进入膜片气室 6，在膜片 5 的下面产生一个向上的推力，这个推力总是企图把阀口开度关小，使其输出压力下降。当作用在膜片上的推力与弹簧力互相平衡后，减压阀保持一定值的输出压力。

当输入压力发生波动时，如输入压力瞬时升高，输出压力也随之升高，作用在膜片上的推力也相应增大，破坏了原有的力平衡，使膜片 5 向上移动。此时，有少量气体经溢流口 4 和排气孔 11 排出。在膜片上移的同时，因复位弹簧的作用，阀芯 8 也上移动，进气口开度减小，节流作用增大，使输出压力下降，直至达到新的平衡，并基本稳定在预先调定的压力值上。若输入压力瞬时下降，输出压力也相应下降，膜片下移，进气阀口开度增大，节流作用减小，输出压力又基本回升至原值。调节手柄 1，使调压弹簧 2、3 恢复自由状态，输出压力降至零，阀芯 8 在复位弹簧 9 的作用下，关闭进气阀口 10。此时，减压阀便处于截止状态，无气流输出。

QTY 型直动式减压阀的调压范围为 0.05～0.63 MPa，气体通过减压阀内通道的流速在 15～25 m/s 范围内。

在安装减压阀时，要按气流的方向和减压阀上所标示的箭头方向，依照分水滤气器、减压阀、油雾器的安装顺序进行安装。压力应由低向高调至规定的压力值。减压阀不工作时应及时把旋钮松开，以免膜片变形。

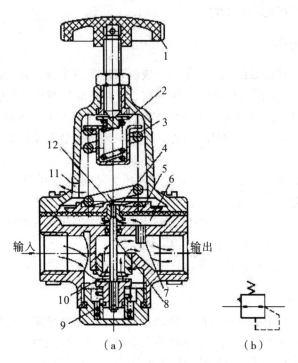

1—手柄；2、3—调压弹簧；4—溢流口；5—膜片；6—膜片气室；7—阻尼孔；8—阀芯；

9—复位弹簧；10—进气阀口；11—排气孔；12—弹簧座

图 8-30　QTY 型直动式减压阀的结构图和图形符号

(a) 结构图；(b) 图形符号

二、安全阀(溢流阀)

当储气罐或回路中的压力超过某调定值时，要用安全阀向外放气，安全阀在系统中起过载保护作用。气动溢流阀主要用于保护系统，因此一般称为安全阀。

安全阀的工作原理如图 8-31 所示。当系统中的气体作用在阀芯 3 上的力小于弹簧 2

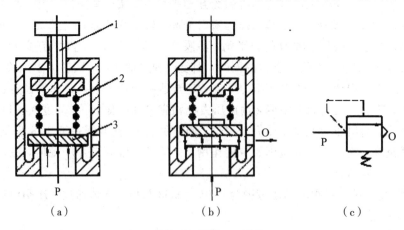

1—旋钮；2—弹簧；3—阀芯

图 8-31　安全阀的工作原理

(a) 系统压力小于弹簧力的状态；(b) 系统压力大于弹簧力的状态；(c) 图形符号

的力时，阀处于关闭状态，如图 8-31(a)所示；当系统压力升高，作用在阀芯 3 上的力大于弹簧力时，阀芯上移，阀开启并溢流，使气压不再升高，如图 8-31(b)所示；当系统压力降至低于调定值时，阀口又重新关闭并保持密封；图 8-31(c)所示为其图形符号。安全阀的开启压力可通过调整弹簧 2 的预压缩量来调节。

三、顺序阀

顺序阀是依靠气压系统中压力的变化来控制气动回路中各执行元件按顺序动作的压力阀。

气动顺序阀的工作原理与液压顺序阀基本相同，顺序阀常与单向阀组合成单向顺序阀。图 8-32 所示为单向顺序阀的工作原理。

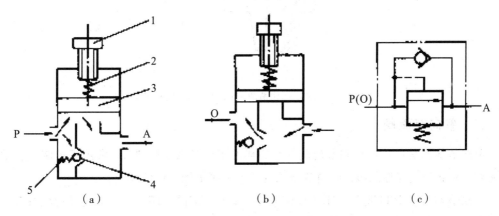

1—调节手柄；2—压缩弹簧；3—活塞；4—单向阀；5—小弹簧

图 8-32　单向顺序阀的工作原理

(a) 开启状态；(b) 关闭状态；(c) 图形符号

当压缩空气由 P 口输入时，单向阀 4 在压差及弹簧力的作用下处于关闭状态，如果作用在活塞 3 上输入侧的空气压力超过弹簧 2 的预紧力时，活塞被顶起，顺序阀打开，压缩空气由 A 口输出，如图 8-32(a)所示；当压缩空气反向流动，即从 A 口输入时，其进气压力将顶起单向阀，由 O 口排气，顺序阀不再起作用，如图 8-32(b)所示；图 8-32(c)所示为其图形符号。顺序阀只在一个进气方向上起作用，因此称为单向顺序阀。

调节手柄 1 就可改变单向顺序阀的开启压力，以便在不同的开启压力下控制执行元件的顺序动作。

8.3.3　流量控制阀

在气压传动系统中，有时需要控制气缸的运动速度，有时需要控制换向阀的切换时间和传动速度，都需要通过调节压缩空气的流量来实现。流量控制阀是通过改变阀的通流面来调节压缩空气流量的控制元件。流量控制阀包括节流阀、单向节流阀、排气节流阀等。

一、节流阀

图 8-33 所示为圆柱斜切节流阀的结构及其图形符号。压缩空气由 P 口进入，经过节

流后，由 A 口流出。旋转阀芯螺杆可改变节流口的开度。由于这种节流阀的结构简单、体积小，所以应用范围较广。

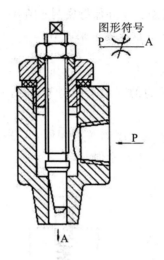

图 8 - 33　圆柱斜切节流阀的结构及其图形符号

二、单向节流阀

单向节流阀是由单向阀和节流阀并联而成的组合式流量控制阀，常用于控制气缸的运动速度，又称为速度控制阀。单向节流阀的工作原理如图 8 - 34 所示。

当压缩空气从 P 口进入，向 A 口流动时，单向节流阀关闭，压缩空气只能经过节流口到达出口，即节流阀节流，如图 8 - 34(a)所示；当压缩空气反向流动，即压缩空气从 A 口进入时，单阀打开，不节流，如图 8 - 34(b)所示；图 8 - 34(c)所示为单向节流阀的图形符号。

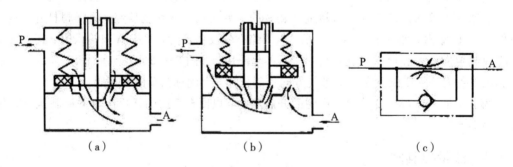

图 8 - 34　单向节流阀的工作原理
(a) P—A 状态；(b) A—P 状态；(c) 图形符号

三、排气节流阀

排气节流阀是装在执行元件排气口处，以调节排入大气的量，并改变执行元件运动速度的一种控制阀。它常带有消声件以降低排气时的噪声，并能防止不清洁的环境气体通过排口污染气动系统中的元件。

图 8 - 35 所示为排气节流阀的工作原理图和图形符号。图中，气流进入阀内，由节流口 1 节流后经消声套 2 排出，因此不仅能调速而且能降低噪音。

用控制流量的方法控制气缸内活塞的运动速度，采用气动比采用液压困难，尤其是在超低速控制中，要按照预定行程来控制速度，单用气动很难实现，在外部负载变化很大时，仅用气动流量阀也不会得到满意的效果。为提高其运动平稳性，建议采用气液联动。

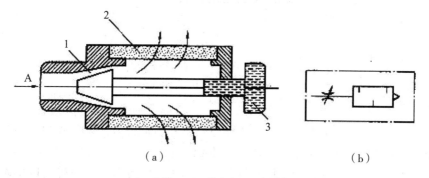

1—节流口；2—消声套；3—调节杆

图 8 - 35　排气节流阀的工作原理图和图形符号

（a）工作原理图；（b）图形符号

8.3.4　气动逻辑元件

气动逻辑元件是以压缩空气为工作介质，通过元件内部的可动部件（阀芯、膜片）改变气流方向，实现一定逻辑能力的气体控制元件。

一、气体逻辑元件的分类

气体逻辑元件种类很多，一般可按下列方式分类：

（1）按工作压力可分为高压（工作压力为 0.2~0.8 MPa）、低压（工作压力为 0.02~0.2 MPa）、微压（工作压力为 0.02 MPa 以下）三种。

（2）按结构形式又可分为截止式、膜片式和滑阀式等几种类型。

（3）按逻辑功能可分为或门元件、与门元件、非门元件和双稳元件等。

二、高压截止式逻辑元件

高压截止式逻辑元件是依靠控制气压信号推动阀芯或通过膜片变形推动阀芯动作来改变气流的方向，以实现一定逻辑功能的逻辑元件。这类元件的特点是行程小、流量大、工作压力高、对气源净化要求低、拆卸方便，便于实现集成安装和集中控制。

1. 或门

图 8 - 36 所示为或门元件的工作原理图和图形符号。图中，A、B 为信号输入口，S 为信号输出口。当仅 A 口有信号输入时，阀芯 a 下移封住信号口 B，气流经 S 口输出当仅 B 口有信号输入口，阀芯 a 上移封住信号口 A，S 口也有输出。只要 A、B 口中任何一个有信号输入或同时都有输入信号，就会使 S 口有输出，其逻辑表达式为 $S=A+B$。

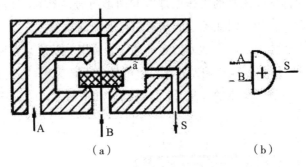

图 8-36　或门元件的工作原理图和图形符号

(a) 工作原理图；(b) 图形符号

2. 是门和与门

图 8-37 所示为是门和与门元件的工作原理图和图形符号。图中 A 口为信号输入口，S 口为信号输出口，中间口接气源 P 时为是门元件。当 A 口无输入信号时，阀芯 2 在弹簧及气源压力作用下上移，封住输出口 5 与 P 口的通道，使输出口 S 与排气口相通，S 口无输出；反之，当 A 口有输入信号时，膜片 1 在输入信号作用下推动阀芯 2 下移，封住输出口 S 与排气口的通道，P 与 S 目通，S 口有输出。即 A 口无输入信号时，S 口无信号输出；A 口有输入信号时，S 口就会有信号输出。元件的输入和输出信号之间始终保持相同的状态，其逻辑表达式为 $S=A$。

若将中间口不接气源而换接另一输入信号 B，则称为与门元件。即只有当 A、B 同时有输入信号时，S 才能有输出，其逻辑表达式为 $S=AB$。

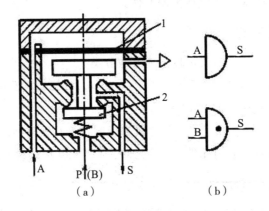

1—膜片；2—阀芯

图 8-37　是门和与门元件的工作原理图和图形符号

(a) 工作原理图；(b) 图形符号

3. 非门与禁门

图 8-38 所示为非门和禁门元件的工作原理图和图形符号。A 为信号输入口，S 为信号输出口，中间孔接气源 P 时为非门元件。当 A 口无输入信号时，阀芯 3 在 P 口气源压力作用下紧压在上阀座上，使 P 与 S 相通，S 口有信号输出；反之，当 A 口有信号输入时，膜片变形并推动阀杆，使阀芯 3 下移，关断气源 P 与输出口 S 的通道，S 口便无信号输出。即当 A 口有信号输入时，S 口无输出；当 A 口无信号输入时，S 口有输出，其逻辑表达式为

$S＝A$。活塞 1 用来显示有无输出。

若把中间孔改为另一信号的输入口 B，则成为禁门元件。当 A、B 口均有输入信号时，阀杆和阀芯 3 在 A 口输入信号的作用下封住 B 口，S 口无输出；反之，在 A 口无输入信号而 B 口有输入信号时，S 口有输出。A 口信号的输入对 B 口信号的输入起"禁止"作用，其逻辑表达式为 $S＝\overline{A}B$。

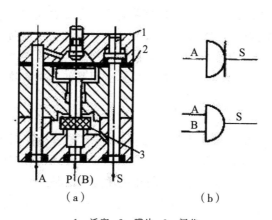

1—活塞；2—膜片；3—阀芯

图 8 - 38　非门和禁门元件的工作原理图和图形符号

（a）工作原理图；(b)图形符号

4. 或非元件

图 8 - 39 所示为或非元件的工作原理图和图形符号。它是在非门元件的基础上增加两个信号输入口，即具有 A、B、C 三个信号输入口，中间孔 P 接气源，S 为信号输出口。当三个输入口均无信号输入时，相应的膜片在输入信号压力作用下都会使阀芯下移，切断 P 与 S 的通道，S 口无信号输出。其逻辑表达式为 $S＝\overline{A}+\overline{B}+\overline{C}$。

或非元件是一种多功能逻辑元件，用它可以组成与门、是门、或门、非门、双稳等逻辑功能元件。

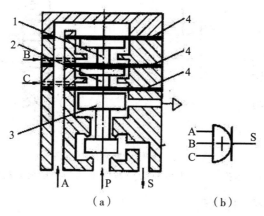

1、2—阀柱；3—阀芯；4—膜片

图 8 - 39　或非元件的工作原理图和图形符号

（a）工作原理图；(b)图形符号

8.4 气动基本回路的组建

▲教学安排

1. 通过教师提供资料与学生自己查阅资料,让学生了解气动基本回路的用途。
2. 教师告知学生气动基本回路的安装要求,学生通过安装回路理解其工作原理。
3. 教师讲解换向回路、速度控制和压力控制回路的工作原理及应用等知识。
4. 对照实物与图片,教师与学生分析气动基本回路的常见故障。

▲知识支撑 ◆◆◆◆◆◆◆◆◆◆◆◆◆◆◆◆◆◆

气动基本回路是指对压缩空气的压力、流量、方向等进行控制的回路。气动基本回路是气动系统的基本组成部分,不管是复杂还是简单的气动系统,都由基本回路组成。气动基本回路包括方向控制回路、压力控制回路和速度控制回路。

8.4.1 方向控制回路

一、单作用气缸换向回路

图 8-40 所示为单作用气缸换向回路。图 8-40(a)是用二位三通电磁换向阀控制的单作用气缸上、下的回路。在该回路中,当电磁铁得电时,气缸向上伸出;失电时,气缸在弹簧作用下返回。图 8-40(b)所示为三位四通电磁换向阀控制的单作用气缸上、下和停止的回路,该阀在两电磁铁均失电时能自动对中,使气缸停于任何位置,但定位精度不高,并且定位时间不长。

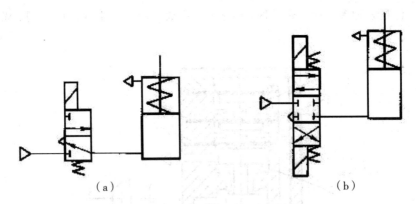

（a）　　　　　　　　　　　　　　　　　　（b）

图 8-40　单作用气缸换向回路
（a）二位三通电磁换向阀控制的回路；（b）三位四通电磁换向阀控制的回路

二、双作用气缸换向回路

图 8-41 为各种双作用气缸换向回路。图 8-41(a)是比较简单的换向回路,图 8-41(f)还有中停位置,但中停定位精度不高,图 8-41(d)、(e)、(f)的两端控制电磁铁线圈或按钮不能同时操作,否则将出现误动作,其回路相当于双稳的逻辑功能。在图

8-41(b)所示的回路中，当 A 有压缩空气时，气缸推出；反之，气缸退回。

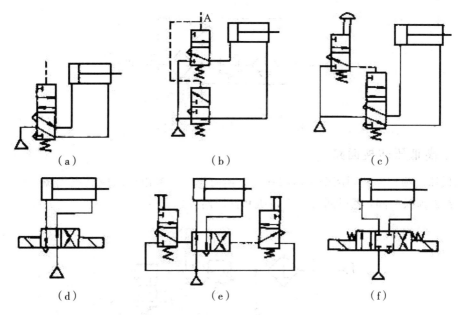

图 8-41　双作用气缸换向回路

(a)换向回路 1；(b)换向回路 2；(c)换向回路 3；(d)换向回路 4；(e)换向回路 5；(f)换向回路 6

8.4.2　压力控制回路

压力控制回路的功用是使系统保持在某一规定的压力范围内。常用的有一次压力控制回路、二次压力控制回路和高低压转换回路。

一、一次压力控制回路

一次压力控制回路如图 8-42 所示。这种回路用于控制储气罐的气体压力，常用外控溢流阀 1 保持供气压力基本恒定或用电接点压力表 2 控制空气压缩机起动和停止，使储气罐内压力保持在规定的范围内。

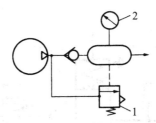

1—溢流阀；2—电接点压力表

图 8-42　一次压力控制回路

二、二次压力控制回路

为保证气动系统使用的气体压力为一稳定值，多用如图 8-43 所示的由空气过滤器—减压阀—油雾器(气动三大件)组成的二次压力控制回路。但要注意的是，供给逻辑元件的压缩空气不要加入润滑油。

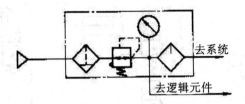

图 8-43　二次压力控制回路

三、高低压转换回路

高低压转换回路利用两个减压阀和一个换向阀间或输出低压或高压气源，如图 8-44 所示。若去掉换向阀，就可同时输出高压和低压两种压缩空气。

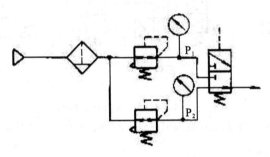

图 8-44　高低压转换回路

8.4.3　速度控制回路

一、单作用气缸速度控制回路

图 8-45 所示为单作用气缸速度控制回路。在图 8-45(a) 所示的回路中，升、降均通过节流阀调速，两个相反安装的单向节流阀，可分别控制活塞杆的伸出及缩回速度。在图 8-45(b) 所示的回路中，气缸上升时可调速，下降时则通过快排气阀排气，使气缸快速返回。

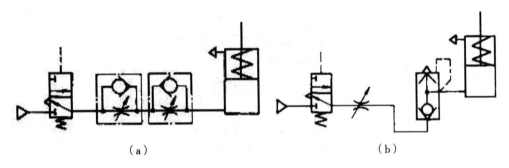

（a）　　　　　　　　　　　　　　　（b）

图 8-45　单作用气缸速度控制回路
（a）单向节流阀控制；（b）单向节流阀与排气阀控制

二、双作用气缸速度控制回路

1. 单向调速回路

双作用缸有节流供气和节流排气两种调速方式。图 8-46(a)所示为节流供气调速回路。在图示位置，当气控换向阀不换向时，进入气缸 A_1 腔的气流流经节流阀，B_1 腔排出的气体直接经换向阀快排。图 8-46(b)所示的为节流排气调速回路。在图示位置，当气控换向阀不换向时，压缩空气经气控换向阀直接进入气缸的 A_2 腔，而 B_2 腔排出的气体经节流阀到气控换向阀而排入大气，因而 B 腔中的气体就具有一定的压力。调节节流阀的开度，就可控制不同的进气、排气速度，从而也就控制了活塞的运动速度。

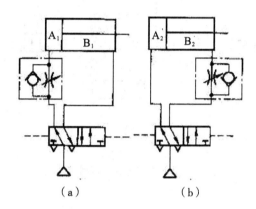

图 8-46　双作用缸单向调速回路

(a)节流供气调速回路；(b)节流排气调速回路

2. 双向调速回路

在气缸的进、排气口装设节流阀，就组成了双向调速回路。在图 8-47 所示的双向节流调速回路中，图 8-47(a)所示为采用单向节流阀的双向节流调速回路，图 8-47(b)所示为采用排气节流阀的双向节流调速回路。

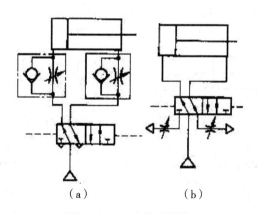

图 8-47　双向调速回路

(a)采用单向节流阀；(b)采用排气节流阀

3. 快速往复运动回路

若将图 8-47(a)中两个单向节流阀换成快速排气阀就构成了快速往复回路，若欲实现气缸单向快速运动，可只采用一个快速排气阀。

4. 速度换接回路

图 8-48 所示的速度换接回路是利用两个二位二通阀与单向节流阀并联，当撞块压下行程开关 S 时，发出电信号，使二位二通阀换向，改变排气通路，从而使气缸速度改变。行程开关的位置，可根据需要选定。图中二位二通阀也可改用行程阀。

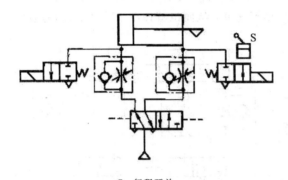

S—行程开关

图 8-48　速度换接回路

5. 缓冲回路

要获得气缸行程末端的缓冲，除采用带缓冲的气缸外，特别在行程长、速度快、惯性大的情况下，往往需要采用缓冲回路来满足气缸运动速度的要求，常用的方法如图 8-49 所示。图 8-49(a)所示回路能实现"快进—慢进缓冲—停止快退"的循环，行程阀可根据需要来调整缓冲开始位置。这种回路常用于惯性力大的场合。图 8-49(b)所示回路的特点是：当活塞返回到行程末端时，其左腔压力已降至打不开顺序阀 2 的程度，余气只能经节流阀 1 排出，因此活塞得到缓冲。这种回路常用于行程长、速度快的场合。

图 8-49 所示的回路，都只能实现一个运动方向上的缓冲，若两侧均安装此回路，可达到双向缓冲的目的。

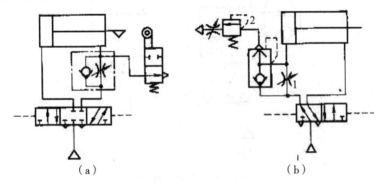

（a）　　　　　　　　　　　　　　　（b）

1—节流阀；2—顺序阀

图 8-49　缓冲回路

（a）采用行程阀的缓冲回路；（b）采用顺序阀的缓冲回路

三、气-液联动回路

气-液联动是以气压为动力,利用气-液转换器把气压传动变为液压传动,或采用气-液阻尼缸来获得更为平稳的和更为有效地控制运动速度的气压传动,或使用气-液增压器来使传动力增大等。气-液联动回路装置简单,经济可靠。

1. 气-液转换速度控制回路

图 8-50 所示为气-液转换速度控制回路。它利用气-液转换器 1、2 将气压变成液压,利用液压油驱动液压缸 3,从而得到平稳易控制的活塞运动速度,调节节流阀的开度,就可改变活塞的运动速度。这种回路充分发挥了气动供气方便和液压速度容易控制的特点。

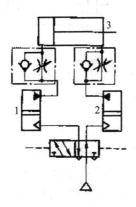

1、2—气-液转换器；3—液压缸

图 8-50　气-液转换速度控制回路

2. 气-液阻尼缸速度控制回路

图 8-51 所示为气-液阻尼缸速度控制回路。图 8-51(a)所示的为慢进快退回路。其改变单向节流阀的开度,即可控制活塞的前进速度。当活塞返回时,气-液阻尼缸中液压缸的无杆腔的油液通过单向阀快速流入有杆腔,故返回速度较快,高位油箱起补充泄漏油液的作用。图 8-51(b)所示的回路能实现机床工作循环中常用的"快进—工进—快退"的动作,即快进快退回路。当有 K_2 信号时,五通阀换向,活塞向左运动,液压缸无杆腔中的油液通过 A 口进入有杆腔,气缸快速向左前进;当活塞将 A 口关闭时,液压缸无杆腔中的油液被迫从 B 口经节流阀进入有杆腔,活塞工作进给;当 K_2 消失,有 K_1 输入信号时,五通阀换向,活塞向右快速返回。

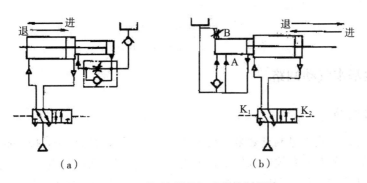

（a）　　　　　　　　　　　　　　（b）

图 8-51　气-液阻尼缸速度控制回路

（a）慢进快退回路；（b）快进快退回路

四、气-液增压缸增力回路

图 8-52 所示为利用气-液增压缸 1 把较低的气压变为较高的液压力,以提高气-液缸 2 的输出力的回路。

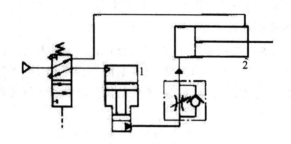

1—气-液增压缸;2—气-液缸

图 8-52　气-液增压缸增力回路

五、气-液缸同步动作回路

气-液缸同步动作回路如图 8-53 所示。该回路的特点是将油液密封在回路之中,油路和气路串接,同时驱动 1、2 两个缸,使二者运动速度相同,但这种回路要求缸 1 的无杆腔有效面积必须和缸 2 的有杆腔面积相等。在设计和制造中,要保证活塞与缸体之间的密封,回路中的截止阀 3 与放气口相接,用以放掉混入油液中的空气。

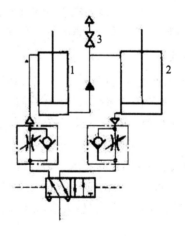

1、2—气-液缸;3—截止阀

图 8-53　气-液缸同步动作回路

8.4.4　其他基本气动回路

一、计数回路

计数回路可以组成二进制计数器。在图 8-54(a)所示的回路中,按下阀 1 按钮,则气信号经阀 2 至阀 4 的左或右控制端使气缸推出或退回。阀 4 换向位置,取决于阀 2 的位置,而阀 2 的换位又取决于阀 3 和阀 5。在图 8-54(a)中,设按下阀 1 时,气信号经阀 2 至阀 4 的左端使阀 4 换至左位,同时使阀 5 切断气路,此时气缸向外伸出;当阀 1 复位后,原通入阀4左控制端的气信号经阀1排空，阀5复位，于是气缸无杆腔的气经阀5至阀2左端，使阀2换至左位等待阀1的下一次信号输入。当阀1第二次按下后，气信号经阀2的左位至阀4右控制端使阀4换至右位，气缸退回，同时阀3将气路切断。待阀1复位后，阀4右控制端信号经阀2，阀1排空，阀3复位并将气导至阀2左端使其换至右位，又等待阀1下一次信号输入。这样，第1、3、5、……次（奇数）按压阀1，则气缸伸出；第2、4、6、……次（偶数）按压阀1，则使气缸退回。

　　图8-54(b)所示的计数原理同图8-55(a)。不同的是按压阀1的时间不能过长，只要使阀4切换后就放开，否则气信号将经阀5或阀3通至阀2左端或右端，使阀2换位，气缸反向，从而使气缸来回振荡。

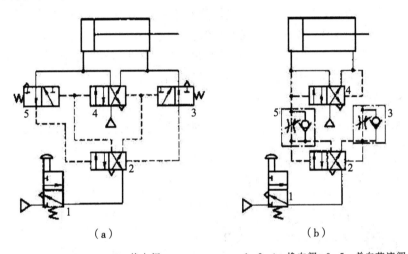

1、2、3、4、5—换向阀　　　　1、2、4—换向阀；3、5—单向节流阀

图8-54　计数回路

(a) 计数回路1；(b) 计数回路2

二、延时回路

　　图8-55所示为延时回路。图8-55(a)是延时输出回路。当控制信号切换阀4后，压缩空气经单向节流阀3向气容2充气。当充气压力经延时升高至使阀1换位时，阀1就有输出。在图8-55(b)所示回路中，按下阀8，则气缸向外伸出，当气缸在伸出行程中压下阀5后，压缩空气经节流阀到气容6延时后才将阀7切换，气缸退回。

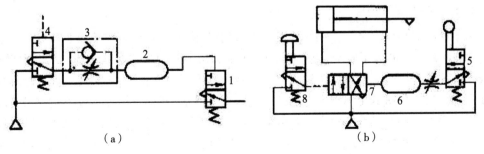

1、4—二位三通气动换向阀；2、6—气容；3—单向节流阀；5、8—二位三通手动换向阀；7—二位四通气动换向阀

图8-55　延时回路

三、安全保护和操作回路

由于气动机构负荷的过载、气压的突然降低以及气动执行机构的快速动作等原因都可能危及操作人员或设备的安全，因此在气动回路中，常常要加入安全回路。需要指出的是，在设计任何气动回路中，特别是在安全回路中，都不可缺少过滤装置和油雾器。因为，污脏空气中的杂物，可能堵塞阀中的小孔与通路，使气路发生故障。缺乏润滑油，很可能使阀发生卡死或磨损，以致整个系统的安全都发生问题。下面介绍几种常用的安全保护回路。

1. 过载保护回路

图 8-56 所示为过载保护回路。是当活塞杆在伸出途中，若遇到偶然障碍或其他原因使气缸过载时，活塞就立即缩回，实现过载保护。在活塞伸出的过程中，若遇到障碍物 6，无杆腔内压力升高，打开顺序阀 3，使阀 2 换向，阀 4 随即复位，活塞立即退回。同样若无障碍物 6，气缸向前运动时压下阀 5，活塞即刻返回。

2. 互锁回路

图 8-57 所示为互锁回路，在该回路中，四通阀的换向受三个串联的机动三通阀控制，只有三个都接通，主控阀才能换向。

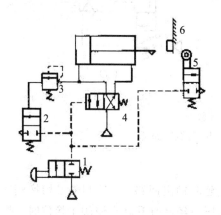

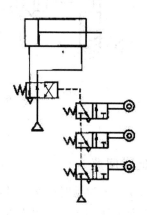

1—手动换向阀；2—气动换向阀；3—顺序阀；
4—二位四通换向阀；5—机控换向阀；6—障碍物

图 8-56 过载保护回路

图 8-57 互锁回路

3. 双手同时操作回路

双手同时操作回路是指使用两个启动用的手动阀，只有同时按动两个阀才动作的回路。这种回路主要是为了安全。这在锻造、冲压机械上常用来避免误动作，以保护操作者的安全。图 8-58(a) 所示为使用逻辑"与"回路的双手同时操作回路。为使主控阀换向，必须使压缩空气信号进入上方侧，为此必须使两只三通手动阀同时换向，另外这两个阀必须安装在单手不能同时操作的距离上，在操作时，如任何一只手离开时则控制信号消失，主控阀复位，则活塞杆后退。图 8-58(b) 所示为使用三位主控阀的双手同时操作回路。把此主控阀 1 的信号 4 作为手动阀 2 和 3 的逻辑"与"回路，亦即只有手动阀 2 和 3 同时动作时，主控制阀 1 换向到上位，活塞杆前进；把信号 B 作为手动阀 2 和 3 的逻辑"或非"回路，即当手动阀2和3同时松开时（图示位置），主控制阀1换向到下位，活塞杆返回；若手动阀2或3任何一个动作，将使主控制阀复位到中位，活塞杆处于停止状态。

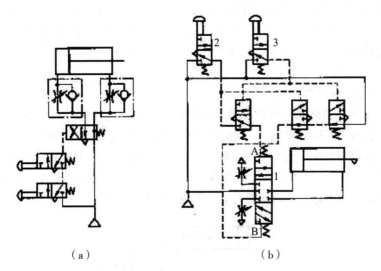

1—三位五通气动换向阀；2、3—二位三通手动换向阀

图8-58　双手同时操作回路

（a）使用逻辑"与"回路的双手同时操作回路；（b）使用三位主控阀的双手同时操作回路

4. 顺序动作回路

顺序动作是指在气动回路中，各个气缸按一定程序完成各自的动作。例如，单缸有单往复动作、二次往复动作、连续往复动作等；双缸及多缸有单往复及多往复顺序动作等。

1）单缸往复动作回路

单缸往复动作回路（简称单往复回路）可分为单缸单往复和单缸连续往复动作回路。前者是指输入一个信号后，气缸只完成 A_1 和 A_0 一次往复动作（A表示气缸，下标"1"表示A缸活塞伸出，下标"0"表示活塞缩回动作）。而单缸连续往复动作回路是指输入一个信号后，气缸可连续进行 A_1A_0、A_1A_0、……动作。

图8-59所示为三种单缸往复动作回路。其中，图8-59(a)为行程阀控制的单往复回路。当按下阀1的手动按钮后，压缩空气使阀3换向，活塞杆前进，当凸块压下行程阀2时，阀3复位，活塞杆返回，完成 A_1A_0 循环；图8-59(b)所示为压力控制的单往复回路。

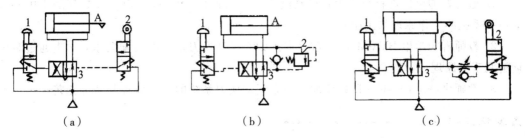

1—二位三通手动换向阀；2—行程阀；3—二位四通气动换向阀

图8-59　单缸往复动作回路

（a）行程阀控制；（b）压力控制；（c）时间控制

按下阀 1 的手动按钮后，阀 3 阀芯右移，气缸无杆腔进气，活塞杆前进，当活塞行程到达终点时，气压升高，打开顺序阀 2，使阀 3 换向，气缸返回，完成以 A_1A_0 循环；图 8-59(c) 是利用阻容回路形成的时间控制的单往复回路。当按下阀 1 的按钮后，阀 3 换向，气缸活塞杆伸出，当压下行程阀 2 后，需经过一定的时间后，阀 3 方才能换向，再使气缸返回完成动作 A_1A_0 的循环。由以上可知，在单往复回路中，每按动一次按钮，气缸可完成一个 A_1A_0 的循环。

　　2）连续往复动作回路

　　图 8-60 所示的回路是一连续往复动作回路，能完成连续的动作循环。当按下阀 1 的按钮后，阀 4 换向，活塞向前运动，这时由于阀 3 复位将气路封闭，使阀 4 不能复位，活塞继续前进。到行程终点压下行程阀 2，使阀 4 控制气路排气，在弹簧作用下阀 4 复位，气缸返回，在终点压下阀 3，阀 4 换向，活塞再次向前，形成了 A_1A_0、A_1A_0、……的连续往复动作，待提起阀 1 的按钮后，阀 4 复位，活塞返回而停止运动。

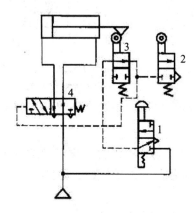

1—二位三通手动换向阀；2、3—行程阀；4—二位五通气动换向阀

图 8-60　连续往复动作回路

8.5　BYVM650L 数控加工中心气动换刀系统装配与调试

▲教学安排

　　1. 通过教师提供资料与学生自己查阅资料，让学生了解 BYVM650L 数控加工中心气动换刀系统的工作原理与用途。

　　2. 教师告知学生 BYVM650L 数控加工中心气动换刀系统的装配要求，学生通过装配理解其工作原理。

　　3. 教师讲解 BYVM650L 数控加工中心气动换刀系统的工作原理和装配工艺。

▲知识支撑 ◆◆◆◆◆◆◆◆◆◆◆◆◆◆◆◆◆◆◆

一、数控加工中心简介

　　数控加工中心和一般数控机床的区别在于数控加工中心带有刀库和自动换刀装置。换刀时必须停机，并且要求主轴每次都停止在一个固定的位置上，这个固定的位置就是换刀位置。加工中心的这个功能就是主轴准停功能，即实现主轴停止的定位功能。主轴定向停止后才能进行换刀。整个换刀过程是应用气压传动系统在数控系统的控制下自动完成的。

换刀的过程包括主轴定位、松开刀具、拔下刀具、轴孔吹气、停止吹气、插上刀具、加紧刀具、主轴复位。在加紧刀具且机床解除定位状态后，才能启动，重新运转。整个换刀过程才算结束。

二、数控加工中心气动换刀系统的原理

在了解设备的用途和气动系统动作的过程之后，要先看系统的动作循环图，如图8-61所示。与分析的动作过程完全相同，然后再看气动换刀系统的原理图，如图8-1所示。

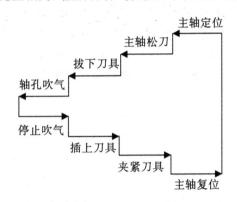

图8-61　数控加工中心气动换刀系统的动作循环图

图8-61中的执行元件分别实现主轴的定位功能、刀具的夹紧与松开功能、刀具的拔下与插上功能，还有一个不需要执行的吹气功能，因此将该系统划分为四个子系统：吹气子系统，刀具松开、夹紧子系统，拔刀、插刀子系统和主轴定位子系统。

1. 主轴定位

当数控系统发出换刀指令时，主轴停止转动，同时4YA通过，压缩空气经气动三联件1、电磁换向阀4、单向节流阀5、主轴定位缸A的右腔使A缸活塞杠左移伸出，主轴自动定位。

2. 主轴松开

当主轴定位后压下无触点开关，使6YA通电，压缩空气经电磁换向阀6、快速排气阀8、气液增压缸B的上腔，增压缸的高压油使活塞杆伸出，实现主轴松刀。

3. 拔刀

主轴松开刀具的同时使8YA通电，压缩空气经电磁换向阀9、单向节流阀11进入C缸的上腔，使C缸下腔排气，活塞下移实现拔刀。

4. 主轴锥孔吹气和停止吹气

拔刀后由回转刀库交换刀具，同时1YA通电，压缩空气经电磁换向阀2、单向节流阀3向主油锥孔吹气。稍后1YA断电、2YA通电，吹气停止。

5. 插刀与刀具夹紧

当吹气停止后，8YA断电，7YA通电，压缩空气经电磁换向阀9、单向节流阀10进入C

缸的下腔，活塞上移实现插刀动作，同时活塞碰到行程限位阀后使 6YA 断电、5YA 通电，压缩空气经电磁换向阀 6 进入气液增压缸 B 的下腔，使活塞退回，主轴的机械结构使刀具夹紧。

6. 主轴复位

气液增压缸 B 的活塞碰到行程限位阀后，4YA 断电、3YA 通电，A 缸的活塞在弹簧力作用下复位，回复到初始状态，完成换刀动作。

电磁阀的控制信号和机床的控制信号都为电信号，因此电磁阀在数控机床上的应用很普遍，各个缸都采用电磁换向阀进行控制，利于实现自动控制。

在上述对气动系统原理的分析中，并没有对电磁铁如何通电和断电进行描述，因为这是由数控加工中心的数控系统和 PMC 系统自动控制的，因此，在分析气动系统的原理时，仅仅考虑电磁阀的电磁铁在通电状态下系统如何动作，在断电的情况下系统如何动作。在分析气动系统图时，要特别注意电磁铁动作顺序表。本气动系统的电磁铁动作顺序表如表 8-1 所示。一般约定用"＋"表示电磁铁通电或行程阀压下，用"－"表示电磁铁断电或行程阀原位。

表 8-1　电磁铁动作顺序表

电磁铁＼工况	1YA	2YA	3YA	4YA	5YA	6YA	7YA	8YA
主轴定位	－	－	－	＋	－	－	－	－
主轴松刀	－	－	－	－	－	＋	－	－
拔刀	－	－	－	＋	－	＋	－	＋
主轴锥孔吹气	＋	－	－	－	－	＋	－	＋
停止吹气	－	＋	－	－	－	＋	－	＋
插刀	－	－	－	＋	－	＋	＋	－
刀具夹紧	－	－	－	＋	＋	－	－	－
主轴复位	－	－	＋	－	－	－	－	－
停止	－	－	－	－	－	－	－	－

项目小结

（1）气动系统由气源装置、执行元件、控制元件、辅助元件和工作介质组成。在气源装置中，空气压缩机是气源装置的核心部分，是气压传动系统的动力源，它是把原动机输出的机械能转换成为气体压力能的能量转换装置。

（2）气动执行元件是将压缩空气的压力能转化为机械能的能量转换装置。它驱动运动机构做直线往复、摆动或回转运动，输出力与转矩。气动执行元件包括气缸和气动马达。气动马达是把压缩空气的压力能转换成旋转机械能的装置。气动马达输出转矩和转速，驱动执行机构做旋转运动，起作用相当于电动机或液压马达。

（3）气动控制阀主要有方向控制阀、压力控制阀和流量控制阀三大类。方向控制阀可分为单向型方向控制阀和换向型控制阀，压力控制阀可分为减压阀、溢流阀和顺序阀，流量阀可分为节流阀、单向节流阀和排气节流阀等。

（4）气动基本回路是指对压缩空气的压力、流量、方向等进行控制的回路。气动基本回路是气动系统的基本组成部分，不管是复杂还简单的气动系统，都由基本回路组成。气动基本回路包括方向控制回路、压力控制回路和速度控制回路。

（5）通过装调 BYVM650L 数控加工中心气动换刀系统，理解其工作原理及特点。

思考题与练习题

8-1　空气进入空气压缩机之前，必须经过（　　），以滤去空气中所含的一部分灰尘和杂质。

A. 简易过滤器　　　B. 二次过滤器　　　C. 高效过滤器　　　D. 空气干燥器

8-2　气缸和气马达将压缩空气的压力能转换为机械能，在气压系统中属于（　　）。

A. 气源装置　　　B. 执行元件　　　C. 控制元件　　　D. 辅助元件

8-3　输入压缩空气作用在活塞一端面上，推动活塞运动，而活塞的反向运动依靠复位弹簧力、重力或其他外力来工作的这类气缸称为（　　）。

A. 双作用气缸　　　B. 单作用气缸　　　C. 冲击气缸　　　D. 缓冲气缸

8-4　（　　）特点是结构紧凑，行程小、质量轻、维修方便、密封性好、智造成本较低，广泛应用于化工生产过程的调节上。

A. 双作用气缸　　　B. 单作用气缸　　　C. 冲击气缸　　　D. 缓冲气缸

8-5　在气压控制换向阀中，当施加在阀芯控制端的压力逐渐升高到一定值时，使阀芯迅速沿加压方向移动的控制，这样的控制属于（　　）。

A. 加压控制　　　B. 差压控制　　　C. 时间控制　　　D. 卸压控制

8-6　快速排气阀有什么用途？它一般安装在什么位置？

8-7　气液转换器的用途及工作原理。

8-8　过载保护回路是如何起保护作用的？

8-9　分析如图 8-62 所示的回路的工作过程，并指出部件 1、2、A、B、C、D 的名称。

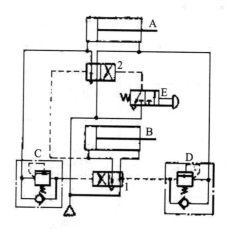

图 8-62　题 8-9 图

8-10　利用两个双作用气缸、一个顺序阀、一个二位四通单电控换向阀设计顺序动作回路。

8-11　数控加工中心气动换刀气压系统的工作原理与系统特点。

附录　常见液压与气动元件图形符号
（GB/T 786.1—1993）

表 1　基本符号、管路及连接

名　称	符　号	名　称	符　号
工作管路		管端连接于油箱底部	
控制管路		密闭式油箱	
连接管路		直接排气	
交叉管路		带连接排气	
柔性管路		带单向阀快换接头	
组合元件线		不带单向阀快换接头	
管口在液面以上的油箱		单通路旋转接头	
管口在液面以下的油箱		三通路旋转接头	

表 2 控制机构和控制方法

名 称	符 号	名 称	符 号
按钮式人力控制		单向滚轮式机械控制	
手柄式人力控制		单作用电磁控制	
踏板式人力控制		双作用电磁控制	
顶杆式机械控制		电动机旋转控制	
弹簧控制		加压或泄压控制	
滚轮式机械控制		内部压力控制	
外部压力控制		电液先导控制	
气压先导控制		电气先导控制	
液压先导控制		液压先导泄压控制	
液压二级先导控制		电反馈控制	
气液先导控制		差动控制	

表3 泵、马达和缸

名　称	符　号	名　称	符　号
单向定量液压泵		定量液压 泵、马达	
双向定量液压泵		变量液压 泵、马达	
单向变量液压泵		液压整体式 传动装置	
双向变量液压泵		摆动马达	
单向定量马达		单作用弹 簧复位缸	
双向定量马达		单作用伸缩缸	
单向变量马达		双作用单 活塞杆缸	
双向变量马达		双作用双 活塞杆缸	
单向缓冲缸		双作用伸缩缸	
双向缓冲缸		增压器	

表 4 控 制 元 件

名　称	符　号	名　称	符　号
直动型溢流阀		可调节流阀	
先导型溢流阀		溢流减压阀	
先导型比例 电磁溢流阀		先导型比例 电磁式溢流阀	
卸荷溢流阀		定比减压阀	
双向溢流阀		定差减压阀	
直动型减压阀		直动型顺序阀	
先导型减压阀		先导型顺序阀	
直动型卸荷阀		单向顺序阀 （平衡阀）	
制动阀		集流阀	
不可调节流阀		分流集流阀	

表 5　辅 助 元 件

名　称	符　号	名　称	符　号
过滤器		气罐	
磁芯过滤器		压力计	
污染指示过滤器		液面计	
分水排水器		湿度计	
空气过滤器		流量计	
除油器		压力继电器	
空气干燥器		消声器	
油雾器		液压源	
气源调节装置		气压源	
冷却器		电动机	
加热器		原动机	
蓄能器		气-液转换器	

续表

名　称	符　号	名　称	符　号
液控单向阀		单向阀	
可调单向节流阀		液压锁	
减速阀		或门型梭阀	
带消声器的节流阀		与门型梭阀	
调速阀		快速排气阀	
湿度补偿调速阀		二位二通换向阀	
旁通型调速阀		二位三通换向阀	
单向调速阀		二位四通换向阀	
分流阀		二位五通换向阀	
三位四通换向阀		四通电液伺服阀	
三位五通换向阀			

参 考 文 献

［1］张勤，徐钢涛．液压与气压传动技术．北京：高等教育出版社，2009．

［2］吴卫荣．液压技术．北京：中国轻工业出版社，2010．

［3］路甬祥．液压气压技术手册．北京：机械工业出版社，2002．

［4］左建民．液压与气压传动．北京：机械工业出版社，1993．

［5］袁承训．液压与气压传动．北京：机械工业出版社，2003．

［6］马春峰．液压与气动技术．北京：人民邮电出版社，2007．

［7］周士昌．液压系统设计图集．北京：机械工业出版社，2004．

［8］周士昌．液压气压系统设计运行禁忌470例．北京：机械工业出版社，2002．

［9］姜佩东．液压与气动技术．北京：高等教育出版社，2003．

［10］刘延俊．液压与气压传动．北京：清华大学出版社，2010．

［11］申奇志，李楷模，宁朝阳．机械设计与制造专业技能考核标准与题库，2017．